U0261784

中文版 **Premiere Pro CS6**

视频编辑

慕课版

◎ **老虎工作室** 张剑清 陆平 编著

人 民 邮 电 出 版 社

北 京

图书在版编目（CIP）数据

中文版Premiere Pro CS6视频编辑：慕课版 / 张剑
清，陆平编著. —— 北京：人民邮电出版社，2018.1（2023.8重印）
ISBN 978-7-115-45694-6

Ⅰ．①中… Ⅱ．①张… ②陆… Ⅲ．①视频编辑软件
Ⅳ．①TN94

中国版本图书馆CIP数据核字(2017)第111696号

内 容 提 要

本书是人邮学院慕课"Premiere 视频编辑"的配套教程，共分为 13 章，主要内容包括非线性数字视频编辑，Premiere 快速入门，素材的采集、导入和管理，序列的创建与编辑，添加视频切换，高级编辑技巧，音频素材的编辑处理，字幕制作，运动特效，视频合成编辑，使用视频特效，视频编辑增强和导出影片。全书按照"边学边练"的理念设计框架结构，将理论知识与实践操作交叉融合，讲授了 Premiere Pro CS6 应用技能，注重实用性，以提高读者的实际应用能力。

本书可作为高等院校数字媒体、影视编辑等专业的"数字媒体后期制作""非线性影视编辑"等课程的教材，也适合视频编辑爱好者自学使用。

◆ 编　著　老虎工作室　张剑清　陆　平
　　责任编辑　税梦玲
　　责任印制　陈　犇

◆ 人民邮电出版社出版发行　　北京市丰台区成寿寺路 11 号
　　邮编 100164　电子邮件 315@ptpress.com.cn
　　网址 http://www.ptpress.com.cn
　　北京七彩京通数码快印有限公司印刷

◆ 开本：787×1092　1/16
　　印张：23.25　　　　　　　　 2018 年 1 月第 1 版
　　字数：571 千字　　　　　　 2023 年 8 月北京第 7 次印刷

定价：59.80 元

读者服务热线：(010)81055256　印装质量热线：(010)81055316
反盗版热线：(010)81055315
广告经营许可证：京东工商广登字 20170147 号

本书强调学以致用，避免了说明书式的结构形式，内容具有较强的针对性和可操作性，尽量采用通俗的语言来介绍 Premiere 视频编辑的基础知识，以及视频编辑理论、方法与技巧。

一、内容特点

本书内容以 Adobe Premiere Pro CS6 视频编辑方法与技巧为主，以视频编辑理论为辅，采用问题求解来引出知识点的方法，在介绍视频编辑理论的同时，更多地强调与实例的结合，强调对知识的应用。通过学习，学生可以快速地学会视频编辑的方法与技巧，掌握软件功能与后期制作技术。

二、配套平台使用说明

为了让读者能够更好地自学 Adobe Premiere Pro CS6，在人民邮电出版社的大力支持下，我们还录制了大量的慕课视频，所有的慕课视频均放在人民邮电出版社自主开发的在线教育慕课平台——人邮学院，建议大家结合人邮学院进行学习。

下面对人邮学院慕课平台的使用方法做出说明。

1. 购买本书后，刮开粘贴在图书封底的刮刮卡，获取激活码（见图 1）。

2. 登录人邮学院网站（www.rymooc.com），或扫描封面上的二维码，使用手机号码完成网站注册（见图 2）。

图 1　激活码

图 2　注册

3. 注册完成后，返回网站首页，单击页面右上角的"学习卡"选项（见图 3）进入"学习卡"页面（见图 4），输入激活码，即可获得课程的学习权限。

图 3　单击"学习卡"选项

图 4　在"学习卡"页面输入激活码

4. 获取权限后，可随时随地使用计算机、平板电脑以及手机，根据自身情况，在课时列表（见图 5）中选择课时进行学习。

5. 当在学习中遇到困难，可到讨论区（见图 6）提问，导师会及时答疑解惑，本课程的其他学习者也可帮忙解答，互相交流学习心得。

6. 本书配套的 PPT 等资源，可在 "Premiere 基础教程" 首页底部的资料区下载（见图 7），也可到人邮教育社区（www.ryjiaoyu.com）下载。

图 5　课时列表

图 6　讨论区

图 7　配套资源

人邮学院平台的使用问题，可咨询在线客服，或致电 010-81055236。

编者

2017 年 11 月

目录 / CONTENTS

CONTENTS

CONTENTS

CONTENTS

Chapter

1

第 1 章
非线性数字视频编辑

非线性数字视频编辑广泛地应用于影视、电视广告、MTV、节目包装和多媒体开发等领域。随着计算机多媒体技术的成熟，数字视频的普及程度会越来越高，个人计算机已经达到独立进行数字视频编辑的硬件需求，非线性编辑以其独特的优势出现在影视制作领域，影视制作将再也不仅限于专业影视领域，越来越多的人将选择用数字视频来进行自己的影像表达。

学习目标

- 了解数字视频基础知识。
- 了解视频编辑系统。
- 认识非线性数字视频编辑系统。
- 了解视频编辑的基础理论。
- 了解视频编辑的基本原则。

1.1 数字视频基础知识

1. 数字视频的基本概念

数字视频（Digital Video）包括运动图像（Visual）和伴音（Audio）两部分。

一般说来，视频包括可视的图像和可闻的声音，然而由于伴音是处于辅助的地位，并且在技术上视像和伴音是同步合成在一起的，因此具体讨论时有时把视频（Video）与视像（Visual）等同，而声音或伴音则总是用 Audio 表示。所以，在用到"视频"这个概念时，它是否包含伴音要视具体情况而定。

视频基础知识

2. 数字视频分辨率规范

目前数字视频行业里的数字视频分辨率的规范，分为标清、高清和超高清 3 种。

（1）标清：物理分辨率在 720p 以下的一种视频格式，简称 SD。720p 是指视频的垂直分辨率为 720 线逐行扫描。具体地说，是指分辨率在 400 线左右的 VCD、DVD 和电视节目等"标清"视频格式，即标准清晰度。

（2）高清：物理分辨率达到 720p 以上的视频格式称为高清，简称 HD。关于高清的标准，国际上公认的有两条：视频垂直分辨率超过 720p 或 1080i；视频宽纵比为 16∶9。

（3）超高清：国际电信联盟最新批准的信息显示，"4K 分辨率（像素为 840×2160）"的正式名称被定为"超高清"。同时，这个名称也适用于"8K 分辨率（像素为 7680×4320）"。消费电子协会（CEA）要求，所有的消费级显示器和电视机必须满足以下几个条件之后，才能贴上"超高清 Ultra HD"的标签：首先屏幕最小的像素必须达到 800 万有效像素（像素为 3840×2160），在不改变屏幕分辨率的情况下，至少有一路传输端可以传输 4K 视频，4K 内容的显示必须原生，不能变频，纵横比至少为 16∶9。在电视行业里，高清电视机命名为 HDTV，4K 电视机官方的命名 UHDTV，这个命名也就是超高清电视。标清、高清、超高清对比，如图 1-1 所示。

图 1-1　标清、高清、超高清对比

3. 电视制式

电视制式种类有 3 种：PAL 制、NTSC 制和 SECAM 制。我国及德国使用 PAL 制，韩国、日本、东南亚地区，以及美国等欧美国家使用 NTSC 制，俄罗斯、法国及东欧等国家使用 SECAM 制，不同的制式之间互不兼容。

因此，若视频拍摄机器是 DV，则应选用 DV-PAL 进行编辑。

4. 帧速率

数字视频是利用人眼的视觉暂留特性产生运动影像，因此，对于每秒钟显示的图片数量称为帧速率，单位是用帧/秒（fps）表示。

传统电影的帧速率为 24 帧/秒（24fps），PAL 帧速率是 25 帧/秒（25fps），NTSC 制帧速率为 29.79 帧/秒（29.79fps），SECAM 制帧速率也是 25 帧/秒（25fps）。不管什么制式，大于 10 帧/秒的帧速度可以在视觉上产生平滑的动画，反之画面则会产生跳动感。

5. 场与场序

在将光信号转换为电信号的扫描过程中，扫描总是从图像的左上角开始，水平向前行进，同时扫描点也以较慢的速率向下移动。当扫描点到达图像右侧边缘时，扫描点快速返回左侧，重新开始在第 1 行的起点下面进行第 2 行扫描，行与行之间的返回过程称为水平消隐。一幅完整的图像扫描信号，由水平消隐间隔分开的行信号序列构成，称为一帧。扫描点扫描完一帧后，要从图像的右下角返回到图像的左下角，开始新一帧的扫描，这一时间间隔，叫作垂直消隐。对于 PAL 制信号来讲，采用每帧 625 行扫描。对于 NTSC 制信号来讲，采用每帧 525 行扫描。

大部分的广播视频采用两个交换显示的垂直扫描场构成每一帧画面，这叫作交错扫描场。交错视频的帧由两个场构成，其中一个扫描帧的全部奇数场，称为奇场或上场；另一个扫描帧的全部偶数场，称为偶场或下场。场以水平分隔线的方式隔行保存帧的内容，在显示时首先显示第 1 个场的交错间隔内容，然后再显示第 2 个场来填充第一个场留下的缝隙。计算机操作系统是以非交错形式显示视频的，它的每一帧画面由一个垂直扫描场完成。电影胶片类似于非交错视频，它每次是显示整个帧的，一次扫描完一个完整的画面，如图 1-2 所示。

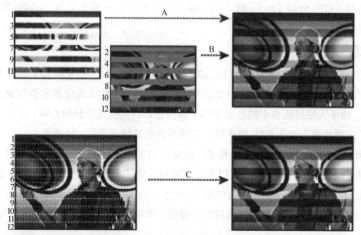

A. 对于隔行扫描视频，首先整个高场（奇数行）按从上到下的顺序在屏幕上绘制一遍；
B. 接下来，整个低场（偶数行）按从上到下的顺序在屏幕上绘制一遍；
C. 对于非隔行扫描视频，整个帧（计数顺序中的所有行）按从上到下的顺序在屏幕上绘制一遍。

图 1-2　隔行扫描与逐行扫描对比

解决交错视频场的最佳方案是分离场。合成编辑可以将上载到计算机的视频素材进行场分离。通过从每个场产生一个完整帧再分离视频场，并保存原始素材中的全部数据。在对素材进行如变速、缩放、旋转和效果等加工时，场分离是极为重要的。未对素材进行场分离，画面中有严重的抖动、毛刺效果。

由于场的存在，就出现了场序的问题，就是显示一帧时先显示哪一场。这并没有一个固定的标准，不同的系统可能有不同的设置。比如 DV 视频采用的是下场优先，而像 Matrox 公司的 DigiSuite 套卡采用的则是上场优先。影片渲染输出时，场序设置不对就会产生图像的抖动，在后期制作中可以调整场序。

6. 脱机与联机

脱机（Off-line）编辑称为离线编辑，是指采用较大压缩比（如 100:1）将素材采集到计算机中，按照脚本要求进行编辑操作，完成编辑后输出 EDL 表（编辑决策表）。EDL 表记录了视音频编辑的完整信息。联机（On-line）编辑称为在线编辑，指先将 EDL 表文件输入到编辑控制器内，控制广播级录像机以较小压缩比（如 2:1）按照 EDL 表自动进行广播级成品带的编辑，最终输出为高质量的成品带。在实际的制作中，常常将脱机与联机相互配合，利用脱机编辑得到 EDL 表，进而指导联机编辑，这样可以大大缩短工作时间，提高工作效率。

非线性编辑系统中有以下 3 种脱机编辑的方法。

第一种方法是先以较低的分辨率和较高的压缩比录制尽可能多的原始素材，使用这些素材编好节目后将 EDL 表输出，在高档磁带编辑系统中进行合成。

第二种方法根据草编得到的 EDL 表，重新以全分辨率和小压缩比对节目中实际使用的素材进行数字化，然后让系统自动制作成片。

第三种脱机编辑的方法在输入素材的阶段首先以最高质量进行录制，然后在系统内部以低分辨率和高压缩比复制所有素材，复制的素材占用存储空间较小，处理速度也比较快，在它的基础上进行编辑可以缩短特技的处理时间。草编完成后，用高质量的素材替换对应的低质量素材，然后再对节目进行正式合成。

7. 时间代码

为确定视频素材的长度，以及每一帧的时间位置，以便在播放和编辑时对其进行精确控制，需要用时间代码给每一帧编号，国际标准称为 SMPTE 时间代码， SMPTE 时间代码一般简称为时码。SMPTE 时码的表示方法是"小时（h）:分钟（m）:秒（s）:帧（f）"。例如，一段长度为"00:03:20:15"的视频片段的播放时间为 3 分钟 20 秒 15 帧。

8. 信号格式

摄像机拍摄图像时，通过扫描最初形成 R、G、B 3 个信号，然后将 RGB 信号转换为亮度信号和色度信号。亮度信号 Y 是控制图像亮度的单色视频信号，而色度信号只包含图像的彩色信息，并分为两个色差信号 B-Y 与 R-Y。由于人眼对图像中的色度细节分辨力低而对亮度细节分辨力高，因此对两个色差信号的频带宽度又进行了压缩处理，对于 PAL 制来讲，压缩后的色差信号用 U、V 表示。

YUV 信号称为分量信号（component）格式，也被称为 YUV 颜色模式，是目前视频记录存储的主流方式。两个色差信号可以进一步合成一个色度信号 C，进而形成了 Y/C 分离信号格式。亮度信号 Y 和色度信号 C 又可进一步形成一个信号，被称为复合信号（composite），也就是人们常说的彩色全电视信号。对同一信号源来讲，YUV 分量信号质量最好，然后依次降低。Premiere 的内部运算支持 YUV 颜色模式，能够确保影片质量。

9. 帧长宽比

帧长宽比是指帧的长度和宽度的比例。普通电视系统的长宽比是 4:3，而宽屏电视是 16:9。前者被目前标准清晰度电视所采用，后者被正在发展的高清电视所采用。

10. 像素长宽比

像素长宽比是指像素的长度和宽度的比例。符合 ITUR601 标准的 PAL 制视频，一帧图像由 720×576 个像素组成，采用的是矩形像素，像素长宽比为 1.067。而我们接触到的大部分图像素材，采用的是方形像素，像素长宽比为 1。如果一帧像素是方形的图像，由以矩形像素为标准的系统处理显示，就会出现变形，反之也是同样。如图 1–3 所示，左侧是一帧像素长宽比为 1 的图像，右侧是以矩形像素显示后的变形图像。目前，在比较专业的涉及视频制作的软件中，像素长宽比都是可以调整的，以适应不同的需要，像 Premiere、EDIUS 等。

图 1–3　对比显示

11. 颜色模式

颜色模式可以理解为翻译颜色的方法，视频领域经常用到的是 RGB 颜色模式、Lab 颜色模式、HSB 颜色模式和 YUV 颜色模式。

（1）RGB 颜色模式

科学研究发现，自然界中所有的颜色，都可以由红（R）、绿（G）、蓝（B）这 3 种颜色的不同强度组合而成，这就是人们常说的三基色原理。因此，R、G、B 三色也被称为三基色或三原色。把这 3 种颜色叠加到一起，将会得到更加明亮的颜色，所以 RGB 颜色模式也称为加色原理。对于电视机、计算机显示器等自发光物体的颜色描述，都采用 RGB 颜色模式。三种基色两两重叠，就产生了青、洋红、黄 3 种次混合色，同时也引出了互补色的概念。基色和次混合色是彼此的互补色，即彼此之间是最不一样的颜色。例如，青色由蓝、绿两色混合构成，而红色是缺少的一种颜色，因此青色与红色构成了彼此的互补色。互补色放在一起，对比明显醒目。掌握这一点，对于艺术创作中利用颜色来突出主体特别有用。

（2）Lab 颜色模式

Lab 颜色模式是由 RGB 三基色转换而来的，它是 RGB 模式转换为 HSB 模式的桥梁。该颜色模式由一个发光率（Luminance）和两个颜色（a、b）组成。它用颜色轴构成平面上的环形线来表示颜色的变化，其中径向表示色饱和度的变化，自内向外饱和度逐渐增高，圆周方向表示色调的变化，每个圆周形成一个色环。而不同的发光率表示不同的亮度，并对应不同环形颜色变化线。它是一种具有"独立于设备"的颜色模式，即不论使用任何一种显示器或者打印机，Lab 的颜色不变。

（3）HSB 颜色模式

HSB 颜色模式基于人对颜色的心理感受而形成，它将颜色看成 3 个要素：色调（Hue）、饱和度（Saturation）和亮度（Brightness）。因此这种颜色模式比较符合人的主观感受，可让使用者觉得更加直观。它可由底与底对接的两个圆锥体立体模型来表示，其中轴向表示亮度，自上而下由白变黑。径向表示色饱和度，自内向外逐渐变高。而圆周方向则表示色调的变化，形成色环。

（4）YUV 颜色模式

YUV 颜色模式由一个亮度信号 Y 和两个色差信号 U、V 组成，它由 RGB 颜色转换而成，前面我们已有所论述。

12. 颜色深度

视频数字化后，能否真实反映出原始图像的颜色是十分重要的。在计算机中，采用颜色深度这一概念来衡量处理色彩的能力。颜色深度指的是每个像素可显示出的颜色数，它和数字化过程中的量化数有着密切的关系。因此颜色深度基本上用多少量化数，也就是多少位（bit）来表示。显然，量化位数越高，每个像素可显示出的颜色数目就越多。8 位颜色就是 256 色，16 位颜色称为中（Thousands）彩色，24 位颜色称为真彩色，就是百万（Millions）色。另外，32 位颜色对应的是百万+（Millions+），实际上它仍是 24 位颜色深度，剩下的 8 位为每一个像素存储透明度信息，也叫 Alpha 通道。8 位的 Alpha 通道，意味着每个像素均有 256 个透明度等级。

13. 常见的视频格式

常见的视频格式有 AVI、MPEG、MOV、RM 等。

（1）AVI 格式

AVI（Audio Video Interleaved）格式即音频视频交错格式。这种视频格式的优点是图像质量好，可以跨多个平台使用，其缺点是体积过于庞大，而且压缩标准不统一。最普遍的就是高版本 Windows 媒体播放器，播放不了采用早期编码编辑的 AVI 格式视频；而低版本 Windows 媒体播放器，又播放不了采用最新编码编辑的 AVI 格式视频。

（2）MPEG 格式

MPEG 格式标准就是由 ISO（International Organization for Standardization）所制订而发布的视频、音频、数据的压缩标准。

MPEG 标准主要有以下 5 个，MPEG–1、MPEG–2、MPEG–4、MPEG–7 及 MPEG–21 等。MPEG 专家组建于 1988 年，专门负责为 CD 建立视频和音频标准，而成员都是视频、音频及系统领域的技术专家。他们成功将声音和影像的记录脱离了传统的模拟方式，建立了 ISO/IEC1172 压缩编码标准，并制定出 MPEG 格式，令视听传播方面进入了数码时代。MPEG 标准的视频压缩编码技术主要利用了具有运动补偿的帧间压缩编码技术以减小时间冗余度，利用 DCT 技术以减小图像的空间冗余度，利用熵编码则在信息表示方面减小了统计冗余度。这几种技术的综合运用，大大增强了压缩性能。

（3）MOV 格式

MOV 格式是由美国 Apple 公司开发的一种视频格式，默认的播放器是苹果公司的 QuickTimePlayer。具有较高的压缩比率和较完美的视频清晰度等特点，其最大的特点是跨平台性，即不仅能支持苹果系统，同样也能支持 Windows 系列。

（4）RM 格式

RM 格式是 RealNetworks 公司开发的一种流媒体视频文件格式，可以根据网络数据传输的不同速率制定不同的压缩比率，从而实现低速率的 Internet 上进行视频文件的实时传送和播放。它主要包含 RealAudio、RealVideo 和 RealFlash 三部分。这种格式的另一个特点是用户使用 RealPlayer 或 RealOnePlayer 播放器，可以在不下载音频/视频内容的条件下实现在线播放。另外，RM 作为网络视频格式，它还可以通过其 RealServer 服务器将其他格式的视频转换成 RM 视频并由 RealServer 服务器负责对外发布和播放。

（5）RMVB 格式

这是一种由 RM 视频格式升级延伸出的新视频格式，它的先进之处在于 RMVB 视频格式打破了原先 RM 格式那种平均压缩采样的方式，在保证平均压缩比的基础上合理利用比特率资源。

一部大小为 700MB 左右的 DVD 影片，如果将其转录成同样视听品质的 RMVB 格式，其文件大小也就 400MB 左右。不仅如此，这种视频格式还具有内置字幕和无需外挂插件支持等独特优点。

除此之外，常见的可用作其他用途的还有 DV-AVI、FLV、ASF 和 WMV 等视频格式，不同的格式用在不同的软件环境中。

1.2 视频编辑系统

视频编辑系统分为线性视频编辑系统、非线性视频编辑系统以及混合编辑系统。

视频编辑系统

1.2.1 线性编辑系统

自从出现了磁带录像机，便出现了基于磁带的线性编辑，目前，线性编辑已在影片制作领域使用了近五十年。线性编辑的意思就是按照拍摄的顺序原封不动地进行编辑，在编辑时也必须顺序寻找所需要的视频画面。现在一般的后期处理很少会运用线性编辑，制作时通常用组合编辑的办法，将素材按顺序编成新的连续画面，然后再用插入编辑，对某一段进行同样长度的替换，但是要去除、缩短或加长中间的某一段是不可能的。

线性编辑系统主要包括编辑录像机、编辑放像机、遥控器、字幕机、特技台和时基校正器等设备，如图 1-4 所示。

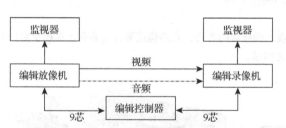

图 1-4 线性编辑系统

线性编辑系统从系统的功能和规模来分，则有一对一编辑系统、二对一编辑系统、二对一 A/B 卷编辑系统、二对一 A/B 卷特技编辑系统和多对一编辑系统等。

线性编辑是属于传统摄像机上留下来的概念，已经不适合计算机和数字化处理的要求。

1.2.2 非线性编辑系统

非线性编辑系统是指能够随机存取和处理素材的编辑系统，通常是指以计算机为平台，以硬盘为存贮介质的编辑系统，集录制、编辑、特技、字幕和动画等多种功能于一身。非线性编辑克服了以前编辑系统存在的缺点，集合了物理编辑非线性与时码编辑精确性的优点。它可以非常方便地对素材进行预览、查找、定位和设置出点、入点，具有丰富的特技功能。经由软件编辑加工并制作合成，再将编辑好的视频信号输出，制作出不同的视频格式或通过录像机录制在磁带上。非线性编辑以其独特的优势出现在视频编辑领域，影视制作将再也不仅限于专业影视领域，越来越多的人选择用数字视频来进行自己的影像表达。

1.2.3 混合编辑系统

为了充分发挥线性编辑系统、非线性编辑系统各自的特点与优势，计算机厂家和传统的视频厂家生产的非线性编辑系统，均不同程度地考虑了与磁带编辑系统相结合，进行混合编辑的情况，这种将线性与非线性相结合而组成的编辑系统称为混合编辑系统。

目前混合编辑系统的使用方式主要有以下 5 种。

（1）非编兼具录机功能的混合编辑系统。该系统兼具线性和非线性编辑功能，在素材量较大时无需全部上载素材，节约了编辑时间，在大量、长段、无技巧组接编辑中，使用非常方便。

（2）非编兼具录机和编辑控制器功能的混合编辑系统。该系统既可实现纯非线性编辑，亦可实现线性编辑。

（3）线性、非线性和半非线性混合编辑系统。该系统中的非编系统兼具控制、特技、字幕和调音台等多项功能。

（4）线性与非线性组合编辑系统。该系统需合理地分配编辑放、录像机和切换台的视音频接口，尽量将高质量的接口用于主信号的传送。

（5）非线性脱机与线性联机编辑系统。大多数非线性编辑系统采用联机编辑方式工作，这种编辑方式可充分发挥非线性编辑的特点，提高编辑效率。但由于非线性编辑的存贮容量有限，在素材量很大（如电视剧制作）时，为了保证影片的制作质量，如果使用的非线性编辑系统支持时码信号采集和 EDL（Edit Decision List，编辑决策表）输出，可利用非线性编辑系统在大压缩比下进行脱机粗编，待粗编完成的样片通过评审后，再利用非线性编辑得到的 EDL 数据，通过高质量的线性编辑系统编辑成品母带。

1.3 认识非线性数字视频编辑系统

非线性编辑系统是计算机技术和数字化电视技术相结合的产物，它的构成要件主要有计算机平台、非线性编辑板卡和非线性编辑软件 3 部分，如图 1-5 所示。

图 1-5　非线性编辑系统

1.3.1　非线性数字视频编辑系统运行平台

非线性数字视频编辑系统具有可为媒体专业人员提供非凡的编辑体验，提供更高的自由创作性，可以在 Windows 系统和 Mac OS 系统平台上运行。

1．Windows 系统平台

- 支持 64 位 Intel Core2 Duo 或 AMD Phenom II 处理器。
- Microsoft Windows 7 Service Pack 1（64 位）。
- 安装 4GB 的 RAM（建议分配 8 GB）。
- 用于安装的 4GB 可用硬盘空间；安装过程中需要其他可用空间（不能安装在移动闪存存储设备上）；预览文件和其他工作文件所需的其他磁盘空间（建议分配 10 GB）。
- 1280 像素 × 900 像素的显示器。
- 支持 OpenGL 2.0 的系统。

- 7200 RPM 硬盘（建议使用多个快速磁盘驱动器，首选配置了 RAID 0 的硬盘）
- 符合 ASIO 协议或 Microsoft Windows Driver Model 的声卡。
- 与双层 DVD 兼容的 DVD-ROM 驱动器（用于刻录 DVD 的 DVD-R 刻录机；用于创建蓝光光盘媒体的蓝光刻录机）。
- QuickTime 功能需要的 QuickTime 7.6.6 软件。
- 可选：Adobe 认证的 GPU 卡，用于 GPU 加速性能。

2. Mac OS 系统平台

- 支持 64 位多核 Intel 处理器。
- Mac OS X v10.6.8 或 v10.7。
- 4GB 的 RAM（建议分配 8 GB）用于安装的 4 GB 可用硬盘空间；安装过程中需要其他可用空间（不能安装在使用区分大小写的文件系统卷或移动闪存存储设备上）。
- 预览文件和其他工作文件所需的其他磁盘空间（建议分配 10 GB）。
- 1280 像素×900 像素的显示器。
- 7200 RPM 硬盘（建议使用多个快速磁盘驱动器，首选配置了 RAID 0 的硬盘）。
- 支持 OpenGL 2.0 的系统。
- 与双层 DVD 兼容的 DVD-ROM 驱动器（用于刻录 DVD 的 SuperDrive 刻录机；用于创建蓝光光盘媒体的蓝光刻录机）。
- QuickTime 功能需要的 QuickTime 7.6.6 软件。
- 可选：Adobe 认证的 GPU 卡，用于 GPU 加速性能。

因为制作影视作品或多媒体视频素材的文件与一般的文件不同，它们的数据量相当大，所以硬盘空间越大越好、速度越快越好。

1.3.2　非线性数字视频编辑系统软件

非线性编辑软件是非线性编辑系统的灵魂，随着非线性编辑事业与计算机软件业不断结合、发展，非线性编辑软件逐渐走向了成熟。各种新型非线性系统不断涌现，种类也由单一化发展成多样化。性能及特点也各有不同，相当专业的有大洋、索贝等广播级的非线性编辑软件，但是这些软件价格普遍较高。也有一些价格低廉、实用、专业、功能强大的非线性编辑软件，如 Adobe Premiere、After Effect、Edius 等，可以和广播级软件相媲美。

1. 基于非线性编辑板卡的系统

非线性编辑板卡的出现，使个人计算机可以很方便地扩展为非线性编辑系统。Matrox 公司的 DigiSuite 系列非线编板卡、Pinnacle 公司的 ReelTime 系列非线编板卡是两款具有代表性的产品，国内许多非线性编辑系统由此类板卡开发而来。

2. 基于工作站平台的系统

图形工作站中央处理器处理能力较强，内存容量大且多采用磁盘阵列，并集成了很多具有特殊功能的硬件，可以实现全分辨率、非压缩视频的实时操作，并且能够快速实现大量三维特技。Discreet 公司的 Inforno、Flame、Flint 系列非线性编辑软件是运行在 SGI 工作站平台上的代表产品。

3. 基于 PC 平台的系统

在个人计算机上安装非线性编辑软件，再配以 IEEE 1394 接口或者 USB 2.0 接口作为数据输入输出的通道，便可成为一套简单的非线性编辑系统。这类产品以 Intel、AMD 公司生产的 CPU 为核心，型号及配置多样化，性价比较高，兼容性好，发展速度快，是未来几年内的主导型系统，如 Adobe Premiere、After Effect、Edius 等非线性编辑软件。

数码摄像机的普及，也是 Premiere 受到欢迎的一个重要原因。因为在普通的计算机上，我们能够很容易地利用 Premiere 处理数字视频，使之成为表达自己情怀、审视社会、挥洒想象的一种新手段。用 Premiere 处理数字视频需要如下的两个基本条件。

- 计算机装有 IEEE 1394 卡，数字视频可以由此输入到计算机，Sony 等视频设备厂商也称它为 i.Link，而创造了这一接口技术的 Apple 公司称之为 Firewire（火线）。
- 计算机有 DV Codec（编码解码器），使计算机能够识别处理 DV 视频。常用的 Windows 操作系统所带的 DirectX 中，都提供了免费的 DV Codec（编码解码器），以使计算机能够识别处理数字视频。

而目前的数码摄像机和录放像机，都带有 IEEE 1394 接口，通过 IEEE 1394 卡所带的连线就可以将数字信号无损上载到计算机中。由此可以看出，IEEE 1394 卡是 Premiere 处理数字视频的关键部件，IEEE 1394 卡主要分为如下两种。

- 符合 OHCI（Open Host Connect Interface）标准的带有标准编码解码器的卡，价格不过几百元钱。符合 OHCI 标准的 IEEE 1394 卡，在 Windows 中作为标准设备加以支持。对于这种类型的卡，不同的品牌没有根本性的质量差异，因为 DV 录像带上记录的数字信号只是通过 IEEE 1394 卡拷贝到硬盘里，就像硬盘接口一样只是数据传输而已，并不像视频卡那样，需要模数转换和压缩处理。因此就好像用不同品牌的硬盘存储文件，文件的内容不会有区别一样。如果没有产品制造质量问题，所有的 IEEE 1394 卡采集得到的视频内容是完全一样的。
- 一些带有硬件 DV 实时压缩功能的视频卡，像 Matrox 公司的 RT2500、Canopus 公司的 DVStorm 和 Pinnacle 公司的 Pro-ONE。这些卡对 DV 视频的处理均采用自己独有的硬件编码解码器，质量相对较高，能够对 DV 视频进行实时特技处理，提高编辑速度。另外，这些卡还配有模拟视频输入、输出接口，具有实时采集、输出模拟视频的能力。

对于个人用户来说，一般选择符合 OHCI（Open Host Connect Interface）标准的 IEEE 1394 卡即可。IEEE 1394 卡的物理安装很简单，与其他板卡的安装一样。物理安装完成并安装驱动程序后，在【设备管理器】对应窗口中，可以在 IEEE 1394 总线主控制器下看到设备名称，如图 1-6 所示。

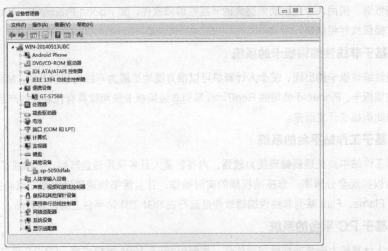

图 1-6　设备管理器

1.3.3　非线性编辑系统的优势

从非线性编辑系统的作用来看，它能集录像机、切换台、数字特技机、编辑机、多轨录音机、调音台、MIDI 创作和时基等设备于一身，几乎包括了所有的传统后期制作设备。这种高度的集成性，使得非线性编辑系统的优势更为明显。因此它能在广播电视界占据越来越重要的地位，一点也不令人奇怪。概括地说，非线性编辑系统具有信号质量高、制作水平高、设备寿命长、便于升级和网络化等方面的优越性。

1．图像信号质量高

使用传统的录像带编辑节目，素材磁带要磨损多次，而机械磨损是不可弥补的。另外，为了制作特技效果，还必须"翻版"，每"翻版"一次，就会造成一次信号损失。为了质量的考虑，往往不得不忍痛割爱，放弃一些很好的艺术构思和处理手法。而在非线性编辑系统中，这些缺陷是不存在的，无论你如何处理或者编辑。拷贝多少次，信号质量将是始终如一的。当然，由于信号的压缩与解压缩编码，多少存在一些质量损失，但与"翻版"相比，损失大大减小。一般情况下，采集信号的质量损失小于转录损失的一半。由于系统只需要一次采集和一次输出。因此，非线性编辑系统能保证你得到相当于模拟视频第二版质量的节目带，而使用模拟编辑系统，绝不可能有这么高的信号质量。

2．制作水平高

使用传统的编辑方法，为制作一个十几分钟的节目，往往要面对长达 40～50 分钟的素材带，反复进行审阅比较，然后将所选择的镜头编辑组接，并进行必要的转场、特技处理。这其中包含大量的机械重复劳动。而在非线性编辑系统中，大量的素材都存储在硬盘上，可以随时调用，不必费时费力地逐帧寻找。素材的搜索极其容易，不用像传统的编辑机那样来回倒带。用鼠标拖动一个滑块，能在瞬间找到需要的那一帧画面，搜索、打点易如反掌。整个编辑过程就像文字处理一样，既灵活又方便。同时，多种多样、花样翻新、可自由组合的特技方式，使制作的节目丰富多彩，将制作水平提高到了一个新的层次。

3．设备寿命长

非线性编辑系统对传统设备的高度集成，使后期制作所需的设备降至最少，有效地节约了投资。而且由于是非线性编辑，只需要一台录像机，在整个编辑过程中，录像机只需要启动两次，一次输入素材，一次录制节目带。这样就避免了磁鼓的大量磨损，使得录像机的寿命大大延长。

4．便于升级

影视制作水平的提高，总是对设备不断地提出新的要求，这一矛盾在传统编辑系统中很难解决，因为这需要不断投资。而使用非线性编辑系统，则能较好地解决这一矛盾。非线性编辑系统所采用的，是易于升级的开放式结构，支持许多第三方的硬件、软件。通常，功能的增加只需要通过软件的升级就能实现。

5．网络化

网络化是计算机的一大发展趋势，非线性编辑系统可充分利用网络方便地传输数码视频，实现资源共享，还可利用网络上的计算机协同创作，对于数码视频资源的管理、查询，更加方便。目前在一些电视台中，非线性编辑系统都在利用网络发挥着更大的作用。

1.3.4　非线性数字视频编辑的制作流程

非线性编辑的工作流程，一般来说分为输入、编辑、输出这样三个步骤。尽管影视制作进入数字时代之后，许多方面都发生了改变，但是视频制作的这三个步骤仍然保留着，只是每个阶段都介入了数字技术的力量。当然，由于不同软件功能的差异，其使用流程还可以进一步细化。

以 Premiere 为例，其使用流程主要分成如下 5 个步骤。

1．素材采集与输入

采集就是利用 Premiere，将模拟视频、音频信号转换成数字信号存储到计算机中，或者将外部的数字视频存储到计算机中，成为可以处理的素材。输入主要是把其他软件处理过的图像、声音等，导入到 Premiere 中。

2．素材编辑

素材编辑就是设置素材的入点与出点，以选择最合适的部分，然后按时间顺序组接不同素材的过程。

3．特技处理

对于视频素材，特技处理包括转场、特效、合成叠加。对于音频素材，特技处理包括转场、特效。令人震撼的画面效果，就是在这一过程中产生的。而非线性编辑软件功能的强弱，往往也是体现在这方面。配合某些硬件，Premiere 还能够实现特技播放。

4．字幕制作

字幕是影片中非常重要的部分，它包括文字和图形两个方面。Premiere 中制作字幕很方便，几乎没有无法实现的效果，并且还有大量的模板可以选择。

5．输出与生成

影片编辑完成后，就可以输出回录到录像带上；也可以生成视频文件，发布到网上、刻录 VCD 或 DVD 等。

1.4　视频编辑的基础理论

"不积跬步，无以至千里；不积小流，无以成江海"，学习任何技术都需要从基础开始，一点一滴的积累，然后才能聚沙成塔，集腋成裘，终有所成。学习视频编辑也是一样，了解蒙太奇和长镜头相关的基础知识，熟悉相关的术语，是成为视频编辑高手的第一步。

视频编辑的
基本理论

1.4.1　蒙太奇

蒙太奇是影视制作的思维方法和结构技巧，是影视艺术的重要表现手段。蒙太奇贯穿于整个影片的创作过程中，镜头的连接，构成了一定的情节，使观众心理上产生某种联想，从而概括出新的含义。蒙太奇最早出现在英国勃列顿学派的影片中，主张电影必须反映"真实生活的片断"，也强调允许进行艺术加工。蒙太奇语言开始于导演构思，结束于编辑台上。因此，蒙太奇除了有其生活依据、心理依据以外，还有导演的艺术构思和主观引导，三位一体，构成千姿百态、异象纷呈的银屏世界。

1．蒙太奇的内涵

（1）作为电影反映现实的艺术手法——独特的形象思维方法（编导的艺术构思）。

（2）作为电影的基本结构手段、叙述方式，包括分镜头、场面、段落的安排与组合的全部技巧（分镜头稿本创作）。

（3）作为电影剪辑的具体技巧和技法（后期制作）。

2．蒙太奇的功能

（1）概括与集中。

（2）吸引观众的注意力，激发观众的联想。

（3）创造独特的画面时间。

（4）形成不同的节奏。

（5）表达寓意，创造意境。

3．蒙太奇的叙述方式

根据内容的叙述方式和表现形式的不同，蒙太奇分为两大类：叙事蒙太奇和表现蒙太奇。

（1）叙事蒙太奇

叙事蒙太奇以交待情节、展示事件为目的。按照情节发展的时间流程、逻辑顺序、因果关系来分切和组合镜头、场面和段落。表达的重点是动作、形态和造型的连贯性，优点是脉络清楚，逻辑连贯，明白易懂。叙事蒙太奇包括连续式蒙太奇、平行式蒙太奇、交叉式蒙太奇和颠倒式蒙太奇。

（2）表现蒙太奇

表现蒙太奇组织镜头的依据是根据艺术表现的需要，将不同时间、不同地点、不同内容的画面组接在一起，产生不曾有的新含义。表现蒙太奇的特点是不注重事件的连贯、时间的连续，而注重画面的内在联系。以镜头的并列为基础，在并列过程中，引发联想、表达概念，逐渐认识事物的本质、事物间的联系、阐发哲理。它是一种作用于视觉联想的表意方法，往往更能体现创作者的主观意图。表现蒙太奇包括对比式蒙太奇、重复式蒙太奇、心理蒙太奇、积累式蒙太奇、隐喻式蒙太奇（或称象征式）、抒情蒙太奇和节奏蒙太奇。

1.4.2　长镜头的概念及发展

长镜头是指连续地对一个场景、一场戏进行较长时间的拍摄所形成的镜头。通过摄像机的运动，形成多角度、多机位的效果，运用合理的场面调度，造成画面空间的真实感和一气呵成的整体感，其拍摄的重要意义在于保持了空间、时间的连续性、统一性，能给人一种亲切感、真实感，在节奏上比较缓慢，故抒情气氛较浓。长镜头的呈现能使观众在一个客观的位置上去观察持续性的空间原貌，以最接近现实的角度观察眼前的影像。

1．长镜头的艺术内涵及特点

（1）长镜头的艺术内涵

具有再现空间原貌记录的功能，能够表现事件的真实性，起到"揭示"的作用，镜头的焦点产生不断的变化，以丰富的视觉感受提升观赏性。

（2）叙事结构的特点

传递信息的完整性，不容质疑的真实性，事态进展的连续性，现场气氛的参与性。

（3）时间结构的特点

屏幕时间和实际时间的同时性，时间进程的连续性。

（4）空间结构的特点

展现空间全貌，镜头运动中实现空间的自然转换。

2．长镜头的造型表现力

（1）宣泄感情，表现低沉、压抑、拖沓的气氛。

（2）表达一种一气呵成的感觉。

（3）引起人们边看边思考。

（4）制造节奏，营造特殊气氛。

3．长镜头的意义

长镜头本身最接近生活，最能反映生活的本质状态。长镜头的美学价值主要表现为：人们伴随着摄像镜头，对事物发展的真实过程和运动景观进行多角度、多侧面、全方位的观察和思考，人们可以有更多的选择、分析、联想的余地，做出丰富、多义性的判断。

1.4.3 蒙太奇与长镜头的画面语言特点

蒙太奇和长镜头是电影史上的两大美学流派，蒙太奇注重表现和创造，强调电影的情绪和冲击力，通过剪接组合，往往创造出一些令人惊奇的效果，形成强烈的视觉冲击力，更加合乎影视消费者的观赏习惯，是提升收视率的有效手段。长镜头注重再现和记录，强调保持被摄时空的完整性、真实性，是"不露技巧的技巧"，它把更多的工作放到镜头拍摄时的场面调度中。影视创作的实践证明，长镜头的技巧可以与蒙太奇组接技巧互为补充，两种方法各有优势，其镜头画面言语特点如表 1-1 所示。

表 1-1 蒙太奇与长镜头的画面语言特点

蒙太奇	长镜头
表现的、主观的	再现的、客观的
对列构成，时空不连续	时空连续、场面调度
剪接的艺术，有控制的剪接	摄影的艺术，无控制的剪接
强制的艺术，封闭的叙述方式	随意的、非强制的、开放型的叙述方式

1.5 视频编辑的基本原则

目前，在影视影片制作中，不重视蒙太奇规律的现象很多，最普遍的现象就是在动画制作中一个镜头到底的现象，这往往会破坏影片的节奏，使观众产生厌倦。视频编辑作为影视艺术的构成方式和独特的表现手段，不仅对影片中的视、音频处理有指导作用，而且对影片整体结构的把握也有十分重要的作用。

1.5.1 素材剪接的原则

素材的剪接，是为了将所拍摄的素材串接成影片，增强艺术感染力，最大限度地达到表现影片的内涵，突出和强化拍摄主体的特征。

在对素材进行剪接加工的过程中，必须遵循以下的一些基本规律。

1．突出主题

突出主题，合乎思维逻辑，是对每一个影片剪接的基本要求。在剪辑素材中，不能单纯追求视觉习惯上的连续性，而应该按照内容的逻辑顺序，依靠一种内在的思想实现镜头的流畅组接，达到内容与形式的完美统一。

2．注意遵循"轴线规律"

轴线规律，是指组接在一起的画面一般不能跳轴。镜头的视觉代表了观众的视觉，它决定了画面中主体的运动方向和关系方向。如拍摄一个运动镜头时，不能是第一个镜头向左运动，下一个组接的镜头向右运动，这样的位置变化会引起观众的思维混乱。

3．剪辑素材要动接动、静接静

在剪辑时，前一个镜头的主体是运动的，那么组接的下一个镜头的主体也应该是运动的；相反，如果前一个镜头的主体是静止的，组接的下一个镜头的主体也应该是静止的。

4. 素材剪接景别变化要循序渐进

这个原则是要求镜头在组接时，景别跳跃不能太大，否则就会让观众感到跳跃太大、不知所云。因为人们在观察事物时，总是按照循序渐进的规律，先看整体后看局部。在全景后接中景与近景逐渐过渡，会让观众感到清晰、自然。

5. 要注意保持影调、色调的统一性

影调是针对黑白画面而言，在剪接中，要注意剪接的素材应该有比较接近的影调和色调。如果两个镜头的色调反差强烈，就会有生硬和不连贯的感觉，影响内容的表达。

6. 注意每个镜头的时间长度

每个素材镜头保留或剪掉的时间长度，应该根据前面所介绍的原则，确定每个镜头的持续时间，该长则长，该短则短，画面的因素、节奏的快慢等都是影响镜头长短的重要因素。

一部影片是由一系列镜头、镜头组和段落组成，镜头的切换分为有技巧切换和无技巧切换。有技巧切换是指在镜头的组接时，加入如淡入与淡出、叠化等特技过渡手法，使镜头之间的过渡更加多样化；无技巧组接是指在镜头与镜头之间直接切换，这是最基本的组接方法，在电影中使用最多。

1.5.2　节奏的掌握

影视影片剪辑的成功与否，不仅取决于影视剧情是否交代的清楚、镜头是否流畅，更重要的是取决于对节奏的把握。节奏是人们对事物运动变化的总的感受，把握影视艺术的节奏，是在影视影片编辑中增强吸引力和感染力的重要方法。把握节奏的一般要求是：注重运动、富于变化、保持和谐。

上面提到的是非线性编辑应遵循的基本艺术规律。但这些艺术规律决不是一成不变的，在实践中不能照本宣科、生搬硬套，束缚自己的手脚。在艺术创作中，提倡独创性，切忌重复雷同。

1.6　小结

非线性数字视频编辑既是一门技术，也是一门艺术，是技术与艺术相融合的过程。非线性编辑技术在带来技术革新的同时，也改变了编辑的思维方式与工作方法。本章介绍了数字视频的基础知识，视频编辑系统及非线性数字视频编辑，并着重介绍了指导后期编辑的基础理论知识以及视频编辑的基本原则。在视频编辑中，只有将技术和艺术有机地融合起来，才能成为一名合格视频编辑创作人员。

1.7　习题

1. 视频编辑经过了哪几个发展阶段？
2. 什么是线性编辑？什么是非线性编辑？非线性编辑有什么优点？
3. 什么是蒙太奇？叙事蒙太奇和表现蒙太奇各有什么特点？
4. 长镜头的造型表现有哪些？
5. 素材剪辑有哪些基本规律？

Chapter

2

第 2 章
Premiere 快速入门

Premiere 最早是 Adobe 公司在苹果（Macintosh）平台上开发的一款功能强大的非线性视、音频编辑软件，可进行视频捕获、节目预览、视频编辑和节目输出等操作。经过十几年的发展，Premiere 功能不断扩展，与 Adobe Photoshop、After Effects、Adobe Illustrator 等软件高效集成、结合使用，共同完成影片的编辑制作，被广泛应用于电视台、广告制作、多媒体制作等领域。

学习目标

- 了解 Premiere Pro CS6 的主要功能。
- 熟悉 Premiere Pro CS6 各个窗口的功能。
- 掌握如何创建自定义工作界面。
- 了解参数项的使用。
- 掌握如何进行项目设置。

2.1　Premiere Pro CS6 基本操作

Adobe Premiere Pro CS6 软件将卓越的性能、优美的改进用户界面和许多奇妙的创意功能结合在一起，包括用于稳定素材的 Warp Stabilizer、动态时间轴裁切、扩展的多机编辑和调整图层等。

Premiere Pro CS6
快速入门

2.1.1　新建项目定义

Premiere Pro CS6 采用项目管理方式制作节目。所谓项目，是一个用来描述所编辑节目的文件，它主要包含了如下信息。

- 节目的项目设置，比如分辨率、帧率等，主要涉及节目播放时的相关指标。
- 存储多个【序列】编辑信息和所用【素材】的引用链接。
- 所用特效的具体参数设置等。

当初次进行新节目编辑时，首先就要进行新建项目设置。

2.1.2　新建项目

STEP  双击桌面上的 Pr 图标，或在【开始】菜单中选择【Adobe Premiere Pro CS6】命令，启动并运行 Premiere Pro CS6，如图 2-1 所示。

图 2-1　启动 Premiere Pro CS6

STEP ⬛2 弹出【欢迎使用 Adobe Premiere Pro】界面窗口，如图 2-2 所示。

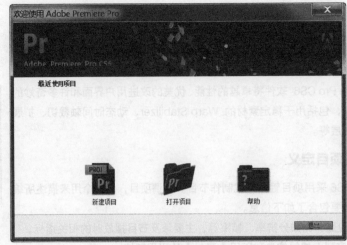

图 2-2 欢迎窗口

窗口中主要设置的含义如下。

- 【新建项目】：单击该项可以进一步设置一个新建项目。
- 【打开项目】：单击该项可以打开已经存储的项目。
- 【帮助】：单击该项可以打开"帮助"菜单。
- **退出**：单击该按钮，可以退出 Premiere Pro CS6。
- 【最近使用项目】：列出最近使用过的项目，以方便用户选择。初次启动时，由于没有任何项目存在，所以这里没有内容显示。

STEP 单击【新建项目】图标，打开【新建项目】对话框，如图 2-3 所示。

图 2-3 【新建项目】窗口

【常规】选项卡中主要设置的含义如下。

- 【视频渲染与回放】：列出了预先设置好的模板，以确定项目的各项参数。由于我国的电视制式采用 PAL 制，因此我们只考虑【DV-PAL】分类夹下的模板即可。
- 【视频】：显示视频素材的格式信息。
- 【音频】：显示音频素材的格式信息。

- 【采集】：用来设置设备参数及采集方式。
- 【位置】：确定项目文件的存储位置，用户可以通过单击 浏览... 按钮，弹出【请为您的新项目选择一个目标路径】对话框，在其中选择要保存项目的路径，单击 选择文件夹 按钮，返回【新建项目】对话框。
- 【名称】：确定项目文件的名称。在【名称】文本框中为新项目命名，单击 确定 按钮，建立并保存一个新的项目文件。

提示

除了在创建项目完成时保存项目文件外，在编辑过程中，也应该养成随时保存文件的好习惯，这样可以避免因死机、停电等意外事件造成的数据丢失。

STEP 4 单击【暂存盘】选项卡，如图 2-4 所示。该窗口用来确定【所采集视频】、【所采集音频】、【视频预览】、【音频预演】、文件存储磁盘和文件夹的位置。

图 2-4　【暂存盘】设置

【暂存盘】中的下拉选项，默认选项是与项目文件存储在相同位置。单击 浏览... 按钮可以自行选择文件夹。

对于磁盘的选择，应该注意以下几点。

- 将 Premiere Pro CS6 软件和操作系统安装在同一硬盘，而视频采集则单独使用另一个 AV 硬盘。
- 用于视频采集的 IDE 硬盘，一定要将其 DMA 通道打开，以提高其读取速度，避免采集过程中的丢帧。
- 使用计算机中速度最快的硬盘存取视频预演文件，而使用其他硬盘存取音频预演文件。将视频预演文件与音频预演文件存储在不同的硬盘上，会减少播放时的读取活动。
- 只使用本机磁盘作为暂存磁盘。网络磁盘的速度太慢，不能作为暂存盘使用。本机的可移动存储介质如果速度足够快，也可作暂存盘使用。

STEP 5 在【名称】栏输入名称"t1"，单击 确定 按钮，打开【新建序列】窗口，如图 2-5 所示。

每次创建新项目时，都会弹出【新建序列】对话框，可以在其中对项目进行初始设置。在 Premiere Pro CS6 中给出了多种预置的视频和音频配置，有 PAL 制、NTSC 制、24P 的 DV 格式以及 HDV 格式等。

选择哪种预置模式完全由素材的格式以及对项目的要求来决定，如果使用的是 PAL 制摄像机，并且视频不是宽屏格式，可以选择【DV-PAL】/【标准 48kHz】，其中 48kHz 指的是音频质量。

图2-5 【新建序列】对话框

选择【DV-PAL】/【标准48kHz】之后，在右边的【预设描述】面板会给出相关的视音频要素介绍。

在 DV-PAL 预设下，分为标准 32kHz、标准 48kHz、宽银幕 32kHz 和宽银幕 48kHz 4 种。标准和宽银幕分别对应"4:3"和"16:9"两种屏幕的屏幕比例（又称纵横比）。"16:9"主要用于计算机的液晶显示器和宽屏幕电视播出，"4:3"主要用于早期的显像管电视机播出。随着高清晰电视越来越多采用宽屏幕，16:9 的纵横比也在编辑中更多被选择。从视觉感受分析，"16:9"的比例更接近黄金分割比，也更利于提升视觉愉悦度。若素材是"4:3"的比例，而编辑时选择"16:9"的预设，则画面上的物体会被拉宽，造成图像失真。32kHz 和 48kHz 是数字音频领域常用的两个采样率。采样频率是描述声音文件的音质、音调，衡量声卡、声音文件的质量标准，采样频率越高，即采样的间隔时间越短，则在单位时间内计算机得到的声音样本数据就越多，对声音波形的表示也越精确。通常，32kHz 是 mini DV、数码视频、camcorder 和 DAT（LP mode）所使用的采样率，而 48kHz 则是 mini DV、数字电视、DVD、DAT、电影和专业音频所使用的是数字声音采样率。需要注意的是，项目一旦建立，有的设置将无法更改。

如果编辑者手中的素材是 NTSC 格式的，需要在【新建项目】对话框中选择 NTSC 制的预置格式。另外还有 24P 格式用于设置每秒 24 帧，标准分辨率为 720 像素×480 像素，逐行扫描方式拍摄的素材。如果计算机中安装了采集卡，采集卡通常还会提供更多的预置选项。

 提示

在本书中如果不做特殊说明，创建的项目文件采用的都是【DV-PAL】/【标准 48kHz】模式。在以后的讲解中，我们均以"t1.prproj"的标准来建立项目文件。

2.1.3 项目设置

如果需要自行设置项目参数，单击【设置】选项卡，就可以在选项窗口中进行参数设置，如图 2-6 所示。

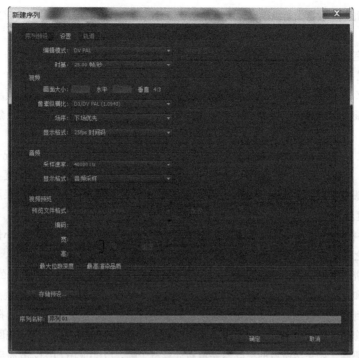

图 2-6　【设置】参数设置

在如图 2-6 所示窗口中，各选项设置的含义如下。

- 【编辑模式】：一般有多个选项可供选择，如图 2-7 所示。

图 2-7　编辑模式选项

- 【时基】：设置节目播放的时间标准，指多少帧构成一秒钟，从其下拉列表中可以选择相应的数值。
- 【画面大小】：以像素为单位，设置播放视频的帧尺寸。帧尺寸也就是分辨率，第 1 个数值是长度方向的分辨率，第 2 个数值是宽度方向的分辨率。如果前面选择了【DV PAL】，则此数是 720×576，不可更改。

- 【像素纵横比】：设置像素纵横比，该值决定了像素的形状，需要根据节目的要求加以选择，否则会导致变形。
- 【场序】：包含"无场"（逐行扫描）、"上场优先"和"下场优先"3个选项。
- 【显示格式】：设置视频时间码的显示方式。
- 【采样速率】：确定项目预设的音频采样率。通常，采样率越高，项目中的音频品质就越好，但这同时也需要更多的磁盘空间并进行更多处理。应以高品质的采样率录制音频，然后以同一速率捕获音频。
- 【显示格式】：指定是使用音频采样数还是毫秒数来度量音频时间显示。默认情况下，时间显示在音频采样中。不过，您可以在编辑音频时以毫秒显示时间，以获得采样级的精确度。

【视频预览】设置：决定了 Premiere Pro CS6 在预览文件以及回放素材和序列时采用的文件格式、压缩程序和颜色深度。

- 【预览文件格式】：选择一种能在提供最佳品质预览的同时将渲染时间和文件大小保持在系统允许的容限范围之内的文件格式。对于某些编辑模式，只提供了一种文件格式。
- 【编码】：指定用于为序列创建预览文件的编解码器。（仅限 Windows）未压缩的 UYVY 422 8 位编解码器和 V210 10 位 YUV 编解码器分别匹配 SD-SDI 和 HD-SDI 视频的规范。如果您打算监视或输出到其中一种格式，请从中选择一项。要访问其中任一格式，请首先选择"桌面"编辑模式。如果您使用的素材未应用效果或更改帧或时间特征，Premiere Pro CS6 在回放时会使用素材的源编解码器。如果您所做的更改需要重新计算每个帧，Premiere Pro CS6 将应用您在此处选择的编解码器。
- 【宽】：指定视频预览的帧宽度，受源媒体的像素长宽比限制。
- 【高】：指定视频预览的帧高度，受源媒体的像素长宽比限制。
- 【重置】：清除现有预览并为所有后续预览指定全尺寸。
- 【最大位数深度】：使序列中回放视频的色位深度达到最大值（最大 32 bpc）。如果选定压缩程序仅提供了一个位深度选项，此设置通常不可用。当准备用于 8 bpc 颜色回放的序列时，对于 Web 或某些演示软件使用"桌面"编辑模式时，也可以指定 8 位（256 颜色）调色板。如果您的项目包含由 Adobe Photoshop 等程序或高清摄像机生成的高位深度资源，请选择"最大位数深度"。然后，Premiere Pro CS6 会使用这些资源中的所有颜色信息来处理效果或生成预览文件。
- 【最高渲染品质】：当从大格式缩放到小格式，或从高清晰度缩放到标准清晰度格式时，保持锐化细节。"最高渲染质量"可使所渲染素材和序列中的运动质量达到最佳效果。选择此选项通常会使移动资源的渲染更加锐化。与默认的标准质量相比，最高质量时的渲染需要更多的时间，并且使用更多的 RAM。此选项仅适用于具有足够 RAM 的系统。对于所需 RAM 极少的系统，建议不要使用"最高渲染品质"选项。"最高渲染品质"通常会使高度压缩的图像格式或包含压缩失真的图像格式变得锐化，因此效果更糟。
- 　存储预设…　按钮：打开【存储预设】对话框，您可以在其中命名、描述和保存序列设置。
- 【序列名称】：给序列命名并根据需要添加描述。

如果需要自行设置轨道项目参数，单击【轨道】选项卡，在【轨道】选项卡中创建新序列的视频轨道数量和音轨的数量和类型，如图 2-8 所示。

- 【主音轨】：将新序列中主音轨的默认声道类型设置为单声道、立体声、5.1 环绕或 16 声道。

选择了相应的预置模式之后，单击【新建序列】对话框右下方的　确定　按钮，进入 Premiere Pro CS6 工作界面，如图 2-9 所示。

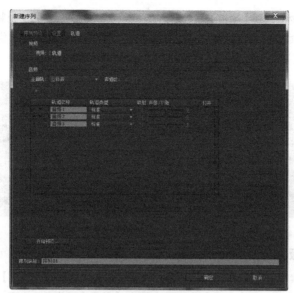

图 2-8 【轨道】参数设置

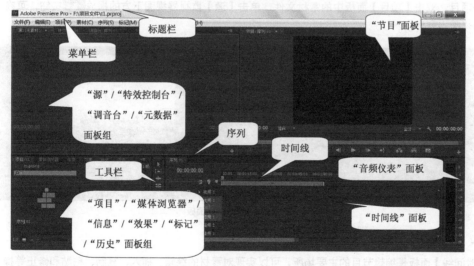

图 2-9 Premiere Pro CS6 工作界面

2.2 工作界面简介

在使用 Premiere 进行编辑之前，首先介绍 Premiere Pro CS6 的工作界面，它由以下几个主要面板组成。

1.【项目】面板

【项目】面板是素材文件的管理器，放置着项目素材文件的链接。这些素材包括视频文件、音频文件、图形图像和序列等，如图 2-10 所示。按 Ctrl + Page up 组合键，可以切换到列表状态。单击【项目】面板右上方的 按钮，在打开的快捷菜单中可以选择面板及相关功能

工作界面简介

的显示/隐藏方式。将素材导入到【项目】面板后，在图标状态时，将鼠标置于视频图标中左右移动，可以查看不同的时间点的视频内容。在列表状态时会显示素材的详细信息，如名称、媒体格式、视音频信息、数据量等基本信息，在【项目】面板中，还可以通过文件夹管理素材文件。

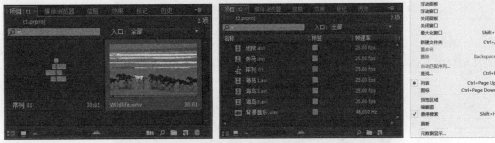

图2-10 【项目】面板

2.【监视器】面板

监视器是用来播放素材和监控节目内容的窗口，分为【源】监视器和【节目】监视器，如图 2-11 所示。【源】监视器（左图）视图用来观看和剪切原始素材，【节目】监视器（右图）视图用来观看和设置编辑中的项目。双击【项目】面板中的素材文件，单击【源】监视器视图下方的播放 ▶ 按钮，可在【源】监视器视图观看素材。

图2-11 【监视器】面板

3.【时间线】面板

【时间线】面板是编辑节目的主要场所，可以实现对素材的编辑、插入、复制、粘贴和修正等操作，如图 2-12 所示。在【时间线】面板上可以创建一个序列（在 Adobe 软件中指编辑过的视频片段或者整个项目文件），也可以创建多个序列，多个序列同时进行多线程的编辑工作，序列与序列之间可以嵌套使用。

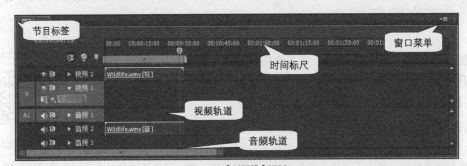

图2-12 【时间线】面板

4.【效果】面板

效果即 Premiere 旧版本中的滤镜和切换。在【效果】面板中以效果类型分组存放 Premiere Pro CS6 的音频特效、音频过渡、视频特效和视频切换，如图 2-13 所示。在该面板中用户还可以将经常使用的音频或者视频效果添加到预置文件夹下，以便快速使用。

5.【信息】面板

【信息】面板显示【项目】面板中当前选中的所有素材、序列中选取的所有素材或者特效的基本信息，显示的信息对编辑工作有很大的参考作用，如图 2-14 所示。

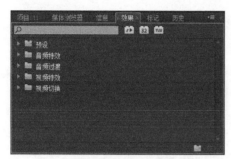

图 2-13 【效果】面板

图 2-14 【信息】面板

6.【调音台】面板

在左边的【源】监视器中，选择【调音台】选项卡，会显示【调音台】面板。整个界面类似用于音频制作的硬件设备，包括音量滑块和转动旋钮。【时间线】面板上每一轨音频都有一套控件，此外还有一个主音轨，如图 2-15 所示。

7.【工具】面板

【工具】面板的工具主要用于在【时间线】面板上编辑素材，如图 2-16 所示。选中某个工具，移动鼠标指针到【时间线】面板上，会出现该工具的外形，并在工作界面下方的提示栏显示相应的编辑功能。各个工具的功能，会在以后的章节中详细介绍。

8.【特效控制台】面板

在左边的【源】监视器中，切换到【特效控制台】选项卡，在时间线上选择任意一个素材，则会显示该素材的【特效控制台】面板。每一段素材都有运动、透明度、时间重映射 3 种特效，如图 2-17 所示。当为素材添加新的特效后，特效会出现在该面板中。用户可以在此调整特效的参数，并为其设置关键帧。

图 2-15 【调音台】面板

图 2-16 【工具】面板

图 2-17 【特效控制台】面板

2.2.1 Premiere 菜单命令介绍

1.【文件】菜单

【文件】菜单包括【新建】子菜单，如图 2-18 所示，主要用于新建、打开、存储、采集、导入和导出等设置。

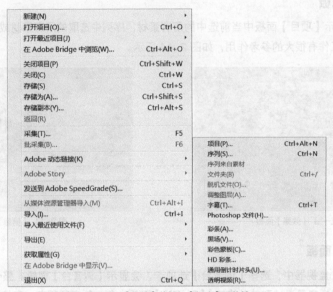

图 2-18 【文件】菜单与【新建】子菜单

（1）【新建】包括以下 14 个命令。

- 【项目】：可以创建一个新的项目文件。
- 【序列】：可以创建一个新的合成序列，从而进行编辑合成。
- 【序列来自素材】：使用文件中已有的序列来新建序列。
- 【文件夹】：在项目面板中创建项目文件夹。
- 【脱机文件】：创建离线编辑的文件。
- 【调整图层】：在项目面板中创建调整图层。
- 【字幕】：建立一个新的字幕窗口。
- 【Photoshop 文件】：建立一个 Photoshop 文件，系统会自动启动 Photoshop 软件。
- 【彩条】：可以建立一个色条片段。
- 【黑场】：可以建立一个黑屏文件。
- 【彩色蒙板】：在【时间线】窗口中叠加特技效果的时候，为被叠加的素材设置固定的背景色彩。
- 【HD 彩条】：用来创建 HD 彩条文件。
- 【通用倒计时片头】：用来创建倒计时的视频素材。
- 【透明视频】：用来创建透明的视频素材文件。

（2）【打开项目】：打开已经存在的项目、素材或影片等文件。

（3）【打开最近项目】：打开最近编辑过的文件。

（4）【在 Adobe Bridge 中浏览】：用于浏览需要的项目文件，在打开另一个项目文件或新建项目文件前，用户最好将当前项目保存。

（5）【关闭项目】：关闭当前操作的项目文件。

（6）【关闭】：关闭当前选取的面板。

（7）【存储】：将当前正在编辑的文件项目或字幕以原来的文件名进行保存。

（8）【存储为】：将当前正在编辑的文件项目或字幕以新的文件名进行保存。

（9）【存储副本】：将当前正在编辑的文件项目或字幕以副本的形式进行保存。

（10）【返回】：放弃对当前文件项目的编辑，使项目回到最近的存储状态。

（11）【采集】：从外部视频、音频设备捕获视频和音频文件素材。一般有 3 种捕获方式，即音频、视频同时捕获，音频捕获和视频捕获。

（12）【批采集】：通过视频设备进行多段视频采集，以供后面的非线性操作。

（13）【Adobe 动态链接】：使用该命令可以使 Premiere 与 After Effects 更加有机结合起来。

（14）【Adobe Story】：使用该命令可以使 Premiere 与 Story 更加有机结合起来。

（15）【发送到 Adobe SpeedGrade(s)】：将选取的序列保存为 Adobe SpeedGrade 格式文件。

（16）【从媒体资源管理器导入】：从媒体浏览器中导入素材。

（17）【导入】：在当前的文件中导入所需要的外部素材文件。

（18）【导入最近使用文件】：列出最近时期内所有软件中导入的文件，如果要重复使用，在此可以直接导入使用。

（19）【导出】：用于将工作区域栏中的内容以设定的格式输出为图像、影片、单帧、音频文件或字幕文件。

（20）【获取属性】：可以从中了解影片的详细信息，文件的大小、视频/音频的轨道数目、影片长度、平均帧率、音频的各种指示与有关的压缩设置等。

（21）【在 Adobe Bridge 中显示】：执行该命名，可以在 Bridge 管理显示器中显示最新的影片。

（22）【退出】：选择该命令，将退出 Premiere Pro CS6 程序。

2.【编辑】菜单

【编辑】菜单包括内容如图 2-19 所示，主要包括复制、粘贴、剪切、撤销和清除等命令操作。

撤销(U)	Ctrl+Z
重做(R)	Ctrl+Shift+Z
剪切(T)	Ctrl+X
复制(Y)	Ctrl+C
粘帖(P)	Ctrl+V
粘帖插入(I)	Ctrl+Shift+V
粘帖属性(B)	Ctrl+Alt+V
清除(E)	Backspace
波纹删除(T)	Shift+Delete
副本(C)	Ctrl+Shift+/
全选(A)	Ctrl+A
取消全选(D)	Ctrl+Shift+A
查找(F)...	Ctrl+F
查找脸部	
标签(L)	▶
编辑原始资源(O)	Ctrl+E
在 Adobe Audition 中编辑	▶
在 Adobe Photoshop 中编辑(H)	
键盘快捷方式(K)...	
首选项(N)	▶

图 2-19　【编辑】菜单

- 【撤销】：用于取消上一步的操作，返回上一步之前的编辑状态。
- 【重做】：用于恢复撤销操作前的状态，避免重复性操作。该命令与撤销命令的次数理论上是无限次的，具体次数取决于计算机内存容量的大小。
- 【剪切】：将当前文件直接剪切到其他地方，原文件不存在。
- 【复制】：将当前文件复制，原文件依旧保留。
- 【粘贴】：将剪切或复制的文件粘贴到相应的位置。
- 【粘贴插入】：将剪切或复制的文件在指定的位置以插入的方式粘贴。
- 【粘贴属性】：将其他素材片段上的一些属性粘贴到选定的素材片段上，这些属性包括一些过度特技、滤镜和设置的一些运动效果等。
- 【清除】：用于清除所选中的内容。
- 【波纹删除】：可以删除两个素材之间的间距，所有未锁定的素材就会移动并填补这个空隙，即被删除素材后面的内容将自动向前移动。
- 【副本】：复制【项目】面板中选定的素材，以创建其副本。
- 【全选】：选定当前窗口中的所有素材或对象。
- 【取消全选】：取消对当前窗口所有素材或对象的选定。
- 【查找】：根据名称、标签、类型、持续时间或出入点在【项目】面板中定位素材。
- 【查找脸部】：根据文件名或字符串进行快速查找。
- 【标签】：该命令用于定义时间面板中素材片段的标签颜色。在【时间线】上选中素材片段后，在选择【标签】子菜单中的任意一颜色，即可改变素材片段的标签颜色。
- 【编辑原始资源】：用于将选中的原始素材在外部程序软件（如 Adobe Photoshop 等）中进行编辑。此操作将改变原始素材。
- 【在 Adobe Audition 中编辑】：选择该命令可在 Adobe Audition 中编辑声音素材。
- 【在 Adobe Photoshop 中编辑】：选择该命令可在 Adobe Photoshop 中编辑图像素材。
- 【键盘快捷方式】：该命令可以分别为应用程序、窗口、工具等进行键盘快捷键设置。
- 【首选项】：用于对保存格式、自动保存等一系列的环境参数进行设置。

3.【项目】菜单

【项目】菜单中的命令如图 2-20 所示，主要用于管理项目以及项目中的素材，如项目设置、链接媒体、自动匹配序列、导入批处理列表、导出批处理列表和项目管理等。

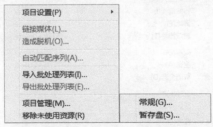

图 2-20 【项目】菜单及【项目设置】子菜单

- 【项目设置】：用于设置当前项目文件的一些基本参数，包括【常规】与【暂存盘】两个子命令。
- 【链接媒体】：用于将【项目】面板中的素材与外部的视频文件、音频文件、网络等媒介链接起来。
- 【造成脱机】：该命令与【链接媒体】命令相对立，用于取消【项目】面板中的素材与外部的视频文件、音频文件和网络等媒介的链接。

- 【自动匹配序列】：将【项目】面板中选定的素材按顺序自动排列到【时间线】面板的轨道上。
- 【导入批处理列表】：用于从硬盘中导入一个 Premiere 格式的批处理文件列表。批处理列表即标记
  磁带号、入点、出点、素材和注释等信息的.txt 文件或.csv 文件。
- 【导出批处理列表】：用于将 Premiere 格式的批量列表导出到硬盘上。只有视频/音频媒体数据才能
  导出成批量的列表。
- 【项目管理】：用于管理项目文件或使用的素材，它可以排除未使用的素材，同时可以将项目文件与
  未使用的素材进行搜集并放置在同一个文件夹中。
- 【移除未使用资源】：选择该命令可以从【项目】面板中删除整个项目中未被使用的素材，这样可以
  减小文件的大小。

4.【素材】菜单

【素材】菜单包括了大部分的编辑影片命令，如图 2-21 所示。

（1）【重命名】：将选定的素材重新命名。

（2）【制作子剪辑】：在【源素材】面板中为当前的素材创建子素材。

（3）【编辑子剪辑】：用于编辑子素材的切入点和切出点。

（4）【脱机编辑】：对脱机素材进行注释编辑。

（5）【源设置】：用于对外部的采集设备进行设置。

（6）【修改】：对源素材的音频声道、视频参数及时间码进行修改。

（7）【视频选项】：设置视频素材各选项，如图 2-22 所示，其子菜单命令分别介绍如下。

图 2-21 【素材】菜单

- 【帧定格】：设置一个素材的入点、出点或 0 标记点的帧保持静止。
- 【场选项】：冻结帧时，场的交互设置。
- 【帧混合】：使视频前后帧之间交叉重叠，通常情况下是被选中的。
- 【缩放为当前画面大小】：在【时间线】面板中选中一段素材，选择该命令，所选素材在节目监视器窗口中将自动满屏显示。

（8）【音频选项】：调整音频素材各选项，如图 2-23 所示，其子菜单命令分别介绍如下。

| 帧定格(F)... |
| 场选项(O)... |
| 帧混合(B) |
| 缩放为当前画面大小(S) |

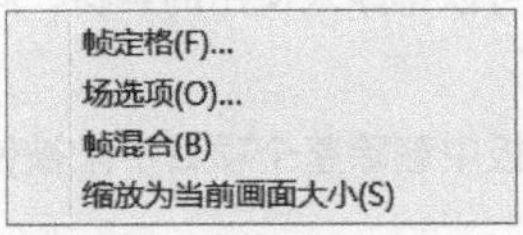

图 2-22 【视频选项】子菜单

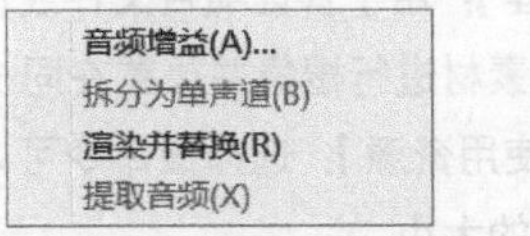

| 音频增益(A)... |
| 拆分为单声道(B) |
| 渲染并替换(R) |
| 提取音频(X) |

图 2-23 【音频选项】子菜单

- 【音频增益】：增益通常指素材中的输入电平或音量。该命令独立于【音轨混合器】和【时间轴】面板中的输出电平设置，但其值将与最终混合的轨道电平整合。
- 【拆分为单声道】：将源素材的音频声道拆为两个独立的音频素材。
- 【渲染并替换】：预览并在项目窗口中创建合成音频文件。
- 【提取音频】：在源素材中提取音频素材，提取后的音频素材格式为 MAV。

（9）【分析内容】：快速分析、编码素材。

（10）【速度/持续时间】：用于设置素材播放速度。

（11）【移除效果】：可移除运动、透明度、音频和音量等关键帧动画。

（12）【采集设置】：对 Premiere Pro CS6 从外部采集的素材进行设定。

（13）【插入】：将【项目】面板中的素材或【源监视器】面板中已经设置好入点与出点的素材插入到【时间线】面板中时间标记所在的位置。

（14）【覆盖】：将【项目】面板中的素材或【源监视器】面板中已经设置好入点与出点的素材插入到【时间线】面板中时间标记所在的位置，并覆盖该位置原有的素材片段。

（15）【替换素材】：用新选择的素材文件替换【项目】面板中指定的旧素材。此命令包含 3 个子菜单，如图 2-24 所示，其子菜单命令分别介绍如下。

- 【从源监视器】：将当前素材替换为【Source】窗口中的素材。
- 【从源监视器，匹配帧】：将当前素材替换为【Source】窗口中的素材，并选择与其时间相同的素材进行匹配。

| 从源监视器(S) |
| 从源监视器，匹配帧(M) |
| 从文件夹(B) |

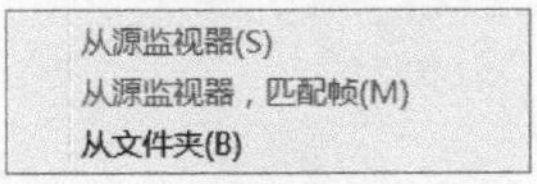

图 2-24 【替换素材】子菜单

- 【从文件夹】：从该素材的源路径进行相关的素材替换。

（16）【启用】：激活当前选中的素材。

（17）【链接视频和音频】：可以链接一个视频素材和一个音频素材，以便它们成为一个整体。

（18）【编组】：将影片中的几个素材暂时组合成一个整体。

（19）【解组】：将影片中组合成一个整体的素材分解成多个影片片段。

（20）【同步】：按照起始时间、结束时间或时间码，将【时间线】面板中的素材对齐。

（21）【合并素材】：将多个素材合并为一个素材。

（22）【嵌套】：从时间线轨道中选择一组素材，将它们打包成一个序列。

（23）【创建多机位源序列】：将多个素材创建为一个多机位源序列。

（24）【多机位】：可以从 4 个不同的视频源编辑多个影视片段。

5.【序列】菜单

【序列】菜单主要用于在【时间线】面板中对项目片段进行编辑、管理和设置轨道属性等操作，如图 2-25 所示。

序列菜单

图 2-25　【序列】菜单

- 【序列设置】：更改序列参数，如视频格式、播放速率和画面尺寸等。
- 【渲染工作区域内的效果】：用内存来渲染和预览指定工作区域内的素材。
- 【渲染完整工作区域】：用内存来渲染和预览整个工作区域内的素材。
- 【渲染音频】：只渲染音频素材。
- 【删除渲染文件】：删除所有与当前项目工程关联的渲染文件。
- 【删除工作区域渲染文件】：删除工作区指定的渲染文件。
- 【匹配帧】：在【源监视器】面板中显示时间标记的当前位置所匹配的帧图像。
- 【添加编辑点】：以当前的时间指针为起点，切断在【时间线】上当前轨道中的素材。
- 【添加编辑点到所有轨道】：以当前时间指针为起点，切断在【时间线】上所有轨道中的素材。
- 【修剪编辑】：在【时间线】面板中修剪素材。
- 【伸缩选择的编辑点到指示器位置】：将素材中选择的编辑点伸缩到指示器位置。
- 【应用视频过渡效果】：此命令组要用于视频素材的转换。
- 【应用音频过渡效果】：此命令组要用于音频素材的转换。
- 【应用默认过渡效果到所选择区域】：将默认的过渡效果应用到所选择的素材。
- 【提升】：此命令主要将监视器窗口中所选定的源素材插入到编辑线所在的位置。
- 【提取】：此命令主要将监视器窗口中所选定的源素材覆盖到编辑线所在的位置。
- 【放大/缩小】：对【时间线】面板中时间显示比例进行放大或缩小，方便进行视频和音频片段的编辑。
- 【跳转间隔】：跳转到序列或轨道中的下一段或前一段。

- 【吸附】：此命令主要用来决定是否让选择的素材具有吸附效果，将素材的边缘自动对齐。
- 增加【隐藏式字幕】项。
- 【标准化主音轨】：统一设置主音频的音量值。
- 【添加轨道】：此命令主要用来增加序列的编辑轨道。
- 【删除轨道】：此命令主要用来删除序列的编辑轨道。

6.【标记】菜单

【标记】菜单主要对【时间线】面板中的素材标记和监视器中的素材标记进行编辑处理，如图 2-26 所示。

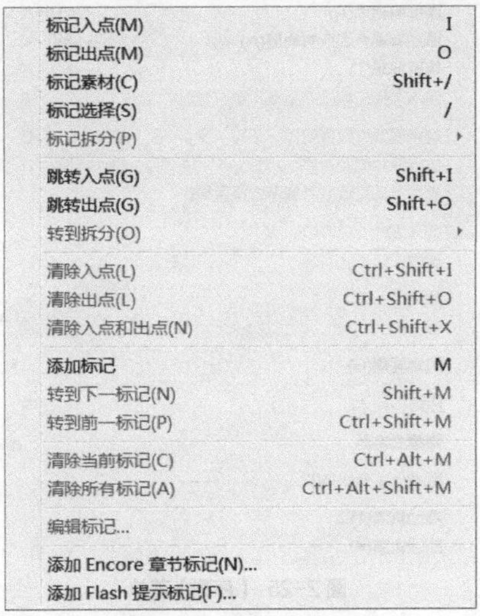

标记入点(M)	I
标记出点(M)	O
标记素材(C)	Shift+/
标记选择(S)	/
标记拆分(P)	▶
跳转入点(G)	Shift+I
跳转出点(G)	Shift+O
转到拆分(O)	▶
清除入点(L)	Ctrl+Shift+I
清除出点(L)	Ctrl+Shift+O
清除入点和出点(N)	Ctrl+Shift+X
添加标记	M
转到下一标记(N)	Shift+M
转到前一标记(P)	Ctrl+Shift+M
清除当前标记(C)	Ctrl+Alt+M
清除所有标记(A)	Ctrl+Alt+Shift+M
编辑标记...	
添加 Encore 章节标记(N)...	
添加 Flash 提示标记(F)...	

图 2-26 【标记】菜单

- 【标记入点】：在【时间线】面板中设置视频和音频素材的入点。
- 【标记出点】：在【时间线】面板中设置视频和音频素材的出点。
- 【标记素材】：在【时间线】面板中标记视频和音频素材。
- 【标记选择】：在【时间线】面板中选择标记素材。
- 【标记拆分】：在【源监视器】窗口中拆分视频和音频的入点和出点。
- 【跳转入点】：使用此命令指向某个素材标记，如转到下一个标记的入点。此命令只有在设置素材标记以后方可使用。
- 【跳转出点】：使用此命令指向某个素材标记，如转到下一个标记的出点。此命令只有在设置素材标记以后方可使用。
- 【转到拆分】：在【源监视器】窗口将时间标记跳转到拆分的音频或视频的入点或出点。
- 【清除入点】：清除标记的入点。
- 【清除出点】：清除标记的出点。
- 【清除入点和出点】：清除标记的入点和出点。
- 【添加标记】：在时间标记▓的当前位置为素材添加标记。
- 【转到下一标记】：将时间标记▓跳转到下一个标记处。
- 【转到前一标记】：将时间标记▓跳转到前一个标记处。
- 【清除当前标记】：清除时间标记▓所在位置的标记。

- 【清除所有标记】：清除【时间线】面板中的所有标记。
- 【编辑标记】：使用该命令可以编辑时间线标记，如指定超链接、编辑注释等。
- 【添加 Encore 章节标记】：设定 Encore 标记，如场景、主菜单等。
- 【添加 Flash 提示标记】：设定 Flash 交互提示标记。

7.【字幕】菜单

【字幕】菜单包括的内容如图 2-27 所示，主要用于对打开的字幕进行编辑。双击素材库中的某个字幕文件，以便打开字幕窗口进行编辑。

图 2-27　【字幕】菜单

- 【新建字幕】：该命令用于创建一个字幕文件。
- 【字体】：设置当前【字幕工具】面板中字幕的字体。
- 【大小】：设置当前【字幕工具】面板中字幕的大小。
- 【文字对齐】：设置字幕文字的对齐方式，包括左对齐、居中和右对齐。
- 【方向】：设置字幕的排列方向，包括水平和垂直。
- 【自动换行】：设置【字幕工具】面板中字幕是否根据自定义文本框自动换行。
- 【制表符设置】：设置【字幕工具】面板中制表定位符。
- 【模板】：Premiere Pro CS6 为用户提供了丰富的模板，使用该命令可以打开字幕模板。
- 【滚动/游动选项】：设置字幕的滚动/游动方式。
- 【标记】：用于在字幕中插入或编辑图形。
- 【变换】：用于精确设置字幕中文字的位置、大小、旋转和透明度。
- 【选择】：用于轮回选择【字幕工具】面板中的对象，共有 4 个选项可供选择，包括【上层的第一个对象】、【上层的下一个对象】、【下层的第一个对象】和【下层的最后一个对象】。
- 【排列】：改变当前文字的排列方式，共有 4 个选项可供选择，包括【放置最上层】、【上移一层】、【放置最下层】和【下移一层】。
- 【位置】：设置字幕在【字幕工具】面板中的位置，共有【水平居中】、【垂直居中】和【下方三分之一处】3 个选项可供选择。
- 【对齐对象】：将文字对齐当前【字幕工具】面板中的指定对象。

- 【分布对象】：设置【字幕工具】面板中选定对象的分布方式。
- 【查看】：用于选择【字幕工具】面板的视图显示方式，如【动作安全框】、【字幕安全框】、【字幕基线】和【制表符标记】等。

8.【窗口】菜单

【窗口】菜单包括的内容如图 2-28 所示，主要用于管理工作区域的各个窗口，包括工作区的设置、历史面板、工具面板、效果面板、时间线面板、源监视器面板、特效控制台窗口、节目监视器面板和项目面板等。

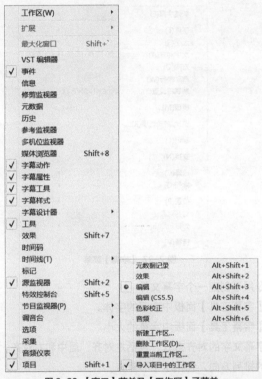

图 2-28 【窗口】菜单及【工作区】子菜单

- 【工作区】：用于切换不同模式的工作窗口。该命令包括【元数据记录】模式、【效果】模式、【编辑】模式、【编辑（CS5.5）】模式、【色彩校正】模式、【音频】、【新建工作区】、【删除工作区】、【重置当前工作区】、【导入】和【项目中的工作区】。
- 【扩展】：以打开 Adobe Exchange 面板，用户可以找到免费扩展和付费扩展。
- 【最大化窗口】：可将激活的窗口最大化显示，再次选择可恢复窗口的大小。
- 【VST 编辑器】：显示/隐藏 VST 编辑器窗口。
- 【事件】：用于显示【事件】对话框，图 2-29 所示为【事件】对话框的操作界面，用于记录项目编辑过程中的事件。
- 【信息】：用于显示或关闭【信息】面板，该面板中显示的是当前所选素材的文件名、类型、时间长度等信息。
- 【修剪监视器】：用于显示或关闭【修剪监视器】窗口，该窗口主要用于对图像进行修整处理。
- 【元数据】：显示/隐藏元数据信息面板。

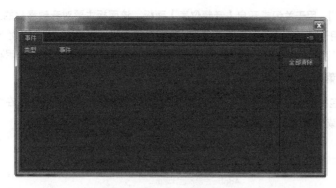

图 2-29 【事件】对话框

- 【历史】：用于显示【历史】面板，该面板记录了从建立项目开始以来所进行的所有操作。
- 【参考监视器】：用于显示或关闭【参考监视器】窗口，该窗口用于对编辑图像进行实时的监控。
- 【多机位监视器】：用于显示或关闭【多机位监视器】窗口，在该窗口中可以对画面进行监控。
- 【媒体浏览器】：显示/隐藏媒体浏览窗口。
- 【字幕动作】：用于显示或关闭【字幕动作】面板，该面板主要用于对单个或多个对象进行对齐、排列和分布的调整。
- 【字幕属性】：用于显示或关闭【字幕属性】面板，在【字幕属性】面板中，还提供了多种对文字字体、文字尺寸、外观和其他基本属性的参数设置。
- 【字幕工具】：用于显示或关闭【字幕工具】面板，这里存放着一些与标题字幕制作相关的工具，利用这些工具，可以加入标题文本、绘制简单的几何图形。
- 【字幕样式】：用于显示或关闭【字幕样式】面板，该面板中显示了系统所提供的所有字幕样式。
- 【字幕设计器】：用于显示或关闭【字幕设计器】面板，在该面板中可以看到所输入文字的最终效果，也可以对当前对象进行简单的操作设计。
- 【工具】：用于显示或关闭【工具】面板，该面板中包含了一些在进行视频编辑操作时常用的工具，它是独立的活动窗口，单独显示在工作界面上。
- 【效果】：用于切换和显示【效果】面板，该面板集合了音频特效、视频特效、音频切换效果、视频切换效果和预制特效的功能，可以很方便地为时间线窗口的素材添加特效。
- 【时间码】：用于显示或关闭【时间码】窗口，该窗口用于显示时间标记所在的位置。
- 【时间线】：用于显示或关闭【时间线】窗口，该窗口按照时间顺序组合【项目】窗口中的各种素材片段，是制作影视节目的编辑窗口。
- 【标记】：用于显示或关闭【标记】窗口，该窗口按照时间顺序显示所有标记的相关信息。
- 【源监视器】：用于显示或关闭【源监视器】窗口，在该窗口中可以对【项目】窗口的素材进行预览，还可以编辑素材片段等。
- 【特效控制台】：用于切换和显示【特效控制台】面板，该面板中的命令用于设置添加到素材中的特效。
- 【节目监视器】：用于显示或关闭【节目监视器】窗口，通过该窗口可以对编辑的素材进行实时预览。
- 【调音台】：主要用于完成对音频素材的各种处理，如混合音频轨道、调整各声道音量平衡和录音等。
- 【选项】：用于显示或关闭【选项】窗口。
- 【采集】：用于关闭或开启【采集】对话框，该对话框中的命令主要用于对视音频采集进行相关的设置。

- 【音频仪表】：用于关闭或开启【音频仪表】面板，该面板主要对音频素材的主声道进行电平显示。
- 【项目】：用于显示或关闭【项目】窗口，该窗口用于引入原始素材，对原始素材片段进行组织和管理，并且可以用多种显示方式显示每个片段，包含缩略图、名称、注释说明和标签等属性。

9.【帮助】菜单

【帮助】菜单包括的内容如图 2-30 所示。通过【帮助】菜单可以打开软件的在线帮助系统、登录用户的 Adobe ID 账户或更新程序。

图 2-30 【帮助】菜单

- 【Adobe Premiere Pro 帮助】：选择该命令，将打开【Adobe Premiere Pro Help】对话框，在该对话框中，可以获取所需要的帮助信息。
- 【Adobe Premiere Pro 支持中心】：联网获取"Adobe Premiere Pro CS6"的技术支持。
- 【Adobe 产品改进计划】：联网获取 Adobe 产品升级信息。
- 【键盘】：选择该命令，可以在弹出【Adobe Community Help】对话框中获取关于 Keyboard shortcuts 的帮助信息。
- 【Complete/Update Adobe ID Profile】（注册）：在线注册软件。
- 【Deactivate】（在线支持）：选择该命名将打开 Adobe 的网站，寻求帮助。
- 【Updates】（更新）：在线更新软件程序。
- 【关于 Adobe Premiere Pro】：显示"Adobe Premiere Pro CS6"的版本信息。

2.2.2 定制工作区

按不同的工作性质，Premiere Pro CS6 提供了几种界面显示，用户可以使用【窗口】/【工作区】下面的相关命令进行选择，也可以根据自己的工作习惯进行设置并存储成文件。图 2-31 所示的界面，对应的是【编辑】的显示界面。

针对不同阶段不同的工作重点，Premiere Pro CS6 提供了多种不同的工作区：元数据记录、效果、编辑、色彩校正和音频。通过在菜单栏中选择【窗口】/【工作区】命令，可以选择使用预置的工作区，如图 2-31 所示。

定制工作区

图 2-31 选择使用预置的工作区

2.2.3 【首选项】环境参数设置

【首选项】命令主要是对计算机硬件和 Premiere Pro CS6 系统进行设置。可以根据个人习惯及项目的需要，在开始项目之前，自行设置相关的参数，也可以随时修改参数，并使它们立即生效。参数通常只需要设置一次，而且会应用到所有的项目。在菜单栏中选择【编辑】/【首选项】/【常规】命令，打开【首选项】对话框，如图 2-32 所示。

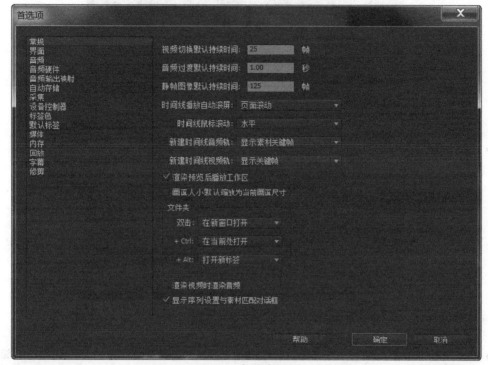

图 2-32 【常规】面板

- 【常规】：用于设置一些项目通用的选项，例如视频、音频切换默认持续时间、静态图像默认持续时间等。
- 【界面】：设置用户工作界面的亮度，如图 2-33 所示。

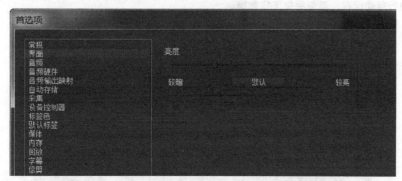

图 2-33 【界面】面板

- 【音频】：进行音频方面的相关设置。如 5.1 缩混类型及自动关键帧优化的设置等，如图 2-34 所示。

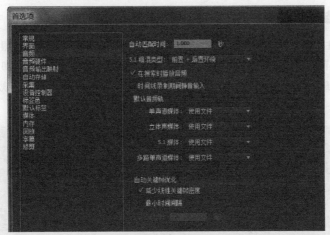

图 2-34 【音频】面板

- 【音频硬件】：设置默认的音频硬件设备，并进行 ASIO 设置，如图 2-35 所示。

图 2-35 【音频硬件】面板

- 【音频输出映射】：设置每个音频硬件设备通道对应的 Premiere Pro WDM Sound 音频输出通道，通常使用默认设置，如图 2-36 所示。
- 【自动存储】：设置自动保存项目文件的频率及最大版本个数，如图 2-37 所示。勾选【自动存储项目】后，Premiere Pro CS6 自动在项目文件所在的文件夹中，创建 1 个名称为"Adobe Premiere Pro Auto-Save"的文件夹，放置自动保存的项目文件。编辑过程中系统会按照设置的时间间隔定时对项目进行自动保存，避免丢失工作数据。
- 【采集】：设置采集时的相关选项，如图 2-38 所示。

图 2-36 【音频输出映射】面板

图 2-37 【自动存储】面板

图 2-38 【采集】面板

- 【设备控制器】：设置设备的控制程序及相关选项，如图 2-39 所示。

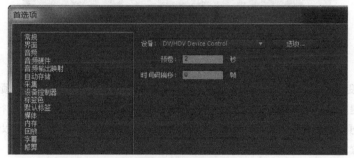

图 2-39 【设备控制器】面板

- 【标签色】：设置各种标签的具体颜色，如图 2-40 所示。

图 2-40 【标签色】面板

● 【默认标签】：设置素材容器、序列和其他各种素材在默认状态下对应的标签种类，如图2-41所示。

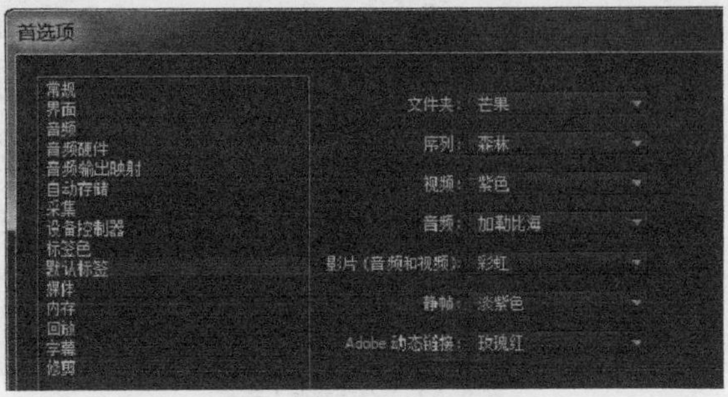

图2-41 【默认标签】面板

● 【媒体】：设置媒体的缓存空间及其他相关选项，如图2-42所示。

图2-42 【媒体】面板

● 【内存】：设置文件采集、编辑回放时需要的内存，如图2-43所示。在采集、预演作品时，需要在计算机上建立临时文件。一般情况下，需要为临时文件指定一个比较大、而且运行速度较快的硬盘。

● 【回放】：可以选择音频或视频的默认播放器，并设置预卷和过卷首选项。也可以访问第三方采集卡的设备设置。

图2-43 【内存】面板

● 【字幕】：设置在字幕设计窗口中显示的字体样本。【样式示例】选项设置样式预览时使用的字符；【字体浏览】选项设置浏览字体时显示的字符，如图2-44所示。

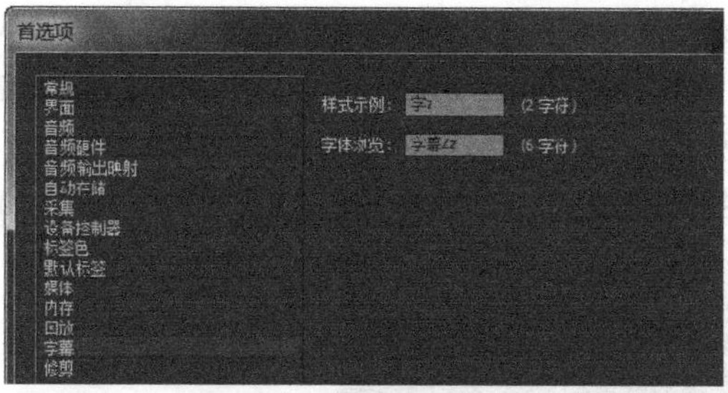

图 2-44　【字幕】面板

● 【修剪】：设置最大修剪偏移量，如图 2-45 所示。

图 2-45　【修剪】面板

2.2.4　自定义快捷键

对于一个好的编辑软件来说，能够高效率地工作是一个重要的方面。通过使用快捷键，可以节省查找、执行菜单命令的时间，从而提高编辑效率。Premiere Pro CS6 提供了完整的快捷键定制和管理工作。设置方法如下。

STEP 1 在菜单栏中选择【编辑】/【键盘快捷方式】命令，弹出【键盘快捷键】对话框，如图 2-46 所示。

STEP 2 在【键盘布局预设】右侧下拉列表中可以选择"Adobe Premiere Pro CS6"，也可以选择"Adobe Premiere Pro CS 5.5"、"Avid Media Composer 5"或者"Final Cut Pro 7.0"。对于习惯使用哪种非线性编辑软件的用户，在 Premiere Pro CS6 中仍然可以使用以前的快捷键方式进行工作，省去再次记忆的烦劳，如图 2-47 所示。

图 2-46　【键盘快捷键】对话框

| Adobe Premiere Pro CS 6.0 |
| Adobe Premiere Pro CS 5.5 |
| Avid Media Composer 5 |
| Final Cut Pro 7.0 |

图 2-47　【键盘布局预设】下拉列表

STEP 3 在【注释】面板中可以预览和更改快捷键。如果要更改快捷键，可以选中要定义的命令，例如"返回（R）"，在【快捷方式】面板上双击使对应的快捷键激活，在键盘上按键例如 F12，即可指定新的快捷键，如图 2-48 所示。

STEP 4 新的快捷键方式出现在【键盘布局预设】下拉列表中，如图 2-49 所示。

图 2-48 更改快捷键

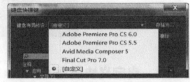

图 2-49 新添加的快捷键

STEP 5 单击 确定 按钮，新的快捷键即可使用。

 提示

有些时候无法使用快捷键，可以把输入方式切换到英文输入状态。

2.3 制作影片

本节通过一个简单影片的制作，让读者对使用 Premiere Pro CS6 编辑作品有一个初步的了解。分镜头画面如图 2-50 所示。

图 2-50 分镜头画面

图 2-50　分镜头画面（续）

2.3.1　导入素材

导入素材有 3 种方式，一是在菜单栏中选择【文件】/【导入】命令导入，二是在项目面板中双击鼠标导入，三是用鼠标框选所需视音频素材，按住鼠标左键直接拖入项目面板，操作步骤如下。

STEP 01 将本书附盘中的"项目文件"和"素材"两个文件夹复制到本地硬盘上，在以下的内容中将用到此目录中的文件。

STEP 02 启动 Premiere Pro CS6，在欢迎界面中选择【打开项目】选项，定位到【项目文件】文件夹中"t2.prproj"项目，如图 2-51 所示，单击 打开(O) 按钮，进入 Premiere Pro CS6 工作界面。

图 2-51　【打开项目】对话框

STEP 03 在 Premiere 工作界面的菜单栏中选择【文件】/【导入】命令，或者在【项目】面板中双击鼠标，弹出【导入】对话框。定位到本地硬盘中【素材】文件夹，按住 Ctrl 键同时选择"奔马.avi""地鼠.avi""海鸟 1.avi""海鸟 2.avi""海鸟 3.avi"和"背景音乐.wav"多个素材，单击 打开(O) 按钮，导入的素材放置在项目面板中，如图 2-52 所示。

STEP 04 将鼠标光标放在素材上，左右滑动鼠标，可以在【缩略图】视图中进行预览；单击该素材，拖动素材下方的 按钮，也可以在【缩略图】视图中进行预览；双击该素材，单击【源】监视器下方的播放 按钮，可以在【源】监视器中预览，如图 2-53 所示。

图 2-52 【导入】对话框

图 2-53 预览素材

2.3.2 将素材放到【时间线】面板

本节介绍如何将素材从【项目】面板放到【时间线】面板，操作步骤如下。

STEP ⟮1⟯ 在【项目】面板中选中"奔马.avi"，并将其拖曳到【时间线】面板的【视频 1】轨道，将它的左边缘与轨道的起始点对齐，松开鼠标，如图 2-54 所示。

图 2-54 【时间线】面板

把素材拖曳到【时间线】面板的时候，素材会变成一个紫灰色的矩形，表示它的相对长度和要放置到的轨道。当将素材靠近轨道左侧时，时间指针下方会出现一条白色箭头的垂直黑线，表示该素材的第 1 帧会从时间指针当前位置开始。将【项目】面板上的素材"海鸟 3.avi"拖曳到【时间线】面板，紧贴着"奔马.avi"。当第 1 个素材右侧出现白色箭头垂直黑线的时候，松开鼠标。垂直线是对齐功能的一部分，表示第 2 段素材的第 1 帧将从紧贴上一段素材的最后一帧处开始。这项功能在默认状态是开启的，单击【时间线】面板左上角的吸附 按钮可以关闭边界对齐功能。

STEP 用同样的方法将素材"地鼠.avi"、"海鸟 2.avi"和"海鸟 1.avi"依次按顺序拖曳到【视频 1】轨道上，如图 2-55 所示。

图 2-55 拖曳素材到【时间线】面板

STEP 按键盘上的空格键，对序列进行播放。

按键盘上的 、 键，可以快捷的扩展或收缩视图。

2.3.3 在【时间线】面板上进行编辑

本小节要使用两种简单的剪切素材的方法，对素材进行精细的编辑，操作步骤如下。

STEP 在【时间线】面板上拖曳时间指针到"00:00:02:20"处，单击【工具】面板的【剃刀】工具 ，将鼠标指针移动到时间指针上，鼠标指针显示为 图标，单击剪切素材，如图 2-56 所示。

STEP 单击【工具】面板的【选择】工具 ，选中"奔马.avi"的后面部分，按键盘上的 Delete 键，将这部分素材删除。

STEP 拖曳时间指针到"00:00:05:07"处，单击【工具】面板的【剃刀】工具 ，用同样的方法将"海鸟 3.avi"的前半部分删除，如图 2-57 所示。

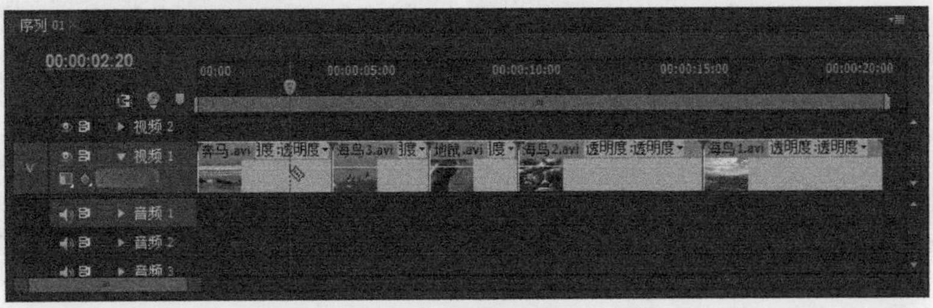

图 2-56　剪切素材

图 2-57　删除素材的后半部分

STEP 4 现在使用另外一种方法对素材进行剪切。拖曳时间指针到"00:00:01:22"处单击【工具】面板的【选择】工具，将鼠标指针移动到"地鼠.avi"的左边界，鼠标指针显示为 图标，向右拖曳到"00:00:08:24"处，如图 2-58 所示。

图 2-58　设置素材长度

STEP 5 单击选择工具，将鼠标指针移动到"海鸟 2.avi"的左边界，鼠标显示为 图标，向左拖曳直到时间指针到"00:00:11:06"处，松开鼠标。将鼠标指针移动到"海鸟 2.avi"的右边界，鼠标显示为 图标，向左拖曳直到时间指针到"00:00:13:03"处，松开鼠标，如图 2-59 所示。

图 2-59　拖动鼠标修改素材长度

STEP 6 再次拖曳时间指针到"00:00:18:09"处，单击【工具】面板的【剃刀】工具将"海鸟 1.avi"剪切成两个片段，如图 2-60 所示。

图 2-60　剪切素材片段

STEP 7 由于对各个素材缩短了入点、出点，在【时间线】面板上出现了空隙，在空隙处单击鼠标右键，在弹出的快捷菜单中选择【波纹删除】命令，如图 2-61 所示。将空隙删除，使素材连接起来，如图 2-62 所示。

STEP 8 单击【选择】工具，将【时间线】面板上视频片段顺序调整为"地鼠.avi""奔马.avi""海鸟 3.avi""海鸟 1.avi""海鸟 2.avi""海鸟 1.avi"，如图 2-63 所示。

图 2-61　选择【波纹删除】命令

图 2-62　将素材的空隙删除

图 2-63　调整视频顺序

2.3.4　添加转场

转场可以使镜头的过渡更加平滑自然。本小节介绍如何在视频编辑上添加转场特效，操作步骤如下。

STEP 1 打开【效果】面板，如图 2-64 所示。

图 2-64　打开【效果】面板

STEP 2 展开【视频切换】选项，打开该文件夹，里面放置着 Premiere 提供的大量转场效果。展开【叠化】文件夹，选择【交叉叠化（标准）】特效，将它拖曳到第 2 段片段和第 3 段片段之间，如图 2-65 所示。

图 2-65 选择添加【交叉叠化】效果

STEP 3 拖曳时间指针到特效的起始处，按键盘上的空格键，预览叠化效果。

STEP 4 用同样的方法将【交叉叠化标准】特效拖曳到"海鸟 1.avi""海鸟 2.avi"之间，如图 2-66 所示。

图 2-66 添加【叠化】特效

STEP 5 拖曳时间指针到序列的起始处，按键盘上的空格键，预览整个序列。

2.3.5 添加音乐

本小节简单介绍音乐的添加方法，操作步骤如下。

STEP 1 将"背景音乐.wav"拖曳到【音频 1】轨道的起始点，如图 2-67 所示。

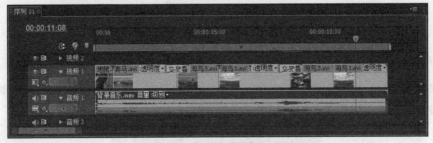

图 2-67 添加背景音乐

STEP 2 拖曳时间指针到"00:00:11:15"处，单击【工具】面板的【钢笔】工具，将鼠标指针移动到音频素材的时间指针处。在黄色的音量电平线上单击鼠标，创建第 1 个关键帧，如图 2-68 所示。

STEP 3 将鼠标指针移动到音频素材的末帧，单击鼠标，创建第 2 个关键帧，如图 2-69 所示。

STEP 4 通过钢笔工具，把最后一帧处的关键帧拖曳到素材的底部，创建声音减弱的效果，如图 2-70 所示。

STEP 5 将时间指针移动到序列的起始处，按键盘上的空格键，播放整个序列。

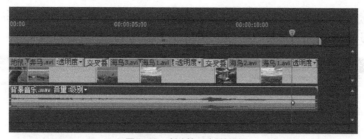

图 2-68　创建第 1 个关键帧

图 2-69　创建第 2 个关键帧

图 2-70　创建声音减弱效果

2.3.6　导出影片

在【时间线】面板完成所有编辑后，最后的工作就是按照需要的格式对作品进行输出，操作步骤方法如下。

STEP 选择【文件】/【导出】/【媒体】命令，在弹出的【导出设置】对话框如图 2-71 所示。

图 2-71　【导出设置】对话框

STEP 单击【输出名称】右边黄色的"序列 01.avi"，打开【另存为】对话框，设置文件的保存路径及名称，将输出的序列视频文件另存为"野生动物"，如图 2-72 所示。

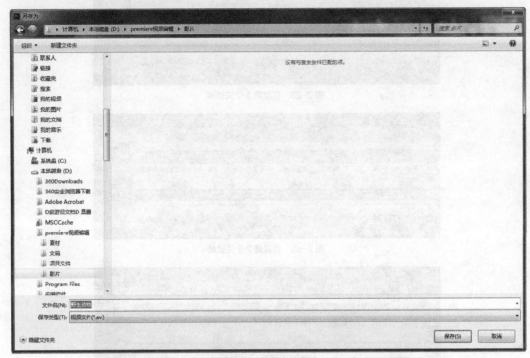

图 2-72 选择文件类型

STEP 单击 保存(S) 按钮，返回【输出设置】对话框。单击 导出 按钮，弹出【编码序列 01】对话框显示渲染进程，开始渲染输出影片，如图 2-73 所示。

图 2-73 【编码序列 01】对话框

STEP 渲染结束后，在刚才设置的保存路径上找到输出的文件，可以在其他播放器上播放并欣赏完成的作品。

2.3.7 保存项目

在编辑过程中，可以根据工作的进程随时保存项目文件，操作步骤如下。

STEP 在 Premiere Pro CS6 工作界面上，选择【文件】/【存储】命令，可以在项目原来的路径和名称上对文件进行保存。

STEP 如果要改变文件的路径或者名称，选择【文件】/【存储为】命令，弹出【存储项目】对话框，如图 2-74 所示。在这里设置项目文件的路径和名称，单击 保存(S) 按钮，即可完成保存。

STEP 如果保存路径中已有一个相同名称的项目文件，系统会弹出一个【执行文件替换】对话框，提醒用户是否确定替换已有的项目，还是放弃保存，如图 2-75 所示。

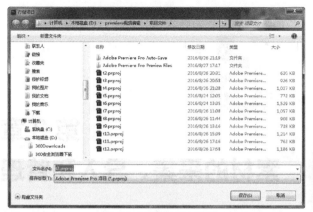

图 2-74　【存储项目】对话框　　　　　　　　　　　　图 2-75　【执行文件替换】对话框

 提示

按 Ctrl + S 组合键，可以随时快速保存文件。

2.4 小结

　　本章主要介绍了 Premiere Pro CS6 的基础知识和基本概念。内容包括：Premiere Pro CS6 的主要功能、工作界面、自定义工作界面、项目设置及参数设置。最后通过一个简单视频作品的制作，介绍了使用 Premiere 进行视频编辑的基本方法。读者应当了解和逐步熟悉这些相关知识，为后面的学习打下扎实的基础。

2.5 习题

1. 简答题

（1）Premiere Pro CS6 主要有哪些功能？

（2）Premiere Pro CS6 的工作界面分为哪几个部分？

（3）如何自定义工作界面？

（4）如何设置系统自动保存的时间间隔和最大项目个数？

2. 操作题

（1）定义自己的工作界面。

（2）创建一个 PAL 制的项目文件。

（3）将多个素材放到【时间线】面板上，并在素材之间创建叠化效果。

Chapter

3

第 3 章
素材的采集、导入和管理

创建一个 Premiere Pro CS6 项目是开始整个影片后期制作流程的第一步，根据用户计算机的硬件情况，按照影片制作需要，配置好项目设置之后，从摄像机和录像机上输入、采集各种视音频素材，或导入多种格式的视频、音频、动画、图像、图形和字幕等图形图像，然后运用相关技能完成粗编。

Premiere Pro CS6

学习目标

● 掌握数字视频采集的方法。
● 掌握导入视音频素材的方法。
● 掌握导入静态图像的方法。
● 掌握使用【项目】面板的方法。
● 掌握在 Adobe Bridge 中管理素材的方法。

3.1 采集视音频素材

素材的采集，就是将多种来源的素材从外部媒体存放到计算机硬盘中。在对作品进行编辑时，经常需要用到很多素材，包括数字摄像机拍摄的视音频素材、数码相机拍摄的图片和其他软件制作的 CG 素材等。其中最主要的是数字摄像机拍摄的视音频素材。采集可以将摄像机拍摄在磁带、存储卡或光盘上的视音频信号传输到计算机硬盘上，然后在 Premiere 中导入到项目文件即可使用。

素材的采集

3.1.1 从 CD 和视频光盘中采集素材

CD 唱盘是节目音乐和音响效果的主要来源，从视频光盘 VCD 和 DVD 中也可以找到许多可用的素材。因此，建议读者安装暴风影音等媒体播放器，使用它们就可以从 CD 和视频光盘中方便地采集素材。

对于 CD 盘，最好采用抓音轨方式存储成*.wav 文件，然后导入。另外要注意的是，有些经软件压缩后的*.mp3 文件在 Premiere Pro CS6 中无法识别，不能导入。

VCD 中记录视音频信号的文件是*.dat 文件，DVD 中记录视音频信号的文件是*.vob 文件，这两种格式的文件 Premiere 都不能识别。如果没有安装暴风影音等媒体播放器，只要将光盘中的这两种文件复制到硬盘上，然后将文件扩展名改为 mpg，也就是*.mpg，这样就可以在 Premiere 中导入。DVD 光盘中可能会存在好几个按数字序列命名的*.vob 文件，它们按序列构成了一个完整的节目，如果只需要节目的一部分，就可以有选择地进行复制改名。另外，将 DVD 光盘中的*.vob 文件复制改为*.m2v，也可以在 Premiere 中导入。但有些 DVD 光盘采用了非标准的分辨率 704 像素×576 像素，在 Premiere 中导入后则不能正常播放。

3.1.2 DV 或 HDV 视频采集准备

在 Premiere Pro CS6 中，我们可以直接采集、编辑、输出 DV 或 HDV 格式，或者生成其他格式的文件后输出。在开始采集 DV 或 HDV 视频之前，首先确保硬件符合采集的条件。一般说来，目前的采集方式主要有两种，一种是通过 IEEE 1394/Firewire 端口进行采集，苹果公司的计算机上都具有 Firewire 端口，现在许多个人计算机上也配备了此种端口，它可以使操作系统接受数字摄像机上的数据；另一种是模数采集板，大部分个人计算机需要另外配备采集板。采集板的价格较高，但能够提供更清晰的数据和更快的采集速度，需要注意的是采集板的型号与计算机显卡以及软件的兼容问题。

其次，在硬件设备满足要求之后，要进行正确的连接，使数字摄像机或数字录像机与计算机平台相连，之后才能通过 IEEE 1394/Firewire 端口、复合视音频线或者 S-Video 接口传输数据。

最后，在采集 DV 或 HDV 格式的视频之前，要调整好 DV 或 HDV 摄录像机。通过 FireWire 电缆将 DV 或 HDV 设备连接到计算机，从该设备捕捉音频和视频。Premiere Pro 可将音频和视频信号录制到硬盘上，并通过 FireWire 端口控制设备。

另外，可以从 XDCAM 或 P2 设备采集 DV 或 HDV 素材。如果计算机安装有支持第三方的采集卡或设备，可以通过 SDI 端口进行采集。此外，计算机还必须安装相应的驱动程序。

在使用 DV 或 HDV 预设之一创建的序列中，已经分别为"DV"或"HDV"设置了采集设置。也可以在所建立的项目中从【采集】面板内部将采集设置更改为 DV 或 HDV。

选择在预览和采集期间是否在【采集】窗口中预览 DV 视频，也可以在【采集】窗口中预览 HDV 素材（仅限于 Windows）。但在采集期间，将无法在【采集】窗口中预览 HDV 素材。在 HDV 采集期间，此窗口中会显示文字"正在采集"。

3.1.3　DV 视频采集设置

采集之前要先进行相关属性的设置，操作步骤如下。

STEP 1 启动 Premiere Pro CS6，在欢迎窗口中选择【新建项目】选项，创建新项目。

STEP 2 选择项目文件的保存路径，建立并保存一个新的项目文件。单击 确定 按钮，在打开的【新建序列】对话框中选择预置模式为【DV-PAL】/【标准 48kHz】，单击 确定 按钮，进入 Premiere Pro CS6 工作界面。

STEP 3 在菜单栏中选择【项目】/【项目设置】/【常规】命令，弹出【项目设置】对话框，在【采集格式】下拉列表中选择与素材匹配的设置，这里选择"DV"，如果安装了采集板，还会提供采集板选项，完成后单击 确定 按钮，如图 3-1 所示。

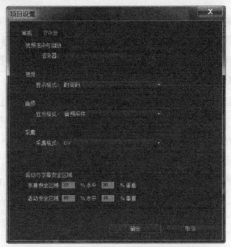

图 3-1　在项目设置中选择 DV 采集格式

STEP 4 检查数字摄像机或录像机与计算机的连接无误之后，选择【文件】/【采集】命令，打开【采集】面板。在【记录】选项卡的【采集】下拉列表中有 3 个选项：选择【音频和视频】，同时采集视频和音频信号；选择【音频】，只采集音频信号；选择【视频】，只采集视频信号，如图 3-2 所示。

图 3-2　【采集】面板参数设置

STEP **05** 切换到【设置】选项卡，在【采集位置】面板可以通过单击 浏览... 按钮选择视频
和音频信号存放的文件夹位置，如图 3-3 所示。

STEP **06** 在【设备控制器】面板单击 选项... 按钮，打开【DV/HDV 设备控制设置】对话框，
【视频制式】下拉选项中选择【PAL】，【设备品牌】下拉选项中选择【Panasonic】，【设备类型】下拉选项
中选择【标准】，其余不变，如图 3-4 所示。单击 确定 按钮退出。

图 3-3　【设置】选项卡

图 3-4　【DV/HDV 设备控制设置】参数设置

该窗口中的各参数含义如下。

- 【视频制式】：设置视频制式，有 PAL 制和 NTSC 制两种选择。
- 【设备品牌】：选择与设备相一致的厂家，以实现准确配套。如果没有合适的厂家选择，可以使用
  【通用】控制选项。
- 【设备类型】：针对【设备品牌】中选择的不同厂家，可以进一步选择相应的设备型号，以便于遥控
  采集。如果没有相应的设备型号，选择【标准】也可以。比如本例使用了 Panasonic 摄像机，选择
  【标准】也能正常采集。
- 【时间码格式】：PAL 制只有无丢帧一种选择，而 NTSC 制则有无丢帧和丢帧两种选择。
- 检查状态 按钮：单击该按钮，如果出现【在线】，说明前面的设置正确，检测到设备在线。如果
  出现【脱机】，说明 DV 播放设备不在线，可能是前面的设置不正确，也可能是 DV 播放设备没有接
  通电源。
- 转到在线设备信息 按钮：单击该按钮，可以链接到 Adobe 公司的相关网页，
  查询 DV 播放设备的一些信息。

 提示

DV 的数据率达 3.6MB/s，所以一定要选择速度快、容量大的磁盘存储。否则采集过程中会出现丢帧，
采集时间也会受到限制。

3.1.4 素材的采集

完成以上的工作之后，就可以开始进行素材采集。如果硬件支持设备控制，可以使用 Premiere 遥控数字摄像机或录像机对视音频进行播放、停止、前进、后退等操作，【采集】面板中设备控制按钮及其功能如图 3-5 所示，操作步骤如下。

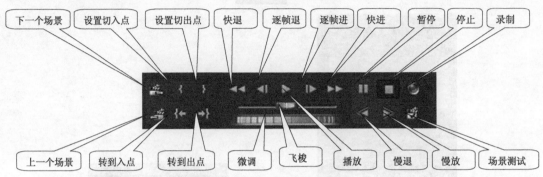

图 3-5 【采集】面板中的设备控制按钮

STEP 1 切换到【设置】选项卡，打开【设备控制器】面板的【设备】右侧的下拉列表，选择【DV/HDV 设备控制】选项。

STEP 2 采用快进或快倒的方法找到素材在 DV 相应的位置，单击录制 ● 按钮开始采集。在采集过程中，窗口上方会出现采集帧数和丢帧数。

STEP 3 采集完毕弹出【存储已采集素材】对话框，在其中输入素材名称"片段 1"，素材将自动出现在【项目】面板中存储到硬盘。

这是采集 DV 视频最简单的方法。利用 DV 视频带有时码的特点，还可以实现更加精确的采集。为了能够做到这一点，在使用 DV 摄录像机拍摄时，一定要保证时码的连续性。每次拍摄结束时多录几秒，下次开机拍摄时先回倒几秒，让 DV 摄录像机读出原来的时码，使接下来的拍摄能够按原来的时码延续下去。

接上例，设置入出点采集素材。

STEP 1 使用设备控制按钮的各个按钮，移动磁带上的视频信号到开始采集的位置，单击设置切入点 **{** 按钮，再移动到采集结束的位置，单击设置切出点 **}** 按钮。为了确保有足够的长度添加切换特效，切换到【记录】选项卡，在【采集】面板的【手控】选项中输入"125"，这样将在这段素材切入点之前和切出点之后各添加 5 秒，单击 **入点/出点** 按钮进行采集，如图 3-6 所示。

图 3-6 将【手控】选项设为 5 秒

提示

设置入点的采集，要使磁带在入点前运行，保证采集时磁带运行稳定，信号正常。提前运行的时间叫预卷时间，一般情况设为 5 秒。依此设置入点时间，否则会导致采集失败。

STEP　采集结束会出现【存储已采集素材】对话窗口，如图 3-7 所示。将素材取名"片段 2"，单击 确定 按钮退出，所采集的素材就出现在【项目】面板并存储到硬盘。

图 3-7　【存储已采集素材】窗口

在【采集】窗口中单击上方的【设置】选项卡，会打开一些和采集 DV 视频相关的设置内容，从中可以看出，这里将前面使用菜单命令进行的设置内容综合到了一起，因此有关设置也可以直接在这里进行。

为了保证采集的顺利进行，在采集过程中最好不要再启动其他应用程序，或者激活其他应用程序窗口从事别的工作。如果采集时【采集】窗口中的画面不流畅，也不要停止采集，一切以是否丢帧为准。如果出现丢帧，可以再次采集。另外要注意的是，Premiere Pro CS6 在采集中的【场景检测】功能，能够根据录像带上场景的不同自动分成几个文件，这在配合【手控】选项进行整盘录像带采集时非常有用。单击场景检测 按钮或在【采集】栏中勾选相应的命令就可以启用这项功能。

3.2　无磁带格式的素材导入

Premiere Pro CS6 可以直接从 DVCPRO HD、XDCAM HD、XDCAM EX 以及 AVCHD 媒体中导入素材，而无需进行采集（采集的时间比传输时间更长，而且不会保留所有元数据），包括用于以下机型的视频格式：Panasonic P2 摄像机、Sony XDCAM HD 和 XDCAM EX 摄像机、Sony 基于 CF 的 HDV 摄像机以及 AVCHD 摄像机。这些摄像机将素材录制到硬盘、光学媒体或闪存媒体中，而非录像带介质储存。因此将这些录像机和格式称为基于文件式或无磁带式。将录制好的数字视频和音频加入 Premiere Pro CS6，并将其转换为可在项目中使用的格式。这一过程称为收录。

- XDCAM 和 AVCHD 格式：在 XDCAM HD 摄像机的 CLIP 文件夹中找到以 MXF 格式写入的视频文件。XDCAM EX 摄像机将 MP4 文件写入名为 BPAV 的文件夹。AVCHD 视频文件在 STREAM 文件夹中。
- P2 格式：P2 卡是固态存储设备，插入 P2 摄像机（例如 AG-HVX200）的 PCMCIA 插槽。将 MXF 格式（媒体交换格式）的数字视频和音频数据录制至卡上。对于采用 DV、DVCPRO、DVCPRO 50、DVCPRO HD 或 AVC-I 格式的视频，Premiere Pro CS6 支持 Panasonic MXF 的 Op-Atom。如果素材的音频和视频包含在 Panasonic Op-Atom MXF 文件中，则素材采用的是 P2 格式。这些文件位于特定的文件结构中。P2 文件结构的根为 CONTENTS 文件夹，每个视频或音频项目都包含在单独的 MXF 文件中，视频 MXF 文件位于 Video 子文件夹中，音频 MXF 文件位于 Audio 子文件夹中。

CLIP 子文件夹中的 XML 文件包含实质文件之间的关联以及与这些文件相关的元数据。

 提示

Premiere Pro CS6 不支持某些 Panasonic P2 摄像机在 P2 卡 PROXY 文件夹中录制的代理。要让自己的计算机能够读取 P2 卡，可从 Panasonic 网站上下载相应驱动程序。Panasonic 还提供 P2 Viewer 应用程序，借助它可以浏览并播放存储在 P2 卡上的媒体。要将特定功能用于 P2 文件，要将文件属性从只读更改为可读并可写。例如，要使用【时间码】对话框更改素材的时间码元数据，首先，要使用操作系统文件管理器来更改文件属性，将文件属性设置为可读并可写。

- Avid 采集格式：Avid 编辑系统将素材采集至 MXF 文件夹，通常采集到 Avid Media files 的文件夹中，其中音频采集到与视频文件分开的单独文件夹中。在导入 Avid 视频文件时，Premiere Pro CS6 将自动导入其关联的音频文件。以 AAF 格式导入 Avid 项目文件比导入 Avid MXF 视频文件更为简便。
- DVD 格式：DVD 摄像机和 DVD 录放机将视频和音频采集到经 MPEG 编码后的 VOB 文件中。VOB 文件将会写入 VIDEO_TS 文件夹，也可将辅助音频文件写入 AUDIO_TS 文件夹。

 提示

Premiere Pro CS6 和 Premiere Elements 不可导入解密或加密的 DVD 文件。

3.3 素材的导入

素材的导入，主要是指将已经存储在计算机硬盘中多种格式的素材文件导入到【项目】面板中。【项目】面板相当于一个素材仓库，编辑节目所用到的素材都存放其中。

素材的导入

3.3.1 【项目】面板

进入 Premiere Pro CS6 后，【项目】面板总会先出现一个缺省的"序列 01"文件，如图 3-8 所示。

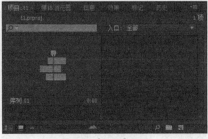

图 3-8 【项目】面板

该面板中各命令图标的含义如下。

- ▤ （切换当前视图为列表视图）：以列表的形式显示素材属性。
- ▦ （切换当前视图为图标视图）：以图标的形式显示素材。
- ◢ ● ◣ （缩小、放大 ）：用于缩小、放大列表视图或图标视图。

- （自动匹配序列）：将素材自动添加到【时间线】窗口序列中。
- （查找）：单击后打开一个【查找】窗口，可以输入相关条件寻找素材。
- （新建文件夹）：增加一个文件夹，以便于素材的分类存放管理。
- （新建分项）：单击后，会出现一个下拉菜单，用于增加新建分项，
  如图 3-9 所示。
- （清除）：删除所选择的素材或者文件夹。

使用菜单栏中的【文件】/【新建】命令，即可从下一级菜单中选择与【新
建分项】一样的菜单命令。

图 3-9 【新建分项】菜单

3.3.2 导入视频、音频

视频、音频素材是最常用的素材文件，视频、音频素材导入可以采用如下方法。

- 选择【文件】/【导入】命令，打开【导入】窗口，从中选择素材。
- 在序列和素材管理区的空白处双击鼠标左键，打开【导入】窗口选择素材。
- 在序列和素材管理区的空白处单击鼠标右键，在打开的快捷菜单中选择【导入】命令，打开【导入】
  窗口，从中选择素材。

选择【文件】/【导入】命令，输入项目或文件夹时，它们所包含的素材也一并输入。

选择【文件】/【导入】命令，弹出【导入】对话框，打开【所有可支持媒体】下拉列表，Premiere 支
持导入多种文件格式，如图 3-10 所示。

图 3-10 Premiere 支持导入的文件格式

和 Windows 下选择文件的方法一样，在【导入】窗口中，可以结合 Shift 键和 Ctrl 键同时选择多个文
件，然后一次性输入，导入的视频、音频素材将会出现在【项目】面板中。

有的视频或者音频文件不能被导入，可以安装相应的视频或者音频解码器进行解码，还有些文件需要
对其进行格式转换。例如 CD 音频文件的格式是 CDA，这些音频文件需要先用音频软件（如 Adobe Audition）
将它们转换成 WAV 格式的音频文件，然后再导入到 Premiere 中。

3.3.3 导入图像素材

图像素材是静帧文件，可以在 Premiere 中被当作视频文件使用。导入图像素材的操作步骤如下。

STEP 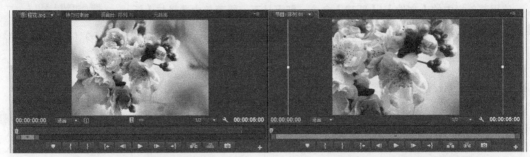 在【项目】面板中双击鼠标，弹出【导入】对话框。定位到本地硬盘【素材】文件夹下，选择图像文件"樱花.jpg"，单击 打开(O) 按钮，将其导入到 Premiere Pro CS6 的【项目】面板中，在【源】监视器视图中如图 3-11 所示。

STEP 将图片"樱花.jpg"拖曳到【时间线】面板的【视频 1】轨道，可以在【节目】监视器视图中预览图片。由于图片的尺寸比项目设置的尺寸大，此时显示的图片只是原图的一部分，并没有完全显示，如图 3-12 所示。

图 3-11　【源】监视器中图片显示　　　　　　　　　　　图 3-12　【源】监视器中图片显示

STEP 单击【工具】面板的 工具，在【时间线】面板中选中图片。单击鼠标右键，在弹出的快捷菜单中选择【缩放为当前画面大小】命令，如图 3-13 所示。此时图片将完整地显示出来，如图 3-14 所示。

图 3-13　选择【缩放为当前画面大小】命令　　　　　　　图 3-14　调节图片显示比例

STEP 也可以通过在【特效控制台】面板中选择【运动】特效，调节图片的显示比例。

STEP 单击【运动】特效左侧的 图标，展开其参数面板。调节【缩放比例】值，可以对图像大小进行缩放，如图 3-15 所示。

图 3-15　设置图片的显示比例

STEP 6 如果希望图片在导入时画面大小自动与项目设置适配，可以选择【编辑】/【首选项】
/【常规】命令，弹出【首选项】对话框，将【画面大小默认缩放为当前画面尺寸】复选框勾选，这样图片
导入时自动完成画面尺寸的适配，如图 3-16 所示。

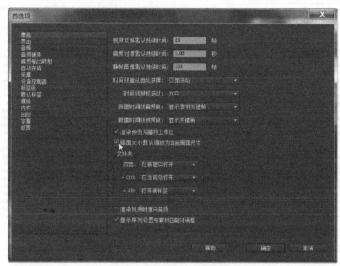

图 3-16 【首选项】对话框

3.3.4 导入图像序列文件

图像序列文件是带是文件名称和数字序号的一系列文件。如果按照序号将图像序列文件作为一个素材
导入，必须勾选【序列图片】选项，系统将自动将序列整体作为一个视频文件，否则只能输入一幅图像文
件。导入序列文件的操作步骤如下。

STEP 1 在【项目】面板中双击鼠标，弹出【导入】对话框。定位到本地硬盘【素材】文件夹，
打开【过滤器动画】文件夹，可以看到里面文件名称是按数字序号排列的一系列文件，如图 3-17 所示。

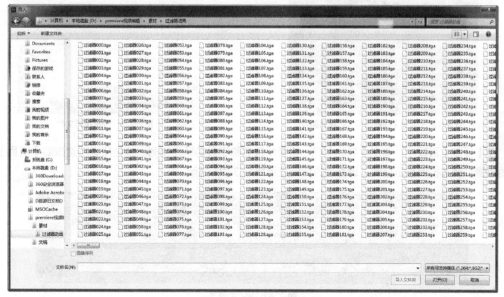

图 3-17 【导入】对话框

STEP 2 选中序列图像中的第 1 张图片，勾选【图像序列】复选框，然后单击 打开(O) 按钮，如图 3-18 所示。

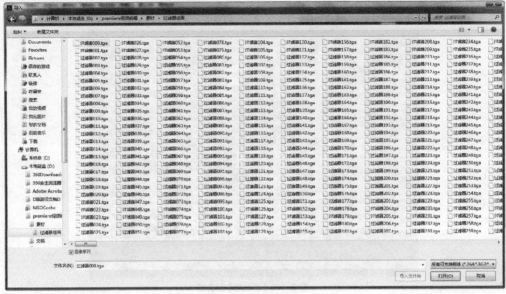

图 3-18 导入图像序列

STEP 3 序列图片出现在【项目】面板中，它的图标显示与图片文件一样，而且后缀名与单张图片的后缀名一样都是*.tga，如图 3-19 所示。

STEP 4 在【项目】面板中双击导入的序列文件，使其显示在【源】监视器视图中。单击 ► 按钮，即可预览序列文件，如图 3-20 所示。

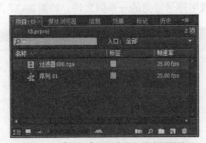

图 3-19 【项目】面板中导入的序列图片

图 3-20 预览序列文件

在【项目】面板中，单击【名称】栏，使素材按名称字母的顺序排列。按住鼠标左键拖动【项目】面板的边缘，使其扩大显示范围，调整后的窗口显示如图 3-21 所示。

图 3-21 输入的素材

提 示

单击【名称】栏后，再次单击，就会以相反的顺序排列。单击哪一栏的名称，就以那一栏为依据进行排列。

在【项目】面板中，每个序列和素材的左侧，都有一个图标标明其类型，各个图标的含义如下。

- ：表明素材既包含视频又包含音频。
- ：表明素材仅仅包含视频或图像序列文件。
- ：表明是音频素材。
- ：表明是一个静帧图像素材。
- ：表明素材是脱机文件。
- ：表明素材是一个序列。

3.3.5　导入 psd 图像文件

输入 Photoshop 制作的*.psd 文件时，由于文件一般包含许多图层，与一般图像文件的不同之处在于，PSD 文件包含了多个相互独立的图像图层。在 Premiere Pro CS6 中，可以将 PSD 文件的所有图层作为一个整体导入，也可以单独导入其中的一个图层窗口进行处理。【导入分层文件】对话框的各参数的含义如下，如图 3-22 所示。

图 3-22　导入.psd 素材

- 【合并所有图层】：确定文件所有图层将被合并为一个整体导入。
- 【合并图层】：将文件包含的图层有选择地合并导入。
- 【单层】：仅选择文件的某一个图层单独导入。
- 【序列】：将全部图层作为一个序列导入，并且保持各个图层的相互独立。
- 【素材尺寸】：确定以文档大小输入，还是以图层大小输入。

3.3.6　脱机文件的处理

脱机文件是一个占位文件，建立时它没有任何实际内容，以后必须用实际的素材替代。在节目编辑中，如果突然发现手头缺少一段素材，为了不影响后续编辑，就可以暂时使用离线文件来进行编辑处理，等找到相关素材后进行连接即可。

STEP 　在【项目】面板中单击 图标，在打开的下拉菜单中选择【脱机文件】命令，打开【新建脱机文件】对话框，其参数如图 3-23 所示。

STEP 单击 确定 按钮，在打开的【脱机文件】对话框【包含】栏的下拉选项中选择【视频】，在【文件名】栏中输入"奔马"，按住左键在【媒体持续时间】的数值处拖动鼠标，将数值调整为"00:00:02:00"，也就是 2 秒，如图 3-24 所示。

图 3-23 【新建脱机文件】对话框

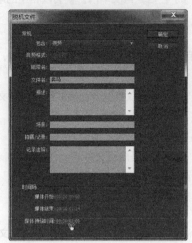

图 3-24 【脱机文件】对话框

STEP 单击 确定 按钮退出，【项目】面板中就出现了一个脱机素材"奔马"。

STEP 选择【项目】面板中的"奔马"文件，选择菜单栏【项目】/【链接媒体】命令，打开一个选择连接文件的窗口。

STEP 选择本地硬盘【素材】文件夹"奔马.avi"文件，如图 3-25 所示。单击 选择 按钮，【项目】面板中的"奔马"就有了具体的链接内容，其图标也发生了变化。

链接后可以看出，"奔马"素材的持续时间不再是 2 秒，而是采用了"奔马.avi"的持续时间。

图 3-25 所示窗口不仅在此时能被打开，当移动或删除了相应的磁盘文件后，Premiere Pro CS6 发现所链接的文件不存在时也会打开这个窗口。其中的设置含义如下。

- 【仅显示精确名称匹配】：勾选该项，仅显示与素材名精确匹配的文件。
- 跳过 按钮：跳过忽略，仍以离线文件的形式存在。再次打开项目文件时，仍可以打开这个窗口进行链接。
- 全部跳过 按钮：其功能与 跳过 按钮类似，但它将对所有没有链接的素材都跳过忽略。
- 选择 按钮：对所选文件，起到确定作用。
- 取消 按钮：取消选择工作。
- 跳过预览 按钮：跳过忽略断开链接的预览文件。
- 脱机 按钮：以脱机文件的形式存在，当再次打开项目文件时不会打开这个提示链接窗口。
- 全部脱机 按钮：其功能与 脱机 按钮类似，但它将所有没有链接的素材都作为脱机文件处理。

素材的输入过程，只是在【项目】面板中建立起一个与磁盘上相应文件的链接，并没有改变磁盘上相应文件的物理位置。因此在【项目】面板中出现的素材，只是告诉 Premiere Pro CS6 在何处去寻找相应的文件。而且两者并不是一一对应的关系：【项目】面板中的一个素材，只能与磁盘中的一个文件链接，但磁盘中的一个文件，却可以和【项目】面板中的几个素材链接。

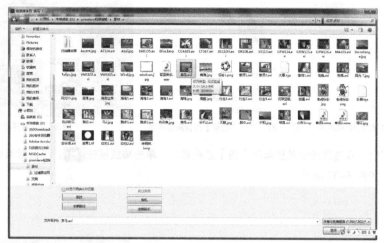

图 3-25　选择文件

3.4　创建标准素材

标准素材是指编辑节目的过程中，可以由 Premiere Pro CS6 自行制作的规范性素材。比如，送交电视台的录像带，正式的节目播放前，需要录制 1 分钟带标准音频的彩条信号，然后再录制 30 秒黑场。这些彩条信号、黑场以及彩底等，就是一些标准素材。还可以看出，黑场实际上就是一种特殊的彩底。

创建标准素材

通过下面这些实例，读者应该掌握彩条与音调、黑场、颜色蒙版、倒记时和透明视频素材的制作过程，掌握为素材改名的方法。

1．彩条与音调

在制作节目的过程中，为了校准视频监视器和音频设备，常在节目前加上若干秒的彩条和 1kHz 的测试音。创建彩条的操作步骤如下。

STEP 1　选择【文件】/【新建】/【彩条】命令，如图 3-26 所示。或者单击【项目】面板下方的按钮，在弹出的下拉菜单中选择【彩条】命令，如图 3-27 所示。这两种方法都可以在【项目】面板中创建一个彩条。

STEP 2　双击彩条使其显示在【源】监视器视图中，单击播放　按钮，可以对彩条进行预览，并能听到测试音，如图 3-28 所示。

STEP 3　请运用上述同样方法创建一个【HD 彩条】。

2．黑场

在节目中，有时候需要黑色的背景，可以通过创建黑场，生成与项目尺寸相同的黑色静态图片。创建黑场的操作步骤如下。

STEP 1　选择【文件】/【新建】/【黑场】命令，如图 3-29 所示。或者单击【项目】面板下方的按钮，在弹出的下拉菜单中选择【黑场】命令，如图 3-30 所示。这两种方法都可以在【项目】面板中创建一个黑场。

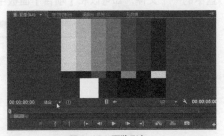

图 3-26　通过菜单命令新建彩条　　图 3-27　通过【项目】面板新建彩条　　图 3-28　预览彩条

STEP 2 双击黑场使其显示在【源】监视器中，单击播放按钮 ▶ ，可以对黑场进行预览，持续时间为 5 秒，如图 3-31 所示。

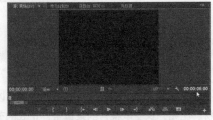

图 3-29　通过菜单命令新建黑场　　图 3-30　通过【项目】面板新建黑场　　图 3-31　预览黑场视频

3. 颜色蒙板

颜色蒙板与黑场相似，只不过可以是黑色以外的其他颜色。创建颜色蒙板的操作步骤如下。

STEP 1 选择【文件】/【新建】/【彩色蒙板】命令，或者单击【项目】面板下方的 ■ 按钮，在弹出的下拉菜单中选择【彩色蒙板】命令，弹出【颜色拾取】对话框，如图 3-32 所示。

STEP 2 可以在【颜色拾取】对话框的颜色区域内选中一个颜色，对颜色进行微调后，单击 确定 按钮，如图 3-33 所示。

图 3-32　【颜色拾取】对话框　　　　　　图 3-33　设置颜色

STEP 3 弹出【选择名称】对话框，输入名称后单击 确定 按钮，如图 3-34 所示。【项目】

面板中便出现一个所需的颜色蒙板文件。

4. 倒计时

有时需要在作品前添加一个倒计时效果，Premiere Pro CS6 可以轻松创建并自定义倒计时。创建倒计时的操作步骤如下。

STEP 1 选择【文件】/【新建】/【通用倒计时片头】命令，或者单击

图 3-34　输入蒙板文件名称

【项目】面板下方的▣按钮，在弹出的下拉菜单中选择【通用倒计时片头】，单击 ▇▇确定▇▇ 按钮，弹出【通用倒计时设置】对话框，如图 3-35 所示。

STEP 2 在对话框中对倒计时各部分的属性进行设置后，单击 ▇▇确定▇▇ 按钮，即可在【项目】面板中创建一个倒计时文件。

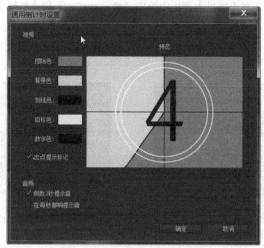

图 3-35　【通用倒计时设置】对话框

5. 透明视频

使用透明视频可以对空轨道添加效果。

选择【文件】/【新建】/【透明视频】命令，如图 3-36 所示，或者单击【项目】面板下方的▣按钮，在弹出的下拉菜单中选择【透明视频】命令，即可在【项目】面板中创建一个透明视频，如图 3-37 所示。

项目(P)...	Ctrl+Alt+N
序列(S)...	Ctrl+N
序列来自素材	
文件夹(B)	Ctrl+/
脱机文件(O)...	
调整图层(A)...	
字幕(T)...	Ctrl+T
Photoshop 文件(H)...	
彩条(A)...	
黑场(V)...	
彩色蒙板(C)...	
HD 彩条...	
通用倒计时片头(U)...	
透明视频(R)...	

图 3-36　通过菜单命令新建透明视频

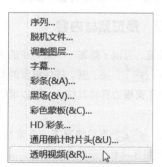

图 3-37　通过【项目】面板新建透明视频

3.5 素材的管理

采集与导入素材后，素材便出现在【项目】面板中。【项目】面板会列出每一个素材的基本信息，可以对素材进行管理和查看，并根据实际需要对素材进行分类，以方便下一步的操作。

3.5.1 对素材进行基本管理

和 Windows 其他应用软件一样，在 Premiere 的【项目】面板中，可以对素材进行复制、剪切、粘贴和重命名等操作。管理素材的操作步骤如下。

STEP ➊ 接上例。在【项目】面板中选中"奔马.avi"，选择【编辑】/【副本】命令，会复制一个同样的视频素材到【项目】面板中，该素材的名称后面带有"副本"字样，如图 3-38 所示。

STEP ➋ 选中复制的素材，选择【素材】/【重命名】命令，将其重命名为"海滩.avi"，如图 3-39 所示。

图 3-38 复制视频素材

图 3-39 重命名素材

STEP ➌ 选中素材"海滩.avi"，可以使用 5 种方法将其删除。

- 在菜单栏选择【编辑】/【清除】命令。
- 单击鼠标右键，在弹出的快捷菜单中选择【清除】命令。
- 按键盘的 Backspace 键。
- 按键盘的 Delete 键。
- 单击【项目】面板下方的 🗑 按钮。

STEP ➍ 选中任意一个素材，还可以对其进行剪切、复制和粘贴等操作，对应的快捷键分别是 Ctrl+X 组合键、Ctrl+C 组合键和 Ctrl+V 组合键，读者可以自己尝试。

3.5.2 预览素材内容

通过预览，可以了解每一个素材中的内容，还可以对每一个素材进行标识。预览素材的操作步骤如下。

STEP ➊ 接上例。按住键盘的 Ctrl 键拖曳【项目】面板，解除面板的停靠，使其变成浮动面板，拖曳【项目】面板边界将其拉大，可以看到每段素材的起止时间、入点、出点、持续时间和视音频信息等，如图 3-40 所示。

STEP ➋ 当前情况下，各素材以"列表"形式排列，单击 ▦ 按钮，各素材将以"缩略图"形式排列，如图 3-41 所示。

STEP ➌ 拖曳【缩略图】视图下方的时间滑块，可以在【项目】面板中浏览视频片段，如图 3-42 所示。

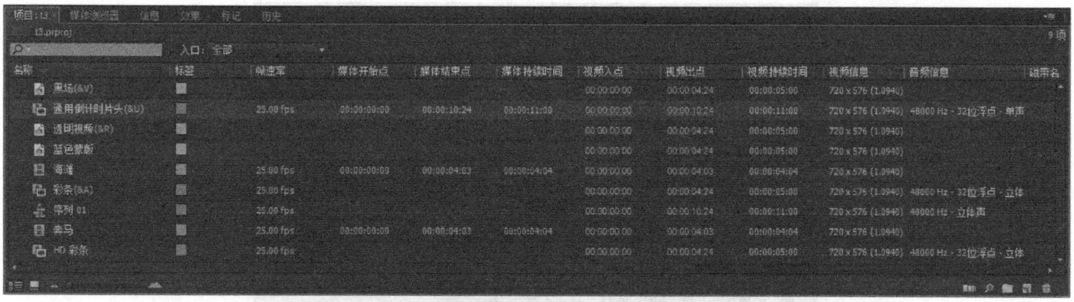

图 3-40　使【项目】面板变成浮动面板并拖曳其边界

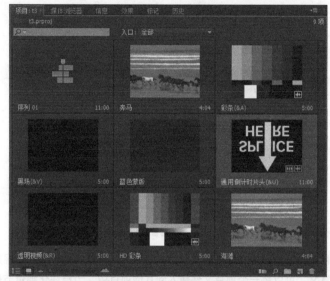

图 3-41　素材以"缩略图"形式排列

图 3-42　浏览视频

3.5.3　建立素材文件夹

在【项目】面板中建立素材文件夹，可以像 Windows 操作系统中的文件夹一样对项目中的内容分类管理。分类的方法一般有两种，一种是按照素材的内容分类；另一种是按照素材的类型分类。两种分类的操作方法相似，这里根据素材的内容分类，操作步骤如下。

STEP 1 单击 按钮，在【项目】面板中新建一个文件夹，命名为"素材管理"，练习在【项目】面板中将一些素材拖曳到文件夹"素材管理"中，如图 3-43 所示。

STEP 2 双击"素材管理"文件夹，在打开的【文件夹：素材管理】面板中可见被移到其中的所有素材，如图 3-44 所示。

图 3-43 移至素材到"素材管理"文件夹

图 3-44 【素材管理】文件夹

在内容繁多的项目中，可以使用文件夹分类存储方法来强化对素材的管理。掌握建立文件夹管理素材的基本方法很有实际意义。可以将一个项目文件输入到其他项目中，为模块化编辑节目提供了保证，能够大大提高工作效率。比如要编辑的节目比较庞大复杂，就可以先将它分成几个小项目分别制作，最后再将这些项目输入到一个项目中合成输出。

3.5.4 设定故事板

故事板是一种以照片或手绘的方式，形象地说明情节发展和故事概貌的分镜头画面组合。在 Premiere 中，可以将【项目】面板的素材缩略图作为故事板，协助编辑者完成粗编，操作步骤如下。

STEP 1 接上例。在【素材管理】文件夹中，可以将素材按照一定的顺序排列起来，如图 3-45 所示。

STEP 2 在【时间线】面板中拖曳时间指针到要放置素材的位置。按住 Shift 键，将【文件夹：素材管理】面板中的素材全部选中，单击面板下方的 按钮，弹出【自动匹配到序列】对话框，如图 3-46 所示。

【自动匹配到序列】对话框中的常用参数介绍如下。

- 【顺序】：下拉列表中有两个选项，选择【排序】，按照【项目】面板中的排列顺序放置；选择【顺序选择】，按照选择素材的顺序放置。
- 【放置】：指定素材放入序列中的方式。如果选择"按顺序"，则素材将按顺序逐个放置。如果选择"在未编号标记"，则素材将放在未编号的序列标记处。选择"在未编号标记"会导致"转换"选项不可用。

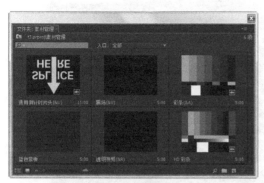

图 3-45　排列素材

图 3-46　【自动匹配到序列】对话框

- 【方法】：下拉列表中有两个选项，选择【插入编辑】，【时间线】面板上已有的素材向右移动，选择【覆盖编辑】将替换【时间线】面板上已有的素材。
- 【素材重叠】：设置默认过渡的帧数或秒数，设置为"25 帧"，意味着相邻素材各叠加 15 帧。
- 【转场过渡】：勾选【应用默认音频转场过渡】和【应用默认视频转场切换】复选框，将为相邻的两段素材添加默认的"交叉溶解"过渡效果，取消勾选则无过渡效果。
- 【忽略选项】：勾选【忽略音频】复选框，不放置音频；勾选【忽略视频】复选框，不放置视频。

STEP 3 在【自动匹配到序列】对话框中设置【素材重叠】为"0"，取消【转场过渡】选项组的勾选，其余参数设置如图 3-47 所示，单击 确定 按钮退出对话框。

STEP 4 在【时间线】面板中，按照素材在【项目】面板上的顺序，放置了一系列视频素材。这样可以完成序列的粗编，如图 3-48 所示。

图 3-47　设置【自动匹配到序列】对话框

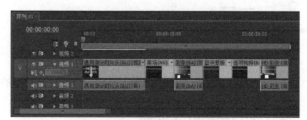

图 3-48　放置视频到【时间线】面板

3.5.5　使用 Adobe Bridge 管理素材

Adobe Bridge 是一种文件与资源管理应用程序，它通常与 Adobe 系列软件结合使用。通过 Premiere 可以直接访问 Adobe Bridge，在 Adobe Bridge 中进行文件的管理、组织和预览等工作。

选择【文件】/【在 Adobe Bridge 浏览】命令，启动 Adobe Bridge。在【项目】面板中选中某一素材，选择【文件】/【在 Adobe Bridge 中显示】命令也可以启动 Adobe Bridge，并播放该素材，如图 3-49 所示。

图 3-49　Adobe Bridge 工作界面

在 Adobe Bridge 中对于文件的操作方法类似于 Windows 操作系统的资源管理器：双击 Bridge 文件夹可以查看文件夹中的内容；单击 Bridge 文件夹的下拉列表可以快速跳转到某个文件夹；可以使用标准的 Windows 操作命令对文件进行剪切、复制、粘贴或删除等操作。

3.6　小结

在 Premiere 中要编辑作品，首先要采集和导入各种各样的素材。本章主要介绍了如何从数字摄像机或者录像机上采集视音频，如何导入各种格式的视音频文件、图形图像文件，以及在【项目】面板中如何对它们进行管理。利用 Premiere 的【项目】面板，还可以设计故事板，对作品进行粗编进行了细致的讲解。这一章的内容非常重要，熟练地运用 Premiere Pro CS6 进行节目制作，是科学、合理、高效地开展编辑工作的前提。其中介绍的一些经验技巧，比如从 CD 和视频光盘中采集素材等，非常实用，都是其他相关书籍资料中没有涉及的内容，读者可以在实践中认真体会。

3.7　习题

1.　简答题

（1）在采集过程中，如何添加额外的帧，以确保有足够的长度添加切换特效？

（2）输入素材可以采用哪些方法？

（3）【项目】面板有什么作用？

（4）描述两种打开 Adobe Bridge 窗口的方法。

2.　操作题

（1）从数字摄像机上或者录像机上采集一段视音频素材。

（2）新建一个项目文件，尝试视频文件、图像文件、序列文件等不同素材的导入。

（3）导入需要的素材，利用【项目】面板的自动匹配序列功能进行粗编。

Chapter

4

第 4 章
序列的创建与编辑

　　序列是依据预先的构思设计，在【时间线】面板上编辑完成的视频、音频素材的组合。可以先在【源】监视器视图进行编辑素材，设置入点、出点后，通过插入编辑、覆盖编辑的方式放入【时间线】面板。也可以在【时间线】面板中对素材进行各种编辑操作。

学习目标

● 掌握建立和管理序列的方法。

● 掌握在【源】监视器中编辑素材的方法。

● 掌握在【时间线】面板中编辑素材的方法。

● 掌握【工具】面板中各种工具的使用方法。

● 掌握镜头组接的编辑技巧。

4.1 建立和管理节目序列

建立和管理节目
序列

在 Premiere Pro CS6 中，序列是时间线上编辑完成的视频、音频素材的组合。在一个【时间线】面板中编辑好一组视频、音频素材，将它们按一定位置和顺序排列，就成为一个序列，序列最终将渲染输出成为影片。

在一个项目中可以创建多个序列，在编辑制作较大的影视节目时，可以根据内容分为多个段落，每个段落都可以使用一个序列进行编辑。这样既能使思路条理清晰，也能起到事半功倍的效果。

序列在【项目】面板中进行管理，创建好的所有的序列都会出现在【项目】面板中。启动 Premiere 创建新项目时，【项目】面板会自动创建一个默认的序列"序列 01"。创建新序列的方法有两种：一是单击【项目】面板下方的新建分类■按钮，在弹出的下拉菜单中选择【序列】命令；二是在菜单栏中选择【文件】/【新建】/【序列】命令。在【新建序列】对话框的【序列名称】文本框中输入文字可改变新序列的名称。

在一个项目文件中创建两个序列的步骤如下。

STEP 1 启动 Premiere Pro CS6，新建项目文件"t4"，在弹出的【新建序列】对话框中单击 **确定** 按钮，退出对话框，在【项目】面板中出现了"序列 01"。

STEP 2 选择菜单栏中的【文件】/【导入】命令，定位到本地硬盘【素材】文件夹，导入文件"行走 1.avi""行走 2.avi""游乐场.avi""路边.avi""自拍 1.avi""自拍 2.avi""商场.avi""电梯.avi""街道.avi"，导入后的【项目】面板如图 4-1 所示。

图 4-1 【项目】面板中新增的序列 01

STEP 3 选中【项目】面板中的"行走 1.avi"，拖曳到"序列 01"【时间线】面板的【视频 1】轨道，与【视频 1】轨道的左端对齐。再分别选择【项目】面板中的"游乐场.avi""路边.avi"和"行走 2.avi"，拖曳至【时间线】面板已有素材的后面并依次排列，这样就为第 1 个序列添加了素材，如图 4-2 所示。

图 4-2　序列 01 的【时间线】面板

STEP 单击【项目】面板下方的新建分项 按钮，在弹出的下拉菜单中选择【序列】命令，在弹出的【新建序列】对话框中单击 确定 按钮，添加一个 "序列 02" 序列。单击【项目】面板下方的列表视图按钮 ，切换当前视图为列表视图，如图 4-3 所示。

STEP 5 观察【时间线】面板，可见增加了一个"序列 02"的【时间线】面板，在视频轨道上没有任何素材。分别选中【项目】面板的"自拍 1.avi""自拍 2.avi""商场.avi""电梯.avi""街道.avi"，依次拖曳到【时间线】面板【视频 1】轨道上，如图 4-4 所示。

图 4-3　【项目】面板中新增的序列 02

图 4-4　"序列 02"的【时间线】面板

从以上操作看出，"序列 01"和"序列 02"是两个独立的【时间线】面板，可以互不影响、独立编辑各自不同的素材内容。

> **提示**
>
> 要在【时间线】面板中编辑不同的序列，需要先将该序列激活。要切换到不同序列的【时间线】面板，有两种方法：一是双击【项目】面板中相应的序列；二是切换【时间线】面板上方的【时间线】选项卡。被激活序列的【时间线】面板，会有橙黄色的外轮廓，表示可以在当前【时间线】面板进行编辑。

4.2 监视器的使用

利用监视器可以实现视频或音频素材以及节目效果的播放，还可设置素材的入点、出点，检查视频信号指标、设置标记，迅速预演编辑的节目等。

4.2.1 监视器的显示模式

监视器分成两部分，左边为【源】监视器视图，显示源素材，右边为【节目】监视器视图，显示编辑后的节目，如图 4-5 所示。监视器具有多种功能，因此其显示模

监视器的使用

式也有多种。而且根据个人的编辑习惯和需要，还可以进行调整。

图4-5 【监视器】面板

单击【源】视图右上角的 ▼三 按钮或【源】视图右下角的 ⚲ 按钮，打开如图4-6所示的下拉菜单，可以改变【源】视图的显示，以满足不同需求。其中各命令的含义如下。

浮动面板	
浮动窗口	
关闭面板	
关闭窗口	
最大化窗口	Shift+`
绑定源与节目	
● 合成视频	
音频波形	
Alpha	
全部范围	
矢量示波器	
YC 波形	
YCbCr 检视	
RGB 检视	
矢量/YC 波形/YCbCr 检视	
矢量/YC 波形/RGB 检视	
● 显示第一场	
显示第二场	
显示双场	
播放分辨率	▶
暂停分辨率	▶
循环	
✓ 显示传送控制	
显示音频时间单位	
✓ 显示标记	
显示丢帧指示器	
时间标尺数字	
安全框	
回放设置...	

图4-6 【源】监视器设置菜单

- 【绑定源与节目】：将源监视器与节目监视器绑定，播放素材时节目也会在节目监视器中播放，这样有利于判断素材是否适合替换节目中的内容。
- 【合成视频】：显示合成视频图像，也就是平常看到的视频图像。
- 【Alpha】：显示素材的 Alpha 通道。

- 【全部范围】：显示所有示波器。
- 【矢量示波器】：显示矢量示波器。
- 【YC 波形】：显示波形示波器。
- 【YCbCr 检视】：显示亮度和色差信号示波器。
- 【RGB 检视】：显示 RGB 三基色示波器。
- 【矢量/YC 波形/YCbCr 检视】：显示矢量/波形/亮度和色差信号示波器。
- 【矢量/YC 波形/RGB 检视】：显示矢量/波形/RGB 示波器
- 【显示第一场】：单屏显示，仅显示源视图或者节目视图。
- 【显示第二场】：使素材中的音频和视频都有效。
- 【显示双场】：双屏显示，就是图 4-5 所示的状态。
- 【播放分辨率】和【暂停分辨率】：使用播放分辨率和暂停分辨率能更好地控制监控体验。对于高分辨率素材，若要实现流畅的回放，应将回放分辨率设置为较低的值（如 1/4），并将【暂停分辨率】设置为【全分辨率】。通过这些设置，可以在暂停播放时检查焦点或边缘细节的品质。
- 【循环】：循环播放素材。
- 【显示传送控制】：按照播放情况，自动调整素材的分辨率。
- 【显示音频时间单位】：时间显示采用音频采样单位。
- 【显示标记】：隐藏或显示持续时间和类型等信息。
- 【显示丢帧指示器】：源监视器和节目监视器都可选择显示图标（重新组合"停止灯"），用于指示回放期间是否丢帧。该灯起始时为绿色，在发生丢帧时变为黄色，并在每次回放时重置，工具提示将指示丢帧计数。要为源监视器和节目监视器启用丢帧指示器，可在面板菜单或【设置】菜单中启用【显示丢帧指示器】。
- 【时间标尺数字】：默认情况下，时间标尺数字不显示。选择【时间标尺数字】命令，可打开时间标尺数字。
- 【安全框】：显示安全区，以指示能够在电视机上完全显示出来的区域。
- 【回放设置】：打开一个播放设置窗口对 DV 视频进行播放设置。

单击【节目】视图右上角的 ▼≣ 或【节目】视图右下角的 🔍 按钮，会打开与图 4-6 类似的下拉菜单，可以改变【节目】视图的显示，以满足不同需求。相关命令可以参见上面的解释，有所不同的命令解释如下。

- 【绑定到参考监视器】：将节目视图与【参考监视器】窗口绑定，使【参考监视器】窗口能够随时与节目内容的变化同步。
- 【时间码在编辑期间覆盖】：在节目监视器面板菜单中选择【时间码在编辑期间覆盖】命令，复选标记表示该命令已被选中。
- 【隐藏式字幕显示】：可将字母或字幕隐藏起来。

4.2.2　将素材加入到【源】监视器视图

从方便编辑工作上讲，监视器一般为双屏显示。为了保证素材能够出现在【源】监视器的视图中，下面通过一个实例讲解如何加入素材，操作步骤如下。

STEP 🔲1 接上例。用鼠标双击【项目】窗口中的素材"游乐场.avi"，使其加入到【源】监视器中。

STEP 🔲2 在【项目】窗口中，用鼠标将"电梯.avi"素材直接拖放到【源】监视器中，这样"电梯.avi"素材也被加入到【源】监视器视图中。

STEP 3 在"序列 02"的【时间线】面板中双击"商场.avi"素材，此素材也被加入到视图中。

STEP 4 素材进入源视图后，会在视图上部出现一个素材夹，单击将其打开，进入【源】监视器中的素材被列出来，如图 4-7 所示。从中选择哪个素材，哪个素材就可以显示。选择【关闭】命令，正在显示的素材就被关闭。选择【全关】命令，所有进入【源】监视器视图中的素材都被关闭。

图 4-7 显示【源】视图中加入的素材

提示

从图 4-7 中可以看出，在【时间线】面板中双击显示的素材，前面带有相应的序列名称的，与另外两个素材有所不同。

STEP 5 如果【项目】窗口中有文件夹，可以按住左键拖动鼠标，将文件夹拖动到【源】监视器视图中，打开【源】监视器上部的素材夹就可以看出，文件夹中的所有素材都被列出来。

STEP 6 在【项目】窗口中，用鼠标右键单击"街道.avi"素材，从打开的快捷菜单中选择【在源监视器打开】命令，"街道.avi"素材加入到【源】监视器中。

4.2.3 使用监视器窗口的工具

在【源】监视器和【节目】监视器的下方都有相似的工具，如图 4-8 所示。利用这些工具可以控制素材的播放，确定素材的入点、出点后再把素材加入到【时间线】面板中，还可以给素材设定标记等。

图 4-8 监视器窗口下方的工具

单击 按钮，打开【按钮编辑器】中的各工具的功能如下，如图 4-9 所示。

图 4-9 【按钮编辑器】窗口

- 按钮：选择播放分辨率。
- 按钮：从下拉选项中选择素材显示的大小比例。
- 按钮：这 2 个按钮是同一个按钮的不同显示方式。第一个是视频，第二个是音频，单击该按钮会在这两者间转换，以决定处理哪一部分。
- 按钮：显示与如图 4-6 所示类似的【设置】下拉菜单。
- 按钮和 按钮：设置素材入点和出点。
- 按钮和 按钮：清除入点和清除出点。
- 按钮和 按钮：跳到素材入点和跳到出点。
- 按钮：播放出点到入点视频。
- 按钮：将播放头位置设为一个非数字标记，所谓非数字标记就是标记上没有任何数字标示。
- 按钮和 按钮：转到下一标记和转到前一标记。
- 按钮和 按钮：前进一帧和后退一帧。
- 按钮和 按钮：播放和停止按钮，两者是切换关系。按空格键也能实现相同的功能。
- 按钮：播放临近区域的视频。
- 按钮：循环播放按钮。
- 按钮：将源视图的当前素材插入到【时间线】面板所选轨道上。
- 按钮：将源视图的当前素材覆盖到【时间线】面板所选轨道上。
- 按钮：显示安全区域。
- 按钮：导出单帧。
- 重置布局 按钮：单击该按钮可恢复系统默认布局。

4.2.4　在【节目】监视器中设置入点和出点

在【节目】监视器中设置入点和出点，操作步骤如下。

STEP 1 在【项目】面板中双击素材"行走 1.avi"，在【源】监视器视图显示素材"行走1.avi"的图像。

Premiere 提供了几种不同的方法精确定位素材，例如要将一段素材停留在"00:00:01:08"处，可以使用以下几种方法。

设置素材的入点
和出点

- 拖曳时间指针，同时结合 按钮和 按钮向前、向后逐帧移动，注意控制【源】监视器视图左下方的【播放指示器位置】，使其停留在"00:00:01:08"处。
- 使用 工具使时间指针停留在"00:00:01:08"处。
- 单击【源】监视器视图左下方的【播放指示器位置】，将原来的时间码数值选中，直接输入"108"后按 Enter 键，【播放指示器位置】将停留在"00:00:01:08"处。

 提示

尝试在【播放指示器位置】上输入"33"后按 Enter 键，会显示为"00:00:01:08"，也就是 33 帧。如果项目设置的是 NTSC 制，【播放指示器位置】将显示为"00:00:01:03"，因为 NTSC 制每秒为 30 帧，而 PAL 制每秒只有 25 帧。

STEP 2 将时间指针定位到"00:00:01:08"处，单击 按钮设置入点。

STEP 3 将时间指针定位到"00:00:03:19"处，单击 按钮设置出点，如图 4-10 所示。

图 4-10　设置【源】监视器中素材入点与出点

此时在时间标尺上出现一段暗绿色区域标明截取了素材视频的那一部分。

STEP 4 单击 按钮，在【源】监视器中播放入点至出点之间的视频内容，也可以通过单击 按钮和 按钮分别跳转到入点和出点。

STEP 5 观察【源】监视器右下方的【入点/出点持续时间】，素材长度已经由原来的"00:00:04:17"变为"00:00:02:12"，这时的持续时间是指从入点到出点之间的时间长度。

要删除已经设置的入点和出点，可以在时间指针上单击鼠标右键，在弹出的菜单中选择【清除入点和出点】、【清除入点】或【清除出点】命令，或者按键盘上的 D 键（清除入点）或 G 键（清除出点），或者在菜单栏中选择【标记】/【清除入点和出点】、【清除入点】或【清除出点】命令，都可以将入点或出点清除。

4.3　影片视音频编辑的处理技巧

　　镜头是影片最基本的组成单元，而编辑的关键在于处理镜头与镜头之间的关系，好的编辑能够使镜头的连接变得顺畅、自然，既能明白简洁地叙事，又具有丰富的表现力和感染力。视频编辑出来的影片舒不舒服，跟编辑人员的文化修养，审美情趣，以及视频所要表现的主题等有密切关系，其他都是辅助手段。本章节要介绍几种具体的编辑技巧和原则，认真揣摩和钻研这些技巧能够帮助初学者理解镜头的组成与编辑方式，但是要想真正编辑出流畅的影片，除了多观摩学习之外，更重要的是在具体的操作与实践中提高能力和积累经验。

影片视音频编辑的处理技巧

4.3.1　镜头的组接原则

　　镜头的组接必须符合观众的思想方式和影视表现规律，要符合生活的逻辑、思维的逻辑，不符合逻辑，观众就看不懂。做影视节目要表达的主题与中心思想一定要明确，在这个基础上，我们才能根据观众的心理要求，即思维逻辑，确定选用哪些镜头，怎么样将它们组合在一起。

4.3.2 镜头的组接方法

镜头画面的组接除了采用光学原理的手段以外，还可以通过衔接规律，使镜头之间直接切换，使情节更加自然顺畅，以下我们介绍几种有效的组接方法。

1. 连接组接

相连的两个或者两个以上的一系列镜头表现同一主体的动作。

2. 队列组接

相连镜头但不是同一主体的组接，由于主体的变化，下一个镜头主体的出现，观众会联想到上下画面的关系，起到呼应、对比、隐喻烘托的作用，往往能够创造性地揭示出一种新的含义。

3. 黑白格的组接

为造成一种特殊的视觉效果，如闪电、爆炸、照相馆中的闪光灯效果等。组接的时候，可以将所需要的闪亮部分用白色画格代替，在表现各种车辆相接的瞬间组接若干黑色画格，或者在合适的时候采用黑白相间画格交叉，有助于加强影片的节奏、渲染气氛、增强悬念。

4. 两级镜头组接

是由特写镜头直接跳切到全景镜头，或者从全景镜头直接切换到特写镜头的组接方式。这种方法能使情节的发展，在动中转静或者在静中变动，给观众的直感极强，节奏上形成突如其来的变化，产生特殊的视觉和心理效果。

5. 闪回镜头组接

用闪回镜头，如插入人物回想往事的镜头，这种组接技巧可用来揭示人物的内心变化。

6. 同镜头分析

将同一个镜头分别在几个地方使用。运用该种组接技巧的时候，往往是处于这样的考虑：或者是因为所需要的画面素材不够；或者是有意重复某一镜头，用来表现某一人物的情丝和追忆；或者是为了强调某一画面所特有的象征性的含义，以引发观众的思考；或者是为了造成首尾相互接应，从而达到艺术结构上给人以完整而严谨的感觉。

7. 拼接

有些时候，在户外拍摄虽然多次，拍摄的时间也相当长，但可以用的镜头却是很短，达不到我们所需要的长度和节奏。在这种情况下，如果有同样或相似内容的镜头的话，就可以把它们当中可用的部分组接，以达到节目画面必须的长度。

8. 插入镜头组接

在一个镜头中间切换，插入另一个表现不同主体的镜头。如一个人正在马路上走着或者坐在汽车里向外看，突然插入一个代表人物主观视线的镜头（主观镜头），以表现该人物意外地看到了什么，或直观感想和引起联想的镜头。

9. 动作组接

借助人物、动物、交通工具等动作和动势的可衔接性，以及动作的连贯性、相似性，作为镜头的转换手段。

10. 特写镜头组接

上个镜头以某一人物的某一局部（头或眼睛）或某个物件的特写画面结束，然后从这一特写画面开始，逐渐扩大视野，以展示另一情节的环境。目的是为了在观众注意力集中在某一个人的表情或者某一事物的时候，在不知不觉中就转换了场景和叙述内容，而不使人产生陡然跳动的不适合之感觉。

11. 景物镜头的组接

在两个镜头之间借助景物镜头作为过渡，其中有以景为主、物为陪衬的镜头，可以展示不同的地理环境和景物风貌，也表示时间和季节的变换，是以景抒情的表现手法。在另一方面，是以物为主、景为陪衬的镜头，这种镜头往往作为镜头转换的手段。

12. 声音转场

用解说词转场，这种技巧一般在科教片中比较常见。用画外音和画内音互相交替转场，像一些电话场景的表现。此外，还有利用歌唱来实现转场的效果，并且利用各种内容换景。

13. 多屏画面转场

这种技巧有多画屏、多画面、多画格和多屏幕等多种叫法，是近代影片影视艺术的新手法。把屏幕一分为多，可以使双重或多重的情节齐头并进，大大地压缩了时间。

镜头的组接技法是多种多样，按照创作者的意图，根据情节的内容和需要而创造，没有具体的规定和限制。我们在具体的后期编辑中，可以根据情景发挥，但不要脱离实际的情况和需要。

4.3.3　声音的组合形式及其作用

在影片中，声音除了与画面内容紧密配合以外，运用声音本身的组合也可以显示声音在表现主题上的重要作用。

1. 声音的并列

这种声音组合即是几种声音同时出现，产生一种混合效果，用来表现某个场景。如表现大街繁华时的车声以及人声等。但并列的声音应该有主次之分的，要根据画面适度调节，把最有表现力的作为主旋律。

2. 声音的对比

将含义不同的声音按照需要同时安排出现，使它们在鲜明的对比中产生反衬效应。

3. 声音的遮罩

在同一场面中，并列出现多种同类的声音，有一种声音突出于其他声音之上，引起人们对某种发声体的注意。

4. 接应式声音交替

即同一声音此起彼伏，前后相继，为同一动作或事物进行渲染。这种有节奏规律的接应式声音交替，经常用来渲染某一场景的气氛。

5. 转换式声音交替

即采用两声音在音调或节奏上的近似，从一种声音转化为两种声音。如果转化为节奏上近似的音乐，既能在观众的印象中保持音响效果所造成的环境真实性，又能发挥音乐的感染作用。充分表达一定的内在情绪。同时由于节奏上的近似，在转换过程中给人以一气呵成的感觉，这种转化效果有一种韵律感，容易记忆。

6. 声音与"静默"交替

"无声"是一种具有积极意义的表现手法，在影视片中通常作为恐惧、不安、孤独、寂静以及人物内心空白等气氛和心情的烘托。"无声"可以与有声在情绪上和节奏上形成明显的对比，具有强烈的艺术感染力。

如在暴风雨后的寂静无声，会使人感到时间的停顿，生命的静止，给人以强烈的感情冲击。但这种无声的场景在影片中不能太多，否则会降低节奏，失去感染力，产生烦躁的主观情绪。

4.4 在【时间线】面板中进行编辑

【时间线】面板实际上是 Premiere Pro CS6 的编辑台，大部分的非线性编辑工作都在这里完成，如图 4-11 所示。【时间线】面板与【序列】相对应，每个【序列】都有自己独立的【时间线】面板，但为了节省空间、方便转换，一般多个【序列】组合显示在一个窗口中。轨道分为视频和音频两大部分，在轨道上按时间顺序、图形化显示每个素材的位置、持续时间及各个素材之间的关系，将鼠标光标放到视频名称与音频名称之间的区域时，鼠标光标会变成上下双箭头，上下拖动鼠标就可以调整视频轨道与音频轨道占据的区域。如果将鼠标光标放到视频轨道（或音频）轨道之间，上

在【时间线】面板中
进行编辑

下拖动鼠标会调整单个轨道的高度，其中的图形化素材就会有所变化。当将鼠标光标放到轨道名称与轨道区之间的竖线附近时，鼠标光标会变成横向双箭头，左右拖动鼠标会调整这两个区域占据的区域。

图 4-11 【时间线】面板

从上图中可以看出，【时间线】面板分为上下两部分，上面是视频编辑轨道，下面是音频编辑轨道，默认情况下视频和音频各有 3 条轨道。在实际操作中，可根据需要增加或减少视音频轨道。【时间线】面板也分为左右两部分，左边为轨道的操作区，右边为各轨道中素材的编辑区。

4.4.1 基本编辑工具

【工具】面板中，集中了用于编辑素材的所有工具，如图 4-12 所示。要使用其中的某个工具时，在【工具】面板中单击将其选中，移动鼠标指针到【时间线】面板，鼠标指针会变为该工具的形状，并在工作区下方的提示栏显示相应的编辑功能。

工具栏中每一种工具的主要功能如下。

- ▶（选择）工具：可以选择并移动轨道上的素材。单击 ▶ 工具后，如果将鼠标光标移动到素材的边缘，鼠标光标会变为指针形状，此时按住鼠标左键拖动边缘可以调整素材的长短，达到裁剪素材的目的。按住 Shift 键，通过 ▶ 工具可以选中轨道上的多个素材，在轨道空白处按住鼠标左键拖出一个方框，所有接触到的素材均被选择。在缺省状态下，▶ 一直处于激活状态。
- ▦（轨道选择）工具：使用 ▦ 工具在轨道上单击，可选择所单击位置上单个轨道右端所包含的所有素材；按住 Shift 键在轨道上单击，可选择所单击位置右端所有轨道上的素材。

图 4-12 【工具】面板

- � （波纹编辑）工具：使用 � 工具拖曳一段素材的左右边界时，可改变该素材的入点或出点。相邻的素材随之调整在时间线的位置，入点和出点不受影响。使用【波纹编辑】工具调整之后，影片的总时间长度发生变化。

- ◆ （滚动编辑）工具：与 ◆ 工具不同，使用 ◆ 工具拖曳一段素材的左右边界，改变入点或出点时，相邻素材的出点或入点也相应改变，影片的总长度不变。

- ◆ （速率伸缩）工具：使用 ◆ 工具拖曳一段素材的左右边界，该素材的入点和出点不发生变化，但改变素材的时间长度，使其产生快、慢动作的效果。

- ◆ （剃刀）工具：使用 ◆ 工具在素材上单击，可以将一个素材分割成为两个素材。按住 Shift 键在素材上单击，则变成多重剃刀工具，可将所单击位置处不同轨道上的多个素材一分为二。

- ◆ （错落）工具：选择该工具，往左拖动素材使它的出点与入点同步提前，往右拖动使素材的出点和入点同步推后，整个素材的持续时间不变，素材在节目中的位置也不变。

- ◆ （滑动）工具：和 ◆ 工具正好相反，选择该工具，在需要调整的素材上往左拖动，将它前面素材的出点和它后面素材的入点向前移动；而往右拖动，将它前面素材的出点和它后面素材的入点向后移动。所调整素材的持续时间不变，只是位置有所改变，所以整个节目的持续时间不变。

- ◆ （钢笔）工具：使用 ◆ 工具可以在【节目】监视器中绘制和修改遮罩。用【钢笔】工具还可以在【时间线】面板对关键帧进行操作，但只可以沿垂直方向移动关键帧的位置。单击 ◆ 工具后，按住 Ctrl 键的同时单击控制线可以增加一个关键帧。

- ◆ （手形）工具：可以滚动【时间线】面板中的素材，使那些未能显示出来的素材显示出来。

- ◆ （缩放）工具：使用 ◆ 工具可以放大【时间线】面板的时间单位，改变轨道上素材的显示状态。选择这个工具后按住 Alt 键则其功能相反，起缩小作用。

【时间线】面板中也有一些工具、按钮在编辑工作中经常用到，有一些需要单击轨道名称左侧的 ▶ （转到下一帧）按钮才能够看到，下面进行介绍。

- ◆ （吸附）按钮：单击使其激活，移动素材时就具有吸附到边缘的功能，可实现自动吸附对齐。

- ◆ （设置 Encore 章节标记）按钮：用于设定 Encore 主菜单标记。

- ◆ （添加标记）按钮：单击使其激活，在播放头位置设置一个非数字标记。

- ◆ （切换轨道输出）按钮：单击使其消失，则隐藏对应的视频轨道。在原位再次单击，则显示对应的视频轨道。

- ◆ （同步锁定开关）按钮：单击使其消失。

- ◆ （切换轨道输出）按钮：单击使其消失，则隐藏对应的音频轨道。在原位再次单击，则显示对应的音频轨道。

- ◆ （轨道锁定开关）按钮：单击使其出现，锁定对应的轨道。再次单击 ◆ ，解锁对应的音频轨道。

- ◆ （设置显示样式）按钮：从打开的下拉菜单中选择命令，决定视频素材的显示形式。其中包括【显示头和尾】、【仅显示头部】、【显示帧】、【仅显示名称】、【显示标记】。选择不同的命令，按钮的图形会有变化。

- ◆ （设置显示样式）按钮：从打开的下拉菜单中选择命令，决定音频素材的显示形式。其中包括【显示波形】、【仅显示名称】和【显示标记】。选择不同的命令，按钮的图形会有变化。

- ◆ （显示关键帧）按钮：从打开的下拉菜单中选择命令，决定显示哪一种控制线。选择不同的命令，按钮的图形会有变化。

- ◆ （滑块）滑块：与 ◆ 工具的作用一样，按住鼠标左右拖动可以起到放大和缩小作用。

按住 Shift 键单击 ◆ 、 ◆ 和 ◆ 图标，可以同时对所有的视频轨道或音频轨道起作用。单击【时间线】

面板右侧的  按钮，打开的菜单中有两个命令。选择其中的【显示音频时间单位】决定时间显示采用音频采样单位；选择其中的【开始时间】打开一个窗口，可以设置节目开始处的时码，以满足不同要求，缺省是"00:00:00:00"。

4.4.2 【时间线】面板中的基本操作

将素材放入【时间线】面板，最简便的方法就是按住鼠标左键，将素材从其他窗口拖动到【时间线】面板，然后释放鼠标左键，确定素材最后所处的轨道和在轨道中所处的位置，这是前面的讲述中多次采用的方法。需要注意的是：拖动时鼠标光标显示为 形状，表示覆盖方式；按住 Ctrl 键拖动鼠标时鼠标光标显示为 形状，表示插入方式。

下面将介绍在【时间线】面板中常用的基本操作。

【时间线】面板中的
基本操作

STEP 1 接上例。单击【项目】面板右下角 按钮，在打开的下拉菜单中选择【序列】，新建一个"序列 03"。

STEP 2 将鼠标指针放到【时间线】面板左侧【视频 3】轨道名称上，单击鼠标右键，弹出如图 4-13 所示的快捷菜单。

图 4-13　轨道名称的快捷菜单

- 【重命名】：为选中的轨道重新命名。
- 【添加轨道】：选择该命令，弹出【添加轨道】对话框，根据需要设置要增加的轨道数目。
- 【删除轨道】：选择该命令，弹出【删除轨道】对话框，根据需要选择要删除的轨道。

STEP 3 选择【删除轨道】命令，弹出【删除轨道】对话框，如图 4-14 所示。

图 4-14　【删除轨道】对话框

STEP 4 勾选【删除视频轨】复选框，在【全部空闲轨道】下拉列表中选择"视频 3"，单击 确定 按钮退出对话框。【时间线】面板中的【视频 3】轨道被删除。

STEP 5 在【视频 1】轨道名称上单击右键，在弹出的菜单中选择【重命名】命令，输入"动态视频"。用同样的方法，将【视频 2】轨道改名为"静态图像"。

STEP ⤵6 在"动态视频"轨道左侧的操作区单击将其选中，该轨道左侧的操作区呈亮灰色显示。
选择【项目】面板的"草坪 1.avi"，按住鼠标左键拖曳至"动态视频"轨道左侧，当轨道左侧出现白色箭
头黑色竖线时，松开鼠标，如图 4-15 所示。

图 4-15　将素材放入选中的视频轨道

STEP ⤵7 按住鼠标左键左右拖曳　　　　滑块，将视图缩放到合适大小。

STEP ⤵8 单击"动态视频"轨道左侧的设置显示方式 ▣ 按钮，选择不同选项，观察该轨道素材
的不同显示风格，如图 4-16 所示。

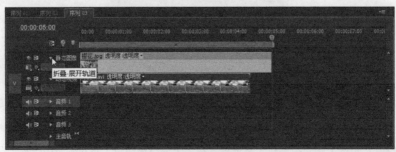

图 4-16　改变素材的显示风格

STEP ⤵9 选择【项目】面板中的素材"樱花.bmp"，将其拖曳至"静态图像"轨道，和轨道左
端对齐，单击"静态图像"轨道名称左边的小三角图标 ▶，将该轨道展开显示，如图 4-17 所示。再次单
击该图标，该轨道被折叠。

图 4-17　展开轨道

STEP ⤵10 单击"静态图像"轨道左侧的开关轨道输出按钮 ⊙，该按钮显示为　状态，在【节

目】监视器中该轨道中的素材被隐藏。如果将该序列输出为影片，该轨道的内容也不会被渲染。再次单击该按钮，按钮重新显示为 状态。

STEP 11 单击 按钮右边的 按钮，按钮转换为轨道锁定开关按钮，该轨道被锁定，不能对该轨道内的素材进行移动、拉伸、切割、删除等操作，如图 4-18 所示。如果再次单击 按钮，按钮重新显示为 按钮。

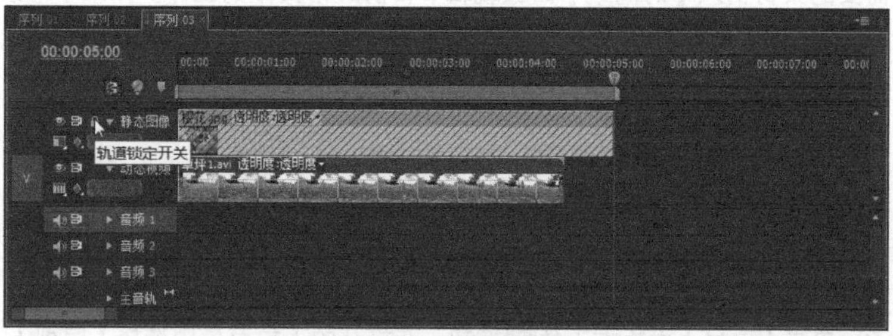

图 4-18　锁定轨道

STEP 12 选择【工具】面板的 工具，选中"动态视频"轨道中的素材向右拖曳，移动素材的位置。选择 工具，在"动态视频"轨道素材的中间位置单击，将其截断，如图 4-19 所示。尝试对"静态图像"轨道中的素材进行同样操作，因为该轨道已经被锁定，所以无法执行。

图 4-19　移动和切割素材

STEP 13 选择【编辑】/【撤销】命令，将该命令执行两次，撤销上一步的操作。

STEP 14 单击【时间线】面板左上方的【播放器指示位置】，输入"100"，将时间指针定位在"00:00:01:00"处，在时间指针上单击鼠标右键，在弹出的菜单中选择【添加标记】命令，或者单击【时间线】面板左上方的设置无编号标记 按钮，在该处设置标记。用同样的方法在"00:00:02:00"处、"00:00:03:00"处和"00:00:04:00"处设置标记，如图 4-20 所示。

图 4-20　设置标记

通过设置标记，可以快速定位素材的位置。在时间指针的右键快捷菜单中，选择【转到下一标记】和

【转到前一标记】命令可以快速找到上一个、下一个标记点，选择【清除当前标记】和【清除所有标记】命令可以清除添加的标记。

4.4.3 设置素材的入点和出点

在编辑过程中，经常需要设置素材的入点和出点。设置素材的入点和出点，就是使用素材中有用的部分，这是截取所需要的素材引入【时间线】面板编辑节目前经常要做的工作。如果不对素材的入点和出点进行调整，素材开始的画面位置就是入点，结尾的位置就是出点。设置入点、出点时，一定要对素材进行准确定位，操作步骤如下。

提 示

这里及后面所说的引入，是指对已经导入的素材进行的处理，比如放到【时间线】面板等。

STEP 1 单击【项目】面板右下角 ![按钮] 按钮，在打开的下拉菜单中选择【序列】，新建一个"序列04"。

STEP 2 选择【项目】面板中的"商场.avi"，拖曳至【时间线】面板的【视频1】轨道，按住鼠标左键左右拖曳 ![滑块] 滑块，将视图缩放到合适大小，如图4-21所示。

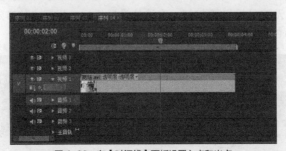
图4-21 将素材放入【时间线】面板中

STEP 3 将时间指针移动至"00:00:01:00"处，在时间指针上单击鼠标右键，在弹出菜单中选择【标记入点】命令，或者选择菜单栏中的【标记】/【标记入点】命令，在该处设置入点。

STEP 4 将时间指针移动至"00:00:02:00"处，在时间指针上单击鼠标右键，在弹出的快捷菜单中选择【标记出点】命令，或者选择菜单栏中的【标记】/【标记出点】命令，在该处设置出点，如图4-22所示。

图4-22 在【时间线】面板设置入点和出点

提 示

在【时间线】面板中，入点和出点间的时间标尺呈暗绿色显示。

STEP  在【时间线】面板设置的入点和出点在【节目】监视器中也可以看到。将鼠标指针移动至【节目】监视器下方的视图区域条按住鼠标左键左右拖曳 ▓▓▓ 滑块，将视图缩放到合适大小，如图 4-23 所示。

图 4-23 【节目】监视器中的入点和出点

在【节目】监视器右下方的【入点/出点持续时间】显示器中，可以看到入点和出点间的长度为 1 秒 1 帧。

4.4.4 提升编辑和提取编辑

在前面的操作中，为【时间线】面板中的素材设置了入点和出点，使用提升编辑和提取编辑，可以把入点至出点间的内容删除，操作步骤如下。

STEP 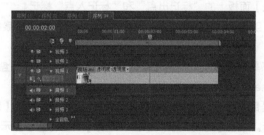 在上面的操作中，为【时间线】面板上的素材设置了入点和出点，如图 4-24 所示。

图 4-24 设置入点和出点后的【时间线】面板

STEP 在【节目】监视器中，单击 ▓ 工具，时间线上入点至出点间的素材被删掉，中间留下空隙，如图 4-25 所示。

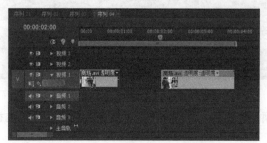

图 4-25 提升编辑后的【时间线】面板

STEP 选择菜单栏中的【编辑】/【撤销】命令，撤销上一步的操作。在【节目】监视器中，单击 ▓ 工具，时间线上入点至出点间的素材被删掉，后段素材左移，中间不留空隙，如图 4-26 所示。

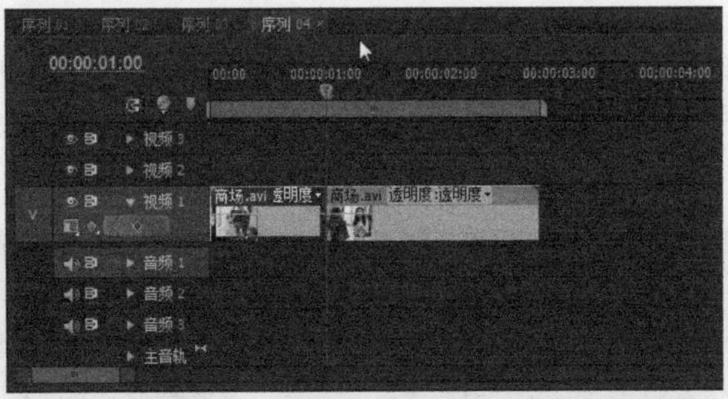

图 4-26　提取编辑后的【时间线】面板

4.4.5　插入编辑和覆盖编辑

【源】监视器提供了 ▣【插入】和 ▣【覆盖】两种将素材库中的素材放置到【时间线】面板中的编辑方式。

使用插入编辑时，【时间线】面板中已有的素材在时间指针处被截断，【源】监视器中入点至出点间的素材在时间指针处插入，被截断素材的后半部分在时间线上右移，序列总长度变大。使用覆盖编辑时，【源】监视器中入点至出点间的素材也在时间指针处被插入，不同的是，新插入的素材会覆盖【时间线】面板中已有的部分素材。

下面将素材"草坪 1.avi"和"花草空镜.avi"两个视频素材分别采用插入编辑和覆盖编辑的方式放到【时间线】面板中，操作步骤如下。

STEP 1 接上例。在【时间线】面板上单击鼠标右键，在打开的下拉菜单中选择【清除入点和出点】命令，删除【时间线】面板上的"标记出点"和"标记入点"标记。

STEP 2 选择【工具】面板的 工具，选中【时间线 04】面板的素材，按键盘上的 Delete 键，将其删除。

STEP 3 选择菜单栏中的【文件】/【导入】命令，定位到本地硬盘【素材 】文件夹，导入文件"草坪 1.avi""花草空镜.avi"两个视频片段。

STEP 4 在【项目】面板中选中素材"草坪 1.avi"，将其拖曳到【时间线】面板【视频 1】轨道的左端，如图 4-27 所示。单击【时间线】面板左上方的【当前时间】显示器，输入"45"，将时间指针定位在"00:00:01:20"处。

图 4-27　将素材放入【时间线】面板

STEP 5 在【项目】面板中双击素材"花草空镜.avi"，在【源】监视器视图中显示素材"花草空镜.avi"的图像。

STEP 6 单击 按钮，或者在菜单栏中选择【素材】/【插入】命令，进行插入编辑。【时间线】面板中已有素材在指针处被截断，插入新的素材，被截断素材的后半部分右移，整个影片的时间被加长，如图 4-28 所示。

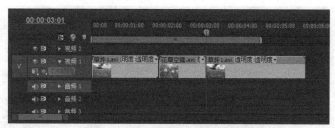

图 4-28 插入编辑后的【时间线】面板

STEP 7 将【时间线】面板的时间指针移至轨道左端，单击【节目】监视器中的 ▶ 按钮，观看插入编辑后的效果。

STEP 8 选择【编辑】/【撤销】命令，取消刚才的插入编辑操作。下面再来执行覆盖编辑的操作。

STEP 9 同样将【时间线】面板上的时间指针定位到"00:00:01:20"处，单击 按钮或者选择菜单栏中的【素材】/【覆盖】命令，进行覆盖编辑，如图 4-29 所示。【时间线】面板中原来的素材"草坪 1.avi"在时间指针处被截断，被插入的新素材覆盖掉一部分，影片的总长度没有变化。

图 4-29 覆盖编辑后的【时间线】面板

STEP 10 将【时间线】面板的时间指针移至轨道左端，单击【节目】监视器中的 ▶ 按钮，观看覆盖编辑后的效果。

对比图 4-28 和图 4-29，体会插入编辑和覆盖编辑的区别。

4.4.6 波纹删除

在【时间线】面板中编辑素材时，有时需要删掉中间的一段素材，在时间线上会留下空隙，在 Premiere Pro CS6 中称其为"波纹"，此时需要将同轨道后面所有的素材都向前移动，这样无疑是很麻烦的，将波纹删除可以轻松解决这个问题，操作步骤如下。

STEP 1 单击【项目】面板右下角 按钮，在打开的下拉菜单中选择【序列】，新建一个"序列 05"。

STEP 2 选择菜单栏中的【文件】/【导入】命令，将【素材】文件夹下的"草坪 2.avi"导入。

STEP 3 在【项目】面板中选择"草坪 2.avi"，拖曳至【时间线】面板的【视频 1】轨道，和轨道左端对齐，如图 4-30 所示。

STEP 4 将时间指针移至"00:00:03:00"处，选择【工具】面板的 工具，在时间指针处单击将素材截断。将时间指针移至"00:00:06:00"处，再次将素材截断。此时【时间线】面板的素材变为 3 段，如图 4-31 所示。

STEP 5 选择【工具】面板的 工具，选择中间的一段素材，选择菜单栏中的【编辑】/【波纹删除】命令，或者在选中素材上单击右键，在弹出的菜单中选择【波纹删除】命令。【时间线】面板的第 2 段素材被删掉，第 3 段素材前移，中间没有留下空隙，如图 4-32 所示。

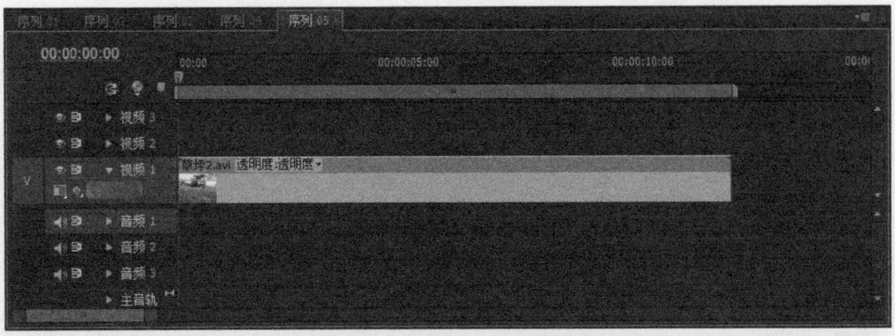

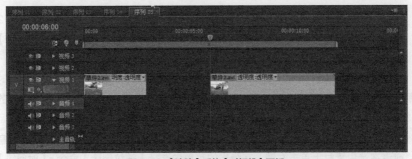

图 4-30　【时间线】面板中的素材

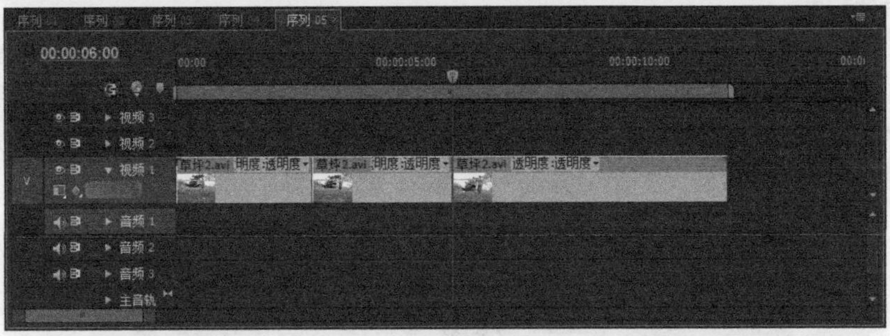

图 4-31　将素材被截为 3 段

图 4-32　【波纹删除】后的【时间线】面板

STEP 6　选择菜单栏中的【编辑】/【撤销】命令，撤销上一步的操作。选择中间的一段素材，选择菜单栏中的【编辑】/【清除】命令，或者在选中素材上单击鼠标右键，在弹出的菜单中选择【清除】命令，或者直接按键盘上的 Delete 键。【时间线】面板的第 2 段素材被删掉，第 1 段素材和第 3 段素材中间留下了空隙，如图 4-33 所示。在【节目】监视器中单击  按钮预览，会发现没有素材的部分出现黑场。

图 4-33　【清除】后的【时间线】面板

对比图 4-32 和图 4-33 的不同,可以看出【波纹删除】和【清除】命令的区别。如果要在中间的空隙处添加其他素材,应该选择【清除】命令。但是如果中间的空隙不再添加素材,选择【清除】命令后,还需要将中间的空隙删除。

STEP 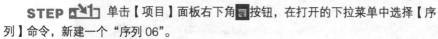 在两段素材中间的空隙处单击鼠标左键,选择菜单栏中的【编辑】/【波纹删除】命令,或者在空隙处单击鼠标右键,在弹出的菜单中选择【波纹删除】命令。此时会发现第 3 段素材前移,中间的空隙被填补。【时间线】面板与图 4-32 所示效果一致。

4.4.7 改变素材的速度和方向

在节目序列的后期编辑过程中,有时需要改变素材的速度,不让素材按照正常的速度播放,例如希望一段素材快放、慢放或者倒放等。

改变素材的速度
和方向

1. 改变素材速度

通过 工具,可以改变一段素材的播放速度,实现素材的快放、慢放效果,操作步骤如下。

STEP 单击【项目】面板右下角 按钮,在打开的下拉菜单中选择【序列】命令,新建一个"序列 06"。

STEP 选择菜单栏中的【文件】/【导入】命令,将【素材】文件夹下的"相遇.avi"导入。

STEP 在【项目】面板中选择"相遇.avi",拖曳到【时间线】面板的【视频 1】轨道,和轨道左端对齐,如图 4-34 所示。

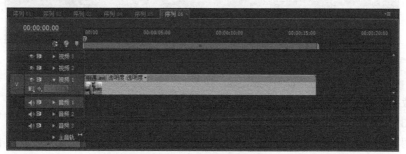

图 4-34 【时间线】面板中的素材

STEP 将时间指针拖曳到"00:00:05:00"处,选择【工具】面板的 工具,在时间指针处单击将素材截断。选择【工具】面板的 工具,将第 2 段素材向右移动一段距离,如图 4-35 所示。

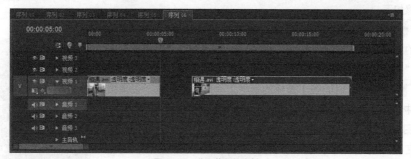

图 4-35 分开截断的素材

STEP 选择【工具】面板的 工具,将鼠标指针放置到第 1 段素材的右边界,向右拖曳直到与第 2 段素材对齐,如图 4-36 所示。这相当于拉长了第 1 段素材的时间,使它的播放速度变慢。

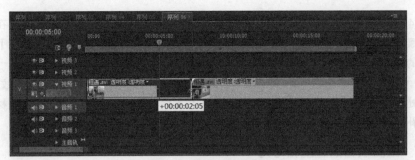

图 4-36　将第 1 段素材拉长

STEP 6 将时间指针移动到轨道左端，按键盘上的空格键，在【节目】监视器中观看改变速度后的效果。

STEP 7 选择【工具】面板的 工具，将鼠标指针放置到第 2 段素材的右边界，按住鼠标左键向左拖曳一段距离，如图 4-37 所示。这相当于缩短了第 2 段素材的时间，加快了它的播放速度。

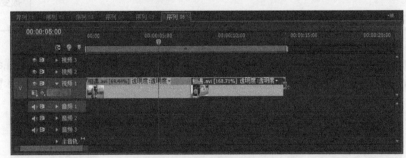

图 4-37　将第 2 段素材缩短

STEP 8 将时间指针移动到轨道左端，按 Enter 键进行渲染。渲染完毕后，在【节目】监视器中观看播放效果。

在图 4-37 中还可以看到，在两段素材上显示了改变速度后的百分比。在第 1 段素材上，有"69.44%"的字样，说明它的播放速度变为正常速度的"69.44%"。在第 2 段素材上，有"168.71%"的字样，说明它的播放速度变为正常速度的"168.71%"。

2. 改变素材方向

通过在【速度/持续时间】对话框中进行设置，不但能同样实现快放、慢放，还可以实现素材的倒放效果，操作步骤如下。

STEP 1 接上例。选择【工具】面板的 工具，分别选中【时间线】面板的两段素材，按键盘上的 Delete 键，将其删除。将【项目】面板的素材"草坪 2.avi"拖曳到【时间线】面板的【视频 1】轨道。

STEP 2 在【时间线】面板的素材上单击鼠标右键，在弹出的快捷菜单中选择【速度/持续时间】命令，弹出【素材速度/持续时间】对话框，如图 4-38 所示。

图 4-38　【素材速度/持续时间】对话框

- 【速度】：当前速度与原速度的百分比值，该值大于"100%"时速度加快；该值小于"100%"时速度减慢。速度的改变会改变素材在【时间线】面板的长度。
- 【持续时间】：当前素材的持续时间，增大该数值，可使速度减慢，反之速度加快。

- 【倒放速度】：勾选该复选框，改变素材的播放方向，使素材倒放。
- 【保持音调不变】：如果素材有音频部分，勾选该复选框，音频部分的速度保持不变。
- 【波纹编辑，移动后面的素材】：通过波纹编辑缩短某个素材的时间会使剪切点后面所有素材的时间后移；反之，延长某个素材的时间会使剪切点后面素材的时间前移。

STEP 3 在【持续时间】选项中输入"500"，使素材的总长度变短，播放速度加快，单击 确定 按钮。将时间指针移动到轨道左端，按 Enter 键进行渲染，并在【节目】监视器中预览效果。

STEP 4 在素材上单击鼠标右键，在弹出的菜单中再次选择【速度/持续时间】命令，弹出【素材速度/持续时间】对话框，勾选【倒放速度】复选框，单击 确定 按钮，如图 4-39 所示。

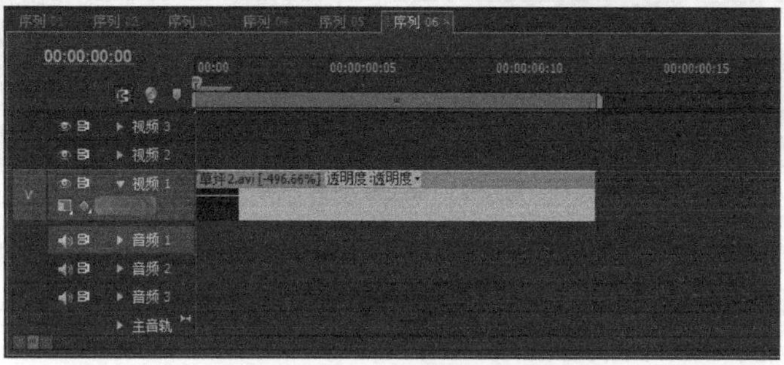

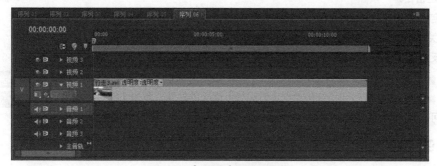

图 4-39　设置【倒放速度】后的素材

在素材上，可以看到当前的速度显示为"-496.66%"，此时素材会以加快的速度倒放。按 Enter 键进行渲染，并在【节目】监视器中预览效果。

4.4.8　帧定格命令

素材的静帧处理，也叫做帧定格，可将某一帧以素材的时间长度持续显示，就好像显示一张静止图像，这是节目制作中经常用到的艺术处理手法。

操作步骤如下。

STEP 1 接上例。选择【工具】面板的 ▶ 工具，选中【序列 06】面板的素材，按键盘上的 Delete 键，将其删除。

STEP 2 选择菜单栏中的【文件】/【导入】命令，将【素材】文件夹下的"行走 3.avi"导入。

STEP 3 在【项目】面板中选择"行走 3.avi"，用鼠标拖曳至【时间线】面板的【视频 1】轨道，和轨道左端对齐，如图 4-40 所示。

图 4-40　【时间线】面板中的素材

STEP 4 在【节目】监视器中，将时间指针移至最左端，单击 按钮，观看视频。根据视频情节在"00:00:05:14"帧处将视频画面定格2秒，然后继续播放。

STEP 5 将时间指针移至"00:00:05:14"处，选择【剃刀】工具，在时间指针处单击将素材截断。

STEP 6 将时间指针移至"00:00:07:14"处，选择【剃刀】工具，在时间指针处单击，再次将素材截断，如图4-41所示，【时间线】面板的一段素材被切割为3段，中间的一段素材持续时间为2秒。

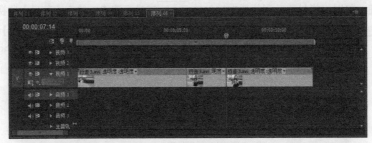

图4-41 将切割素材为3段

STEP 7 选择【工具】面板的 工具，选择中间的一段素材，选择菜单栏中的【编辑】/【复制】命令，确认时间指针处于"00:00:07:14"处，再选择菜单栏中的【编辑】/【粘贴插入】命令，如图4-42所示，素材变成了4段，中间两段内容相同。

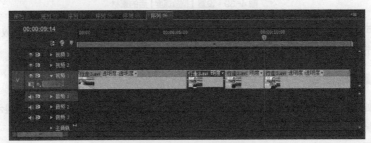

图4-42 复制第2段素材后的【时间线】面板

STEP 8 选择【时间线】面板上的第2段素材，在右键菜单中选择【帧定格】命令，弹出【帧定格选项】对话框，如图4-43所示。

图4-43 【帧定格选项】对话框

- 【定格在】：勾选此复选框，使选中的素材定格为一帧画面，从后面的下拉列表中选择"入点"、"出点"和"标记0"，可以确定素材定格在哪一帧。

- 【定格滤镜】：如果对该段素材添加了动态特效，或者为特效设置了关键帧的变化，勾选此复选框后，特效的动态效果将不起作用。

- 【反交错】：勾选此复选框，可消除锯齿，提高定格帧的质量。

STEP 9 勾选【定格在】复选框，并从后边的下拉列表中选择"入点"，单击 确定 按钮。

STEP 10 将时间指针移动到【时间线】面板的左端，单击【节目】监视器中的 按钮，开始预览。可以看到第2段素材在入点处定格，成为静止画面。

4.4.9 断开视音频链接

如果一段素材包含视频和音频两个部分，导入【时间线】面板后，默认情况下视频和音频部分处于链接状态。如果对视频部分进行移动、剪切、变速等操作，因为两者存在链接关系，所以音频和视频将同步变更。如果需要只对视频部分或者音频部分进行编辑操作，或者要删除视频或音频部分，则需要解除视频和音频之间的链接关系。具体操作步骤如下。

STEP 1 接上例。选择【工具】面板的 工具，选中【时间线】面板的素材，按键盘上的 Delete 键，将其删除。

STEP 2 定位到本地硬盘【影片】文件夹，导入"野生动物.avi"，用鼠标拖曳至【时间线】面板的【视频 1】轨道，和轨道左端对齐，该素材包含视频和音频两个部分。

STEP 3 选择【工具】面板的 工具，选中该素材，在【视频 1】轨道上向右拖曳，会发现【视频 1】轨道和【音频 1】轨道的素材同时移动。如果对该素材执行剪切、变速等操作，【视频 1】轨道和【音频 1】轨道也将同步进行，如图 4-44 所示。

图 4-44　素材的视频和音频同步移动

STEP 4 选中该素材，选择菜单栏中的【素材】/【解除视音频链接】命令，或者在素材上单击鼠标右键，在弹出的快捷菜单中选择【解除视音频链接】命令。

STEP 5 选择【工具】面板中的 工具，在没有素材的空白处单击鼠标左键，取消对任意素材的选择。再次单击【视频 1】轨道上的视频将其选中，按住鼠标左键并拖曳，会发现音频素材不会一起移动，如图 4-45 所示。

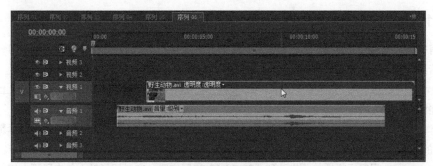

图 4-45　移动视频素材

STEP 6 选中【视频 1】轨道上的视频素材，在右键菜单中选择【清除】命令，将视频轨道的内容删除。将【音频 1】轨道上的音频素材向左拖曳至时间线左端。

STEP 7 在【项目】面板选择"樱花.jpg"，拖曳到【时间线】面板【视频 1】轨道上，和轨道左端对齐。

STEP 8 选择【工具】面板的 工具，将鼠标指针移动到【视频 1】轨道上素材的右边界，按住鼠标左键向右拖曳，使其长度和【音频 1】轨道内容相同，如图 4-46 所示。

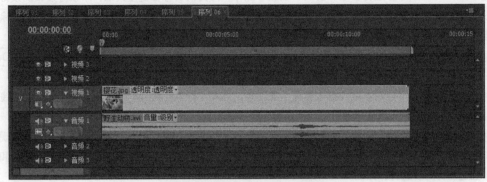

图 4-46　调整图像素材和音频长度相同

STEP 按键盘上的 Shift 键，分别单击【视频 1】和【音频 1】轨道上的内容，同时将它们选中。选择菜单栏中的【素材】/【链接视频和音频】命令，将视频和音频部分组合起来。如果移动【时间线】面板的视频或音频部分，二者将同时移动，如图 4-47 所示。

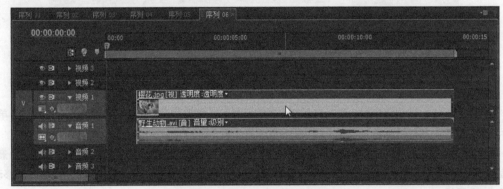

图 4-47　移动重新链接后的视音频素材

4.4.10　分离素材视频和音频

对既有视频又有音频的素材，还可以使它同时具有不同的入点和出点。结合上例，再学习一种分离素材视频和音频的方法。

STEP 接上例。选择【工具】面板的 工具，选中【时间线】面板的素材，按键盘上的 Delete 键，将其删除。

STEP 在【项目】面板中双击素材"野生动物.avi"，在【源】监视器视图中显示影片"野生动物.avi"的图像。

STEP 用鼠标将播放头拖动到"00:00:10:09"位置。在时间指针上单击鼠标右键，在弹出的菜单中选择【标记拆分】/【视频入点】命令，如图 4-48 所示。

图 4-48　设置【源】监视器中视频入点

此时在时间标尺上出现一段暗灰色区域标明截取了素材视频的那一部分，但和图 4-10 有所区别。

STEP 4 拖动播放头到 "00:00:12:17" 位置。在时间指针上单击鼠标右键，在弹出的菜单中选择【标记拆分】/【视频出点】命令，将此处设为视频出点。

STEP 5 在【源】监视器视图中拖动播放头到 "00:00:11:09" 位置。选择菜单栏中【标记】/【标记拆分】/【音频入点】命令将此处设为音频入点。

在时间标尺灰色区域的下方，有一段灰绿色区域标明截取了素材音频的那一部分。

STEP 6 在【源】监视器视图中，将播放头拖动到 "00:00:12:10" 位置。选择菜单栏中【标记】/【标记拆分】/【音频出点】命令将此处设为音频出点，如图 4-49 所示。

图 4-49　设置【源】监视器中音频出入点

STEP 7 用鼠标拖动源视图中的素材至【时间线】面板的视频 1 轨，可以看出素材的视频和音频具有不同入点、出点，同时加入到各自的轨道上，如图 4-50 所示。

图 4-50　放置素材到【时间线】

4.5 小结

本章主要介绍了在【源】监视器和【时间线】面板进行编辑的基本操作。讲解了素材剪辑和节目编辑的基本方法和手段。对于如何使用插入编辑和覆盖编辑，并了解其区别是本章的一个重点。提升和提取编辑、删除波纹和解除视音频链接等也是实际工作中经常用到的编辑方法。掌握一定的编辑技巧，对实际的编辑操作有着非常重要的指导作用，这些内容非常丰富，是以后进行节目编辑的基础。

4.6 习题

1. 简答题

（1）入点和出点的含义是什么？作用是什么？

（2）如何删除设置的入点和出点？

（3）插入编辑或覆盖编辑的作用是什么？

（4）提升编辑和提取编辑的作用是什么？

（5）描述基本的编辑技巧。

2. 操作题

（1）在【源】监视器为素材设置入点和出点。

（2）使用插入编辑或覆盖编辑的方式将素材放入【时间线】面板。

（3）使用提升编辑和提取编辑的方式修改【时间线】面板的素材。

（4）制作素材的定格效果，让素材中间定格2秒再开始播放。

（5）使用两种不同的方法改变一段素材的播放速度。

（6）制作一段素材倒放的效果。

Premiere Pro cs6

第 5 章
添加视频切换

　　素材间的组接，使用最多的是切换。所谓切换，就是一个素材结束时立即换为另一个素材，这也叫无技巧切换或直接切换。还有些素材间的组接，采用的是有技巧切换，即一个素材以某种效果逐渐地换为另一个素材。一般情况下，我们仅将有技巧切换称为视频切换。在视频编辑中直接切换是主要的组接方式，适当利用视频切换，具有非常实用的意义，可以增强作品艺术感染力。

学习目标

- 了解切换的应用原则。
- 掌握切换的添加、替换及删除方法。
- 掌握如何在【效果】面板中改变切换参数。
- 熟悉自定义切换的设置方法。
- 掌握细调切换的方法。
- 熟悉不同切换的效果。

5.1 视频切换的应用原则

一部影片，为了内容的条理更加突出，层次的发展更加清晰，需要对内容段落进行分隔，需要将不同场面的镜头进行连贯，这种分隔和连贯的处理技巧，就是影片段落与场面的切换技巧。

视频切换效果的
应用（上）

5.1.1 段落与场面切换的基本要求

对于观众而言，段落与场面切换的基本要求是心理的隔断性和视觉的连续性。

所谓心理隔断性，就是段落的切换要使观众有较明确的完结感，知道一部分内容的终止，新的内容将展开。影片因其较少事件、情节的贯穿，段落层次感常常需要借助于特技效果。

所谓视觉连续性，就是利用造型因素和切换的手法，使观众在明确段落区分的基础上，视觉上感到段落间的过渡自然顺畅；便于观众在不同场面空间的联系上，形成统一的视觉——心理体验，掌握完整的内容。

通常情况下，在镜头之间和镜头组之间表现场面的切换，要尽量突出视觉的连续性而缩小心理的隔断性；而在叙事段落间和有较明显内容差别以及不同场面之间的切换，则应具有明确的心理隔断性效果。

5.1.2 切换的方法

段落和场面的切换方法，从连接方式上可分为两大类：一是利用特技技巧的切换；二是直接切换的切换。

特技切换是指利用电视特技信号发生器产生的特技效果，进行段落或场面切换的方法。常用的技巧切换是：淡变、叠化和划变等。

1. 淡变切换

主要是指淡出、淡入（亦称渐隐、渐显）。淡变切换，主要是在相连两画面之间，通过前一画面逐渐隐去，后一个画面再逐渐显出的特技方法实现的。通常用来表示一个比较大的、完整的段落的结束，另一大段落的开始。淡出、淡入有着明确的分段效果，还能表现较长时间的过渡和较大意义的变化。运用这一技巧分段，一般要使淡出与淡入配合使用，有时也可同"切"结合使用。

2. 叠化切换

前后两个画面切换中有几秒钟的重合，能给人造成视觉上更为密切而柔和的连续感，常用来表现大段落内层次的切换和时间上的明显过渡。运用叠化切换技巧进行分段时，前后两个画面的构图应力求相似，尤其是主体位置应尽量一致，以求切换的光滑柔顺。运用叠化切换技巧表现时间的变迁时，"化"表示时间过程的省略。因此，"化"的次数应视其所包含的时间过程而定，通常一个过程仅需一次叠化处理。运动叠化切换时，通常应配合使用。如表示某一段落的"插叙"，从"化出"开始，以"化入"结束。

3. 划变切换

划变的种类、花样是特技切换中最丰富多样的。通常的方式都是在前一画面逐渐"剥离"的同时，被剥去的空间显现出另一个画面。划变切换，给人以不同地点、场合的空间变化感受，主要用来表现同一段落（层次）内容中属于同时异地或者平行发展的事件。

划变在视觉上给人的感觉是节奏轻快紧凑，上下两个画面更替的痕迹显明。因此多用在需快速切换的场合。划变种类繁多，在叙述某一问题的各个侧面时，要尽量统一样式，防止单纯"玩特技"的变化，影响观众的注意力。

上述有技巧的切换方法，可以使段落的分隔显得明显突出，从而使影片的叙述性节奏更加清晰，因而有利于观众按内容的不同层次循序渐进地掌握专业知识和技能。

5.2 【视频切换】分类夹

【效果】窗口中存放了许多特效、过渡与切换，【视频切换】只是作为其中的一个分类，存放在【视频切换】分类夹中，其下同样采用分类夹的方式，将各种切换效果分门别类放置，如图 5-1 所示，这样的分类方式有助于切换效果的查找和管理。Premiere Pro CS6 提供了 10 种类型的几十种视频切换效果。在两段素材之间应用视频切换的方法很简单，只需要通过鼠标拖曳即可，Premiere Pro CS6 也提供了相应的参数面板以供调整。另外，【效果】面板一般与【项目】面板组合在一起显示，单击相应的标签就可以在这两个窗口之间切换。如果知道分类夹或某个效果的名称，可以在面板上方中的 ████████████████████ 栏直接输入其名称，快速自动进行查找。也可以单击面板下方的 ██ 按钮建立新分类夹，将自己常用的各种效果拖放到其中，拖放的效果依然在原来的分类夹中存在。单击 ██ 按钮，可以删除自建分类夹，但不能删除软件自带的分类夹。

图 5-1 【视频切换】分类夹

5.3 视频切换效果的应用

在【时间线】面板中的视轨上，将一个素材的开头接到另一素材的尾部就能实现切换，通过前面的学习你肯定已有体会。那么如何进行素材间的切换？ 素材间的切换，两个素材间必须有重叠的部分，否则就不会同时显示，这些重叠的部分就是前一个素材出点以后的部分和后一个素材入点以前的部分。下面我们通过一个实例，看看如何运用切换。

视频切换效果的
应用（下）

5.3.1 添加视频切换

为素材加入切换，方法如下。

STEP █▲1█ 启动 Premiere Pro CS6，新建一个 "t6 prproj" 项目。定位到本地硬盘中的【素材】

文件夹，导入视频素材"等待 1.avi"和"手机 2.avi"，并拖动到【时间线】面板的【视频 1】轨道上，将
【时间线】面板的视图扩展到合适大小，如图 5-2 所示。两段素材的左上角、右上角都出现了灰色的小三角，
说明素材处于原始的没有被剪切的状态。

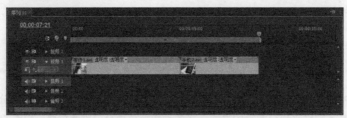

图 5-2 将素材放到视频轨道上

STEP 2 切换到【效果】选项卡，打开【效果】面板。依次单击【视频切换】/【叠化】文件夹
左侧的卷展控制图标，展开【叠化】文件夹下的所有切换。【交叉叠化】切换周围有一个黄色框，如图
5-3 所示，表明它是默认的切换。

STEP 3 按住鼠标左键将【交叉叠化】切换拖放到视频 1 轨的两个素材之间，弹出【切换过渡】
对话框，提示两个素材没有足够的用于切换的帧，因此将重复前一个素材的出点帧和后一个素材的入点帧，
如图 5-4 所示。这是因为素材的出点、入点已经到头，没有可扩展区域。

图 5-3 展开叠化文件夹

图 5-4 【切换过渡】对话框

STEP 4 单击 确定 按钮，系统会自动在素材出点和入点处加入一段静止画面来完成切
换，切换矩形框上显示斜条纹，如图 5-5 所示。

图 5-5 添加【交叉叠化】切换

STEP 5 在【时间线】面板的时间标尺上按住鼠标左键拖动鼠标，在节目视窗中预演切换效果。

STEP 6 选择【叠化】分类夹中的【抖动溶解】切换，按住鼠标左键将其拖放到【时间线】面板
的【交叉叠化】切换上，松开鼠标左键后【交叉叠化】切换被替换成【抖动溶解】切换。

STEP 7 在【时间线】面板的时间标尺上按住鼠标左键拖动鼠标，在节目视窗中预演切换效果，
与【交叉叠化】切换效果截然不同。

STEP 8 在【时间线】面板同时选择"等待 1.avi"和"手机 2.avi"，按 Ctrl+C 组合键复制。按
住鼠标左键将时间指针拖到节目的末端，按 Ctrl+V 组合键粘贴。

STEP 9 为了让切换能够更平滑流畅，需要对素材进行剪切，让一些没有用处的头尾帧在两个

素材之间重叠。在工具栏中选择【波纹编辑】  工具，将第一段素材的结束点向左拖动，使其缩短约 2 秒。

STEP 10 同样使用【波纹编辑】 工具，将第 2 段素材的起始点向右拖动，使其缩短约 2 秒。

STEP 11 现在两段素材的出点、入点有了足够的尾帧、头帧。此时两个素材的长度都产生了变化，切换标示中的斜线消失，如图 5-6 所示。

图 5-6 调整后的【抖动溶解】切换显示

STEP 12 将当前时间指针放在【叠化】切换的前方，按空格键播放，看到在前一段素材画面逐渐消失的同时，后一段素材画面逐渐出现。

STEP 13 为素材添加切换后，可以改变切换的长度。最简单的方法是在序列中选中 抖动溶 切换，在工具栏中选择 工具，把鼠标放在切换的左右边界，分别出现素材入点图标 和素材出点图标 ，分别拖动切换的边缘即可改变切换的长度，如图 5-7、图 5-8 所示。

图 5-7 拖动切换左边缘改变切换的长度

图 5-8 拖动切换右边缘改变切换的长度

STEP 14 在【时间线】面板中双击切换矩形框，打开【效果台】面板。在【效果台】面板中设置【持续时间】参数也可以改变切换的长度，如图 5-9 所示。

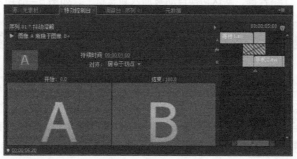

图 5-9 【效果台】面板

STEP 15 选中切换，单击鼠标右键，在弹出的菜单中选择【清除】命令，将【交叉叠化】切换删除，还可以按 Delete 键或 BackSpace 键，将其删除，如图 5-10 所示。

图 5-10 删除【抖动溶解】切换

 提示

一般情况下，切换在同一轨道的两段相邻素材之间使用，称之为双边切换。除此之外，也可以单独为一段素材的头尾添加切换，即单边切换，素材将与下方轨道的视频进行切换。但此时，下方的轨道视频只是作为背景使用，并不被切换控制。

切换效果被应用时，往往采用的是缺省设置时间长度。也可以对视音频切换持续时间进行重新设置，步骤如下。

STEP 1 单击【效果】面板右上角的 按钮，在弹出的菜单中选择【视频过渡默认持续时间】命令，或选择菜单栏中【编辑】/【首选项】/【常规】命令，打开【首选项】参数对话框，显示默认的视频、音频切换时间。

STEP 2 可以根据实际需要输入新的数值，修改视频切换默认持续时间。将缺省切换时间设置为"50"帧。下次应用切换时，切换时间就将持续"50"帧，如图5-11所示。

在工作中经常会使用某一种切换，在这种情况下，可以将常用的切换设置为默认切换，步骤如下。

STEP 1 选择【白场过渡】切换，单击【效果】面板右上角的 按钮，在弹出的菜单中选择【设置所选择为默认过渡】命令，该切换左侧图标的边缘显示为黄色，如图5-12所示。

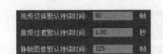

图5-11 【视频切换默认持续时间】设置　　　图5-12 设置【白场过渡】为默认切换

STEP 2 单击选定要添加视频切换的【视频1】轨道。将时间指针放到需要添加切换效果素材的左右边界，按住 Ctrl+D 组合键，默认切换自动被加入到素材上，如图5-13所示。

图5-13 通过组合键添加切换

STEP 3 按住鼠标左键并拖动，框选【时间线】面板上的素材"等待1.avi"和"手机2.avi"，按键盘上的 Delete 键将其删除。

STEP 4 配合 Shift 键，在【项目】面板中再次选择"等待1.avi"和"手机2.avi"，单击【项目】面板下方的【自动匹配序列】 按钮，打开【自动匹配到序列】对话框，如图5-14所示。进行各项设置后单击 确定 按钮，则导入【时间线】面板中素材之间自动设置的切换效果就是当前默认的切换效果。

图5-14 【自动匹配到序列】对话框

5.3.2 【特效控制台】面板中参数设置

对素材应用视频切换后，切换的属性及参数都将显示在【特效控制台】面板中。双击视频轨道上的切换矩形框，打开【特效控制台】面板，如图 5-15 所示。

添加视频切换

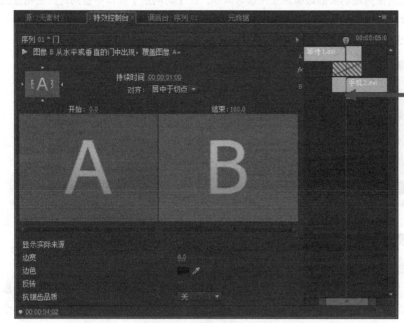

图 5-15　【特效控制台】面板

在【特效控制台】切换参数设置窗口中，主要设置的含义如下。

- ▶ 按钮：单击此按钮，可以在缩略图视窗中预览切换效果。
- 【预览方向选择】：预演切换效果，单击视窗边缘的三角形按钮可以改变切换效果的基准方向。比如图 5-15 中，如果单击不同方位三角形按钮，可以改变翻页相应的切换方向。
- 【持续时间】：显示切换效果的持续时间，在数值上拖动或者双击鼠标也可以进行数值调整。
- 【对齐】：可在该项的下拉列表中选择对齐方式，包括【居中于切点】、【开始于切点】、【结束于切点】和【自定开始】4 项。【自定开始】在默认情况下不可用，当在【时间线】面板或者时间线区域直接拖曳切换，将其放到一个新的位置，校准自动设定为"自定开始"。
- 【开始】和【结束】滑块：设置切换始末位置的进程百分比，可以单独移动切换的开始和结束状态。按住 Shift 键拖动滑块，可以使开始、结束位置以相同数值变化。
- 【显示实际来源】：选中此项，可以在【开始】和【结束】预览窗口中显示素材切换开始和结束帧画面。
- 【变宽】：调整切换效果的边界宽度，缺省值"0.0"为无边界。
- 【边色】：定边界的颜色。单击 ▇ 图标会打开【颜色拾取】对话框，进行颜色设置，也可以使用 ✐ 工具在屏幕上选取颜色。
- 【反转】：勾选该项，使切换运动的方向相反。
- 【抗锯齿品质】：对切换中两个素材相交的边缘实施边缘抗锯齿效果，有关、低、中和高 4 个等级选择。

另外，还有一些切换的中心位置是可以调整的，比如【交叉缩放】切换，此时会在【开始】和【结束】

视窗中出现一个圆点，按住左键拖动鼠标就可以确定切换的中心位置，如图 5-16 所示。

在【交叉缩放】切换参数设置窗口的右侧，以时间线的形式显示了两个素材相互重合的程度以及切换的持续时间。单击窗口上方的 按钮，可以展开或者关闭这个区域。在这个区域可以完成与【时间线】窗口中相一致的操作，比如直接拖动切换的边缘调整持续时间等，在【时间线】窗口中会同时产生相应的变化。将鼠标光标放到切换上时，会出现 显示，如图 5-17 所示，此时按住左键拖动鼠标会调整切换的位置，同时，【对齐】方式也跟着相应的变化显示。

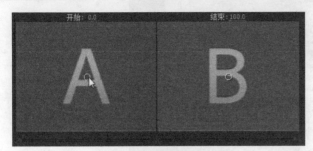

图 5-16 调整切换中心

图 5-17 调整切换的位置

5.3.3 设置切换效果参数

下面通过一个实例进行讲解切换效果参数设置。

STEP 1 接上例。打开【效果】面板。依次单击【视频切换】/【3D 运动】文件夹左侧的卷展控制 图标，展开【3D 运动】文件夹下的所有切换。按住鼠标左键将【门】切换拖放到视频 1 轨的两个素材之间。

STEP 2 用鼠标双击【门】切换，打开相应的【特效控制台】面板。

STEP 3 单击【预演和方向选择】视窗边缘的上下箭头按钮，将切换效果的基准方向由"从西到东"开门变为"从北到南"开门，如图 5-18 所示。

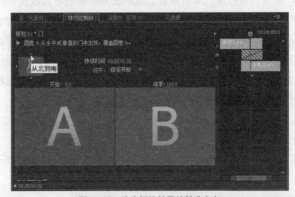

图 5-18 改变切换效果的基准方向

STEP 4 将【变宽】设为"5.0"，【边色】设为纯蓝色，【抗锯齿品质】设为"高"，如图 5-19 所示。

提示

读者如果对【抗锯齿品质】的设置进行不同等级间的比较，可以看出效果很明显。

STEP  在【时间线】面板的时间标尺上拖动鼠标,在节目视窗中预演切换效果如图 5-20 所示。这种开门式的切换效果与前面的效果明显不同。

图 5-19　设置参数　　　　　　　　　　　　　　图 5-20　切换效果

5.4 视频切换分类讲解

Premiere Pro CS6 中切换按照不同的类型,分别放置在不同的分类夹中。用鼠标左键单击分类夹名称左侧的▶按钮,就可以展开分类夹。分类夹展开后按钮呈▼显示,再次单击就会折叠分类夹。本节将按照不同的分类对切换进行介绍。

视频切换分类
讲解(1)

5.4.1 【3D 运动】分类夹

【3D 运动】类切换是在前后两个画面间生成二维到三维的变化,包含 10 种切换,如图 5-21 所示。

1. 向上折叠

该切换产生立方体旋转的三维切换效果,将前一段画面进行折叠,越折越小,从而显露出后一段画面,如图 5-22 所示。

图 5-21　【3D 运动】分类夹

图 5-22　向上折叠

2. 帘式

该切换使前一段画面从画面中间分开,像掀开窗帘一样逐渐显示后一段画面,产生类似窗帘向左右掀开的切换效果,如图 5-23 所示。

3. 摆入

该切换使后一段画面以屏幕的一边为轴，从画面后方透视旋转进来，直至完全显示。如图 5-24 所示，素材以某条边为中心像钟摆一样进入。

图 5-23　帘式　　　　　　　　　　　　　　　　　　图 5-24　摆入

4. 摆出

该切换使后一段画面以屏幕的一边为轴，从画面前方透视旋转进来，直至完全显示，如图 5-25 所示。

5. 旋转

该切换使后一段画面从屏幕的中间旋转进来，直至完全显示，如图 5-26 所示。

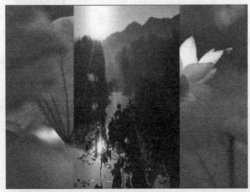 

图 5-25　摆出　　　　　　　　　　　　　　　　　　图 5-26　旋转

6. 旋转离开

该切换使后一段画面从屏幕的中间以透视角度旋转进来，直至完全显示，如图 5-27 所示。

7. 立方体旋转

该切换使前后两段画面相当于正方体两个相邻的面，以旋转的方式实现画面的切换，如图 5-28 所示。

8. 翻转

该切换使前一段画面翻转到后一段画面。在【效果】面板中单击 自定义... 按钮，打开【翻转设置】对话框，如图 5-29 所示。设置带状值为 "6"，翻转效果如图 5-30 所示。

- 【带】：设置翻转时画面的数量。
- 【填充颜色】：设置翻转时空白区域的颜色。

图 5-27　旋转离开

图 5-28　立方旋转

图 5-29　【翻转设置】对话框

图 5-30　翻转

9. 筋斗过渡

该切换使前一段画面旋转的同时逐渐缩小消失，显示出后一段画面，如图 5-31 所示。

10. 门

该切换使后一段画面以关门的方式显示出来，如图 5-32 所示。

图 5-31　筋斗过渡

图 5-32　门

5.4.2 【伸展】分类夹

【伸展】类切换主要通过画面的伸缩来切换场景，其中包括 4 种不同的切换效果，如图 5-33 所示。

1. 交叉伸展

使用该切换，后一段画面通过伸展，挤压前一段画面，直至完全显示，如图 5-34 所示。

图 5-33 【伸展】分类夹

图 5-34 交接伸展

2. 伸展

使用该切换，后一段画面呈压缩状态，通过水平伸展覆盖前一段画面，如图 5-35 所示。

3. 伸展覆盖

使用该切换，后一段画面从屏幕中线呈伸缩状态，通过垂直伸展覆盖前一段画面，如图 5-36 所示。

4. 伸展入

使用该切换，前一段画面淡出，后一段画面由拉伸到正常状态流入画面，如图 5-37 所示。

图 5-35 伸展

图 5-36 伸展覆盖

图 5-37 伸展入

5.4.3 【划像】分类夹

【划像】类切换通过画面中不同形状的孔形面积的变化，实现前后两段画面直接交替切换，包含 7 种不同的切换，如图 5-38 所示。

1. 划像交叉

使用该切换，使用该切换，前一段画面从中心被"十字"形分割成 4 部分，各个部分分别向 4 个角不断运动，直到后一段画面完全显示，如图 5-39 所示。

2. 划像形状

使用该切换，后一段画面以菱形的形式在前一段画面中出现，逐渐变大直至完全显示。在【效果】面板中单击 自定义... 按钮，打开【划像形状设置】对话框，如图 5-40 所示。采用默认设置，切换效果如图 5-41 所示。

图 5-38　【划像】分类夹

图 5-39　划像交叉

【形状数量】：拖曳【宽】、【高】滑块，设置划像形状宽、高的数量。

【形状类型】：可以选择【矩形】、【椭圆形】和【菱形】3 种划像形状。

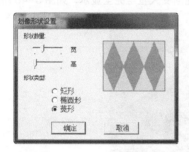

图 5-40　【划像形状设置】对话框

图 5-41　划像形状

3. 圆划像

使用该切换，后一段画面以圆形的形状从屏幕中央出现，逐渐变大直至完全显示，如图 5-42 所示。

4. 星形划像

使用该切换，后一段画面以五角星的形状从屏幕中央出现，逐渐变大直至完全显示，如图 5-43 所示。

图 5-42　圆划像

图 5-43　星形划像

5. 点划像

使用该特效，后一段画面以"X"形从屏幕的四周向中心移动，逐渐覆盖前一段画面，如图 5-44 所示。

6. 盒形划像

使用该切换，后一段画面以矩形的形状从屏幕中央出现，逐渐变大直至完全显示，如图 5-45 所示。

图 5-44 点划像

图 5-45 盒形划像

7. 菱形划像

使用该切换，后一段画面以菱形形状从屏幕中央出现，逐渐变大直至完全显示，如图 5-46 所示。

图 5-46 菱形划像

5.4.4 【卷页】分类夹

【卷页】类切换是模拟书翻页的效果，将前一段画面作为翻去的一页，从而显露后一段画面，包含 5 种不同的切换，如图 5-47 所示。

1. 中心剥落

使用该切换，前一段画面从屏幕中心分裂成 4 部分向四角卷起，逐渐显示后一段画面，如图 5-48 所示。

视频切换分类
讲解（2）

图 5-47 【卷页】分类夹

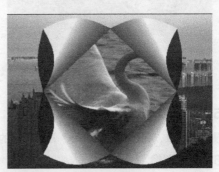

图 5-48 中心剥落

2. 剥开背面

使用该切换，可将前一段画面从屏幕中心分为 4 部分，按照顺时针顺序，前一段画面依次从中间向 4 个角卷起，以显示后一段画面，如图 5-49 所示。

3. 卷走

使用该切换，前一段画面从画面的一角以翻页的形式卷起，逐渐显示后一段画面，如图 5-50 所示。

图 5-49　剥开背面

图 5-50　卷走

4. 翻页

使用该切换，前一段画面从左到右进行卷页，以显示后一段画面，如图 5-51 所示。

5. 页面剥落

该切换与【翻页】切换相似，从画面的一角卷起进行翻折，不同的是前一段画面进行卷页时，是以透明的方式进行的，如图 5-52 所示。

图 5-51　翻页

图 5-52　页面剥落

5.4.5 【叠化】分类夹

【叠化】类切换主要通过画面的溶解消失，实现画面的过渡，包含 8 种不同的切换，如图 5-53 所示。

1. 交叉叠化

使用该切换，产生前一段画面逐渐消失的同时后一段画面逐渐出现，直至完全显示的效果。如图 5-54

所示，左侧为前一段画面，中间为交叉叠化切换效果，右侧为后一段画面。

图 5-53　叠化类切换

图 5-54　交叉叠化

2. 抖动溶解

使用该切换，前后两段画面以一种网格纹路的变化进行溶解叠化，如图 5-55 所示，左侧为前一段画面，中间为抖动溶解切换效果，右侧为后一段画面。

图 5-55　抖动溶解

3. 白场过渡

使用该切换，前一段画面先淡出变为白色场景，然后由白色场景淡入变为后一段画面，如图 5-56 所示。

图 5-56　白场过渡

4. 胶片溶解

使用该切换，前后两段画面以一种胶片质量的细腻变化进行溶解叠化，如图 5-57 所示，左侧为前一段画面，中间为胶片溶解切换效果，右侧为后一段画面。

图 5-57　白场过渡

5. 附加叠化

使用该切换，前一段画面以加亮的方式，叠化成后一段画面，如图 5-58 所示，左侧为前一段画面，中间为通道映射切换效果，右侧为后一段画面。

图 5-58　附加叠化

6. 随机反相

使用该切换，前一段画面以随机反相的形式显示直到消失，然后随机翻转出后一段画面。在【效果】面板中单击　自定义…　按钮，打开【随机反相设置】对话框，如图 5-59 所示。使用默认设置，效果如图 5-60 所示，左侧为前一段画面，中间为随机翻转切换效果，右侧为后一段画面。

图 5-59　【随机反相设置】对话框

- 【宽】、【高】：设置画面水平、垂直随机块数量。
- 【反转源】：显示前一段画面的色彩反相效果。
- 【反相目标】：显示后一段画面的色彩反相效果。

图 5-60　随机反相

7. 非附加叠化

使用该切换，后一段画面中亮度较高的部分首先叠加到前一段画面中，然后按照由明到暗的顺序逐渐显示后一段画面，如图 5-61 所示，左侧为前一段画面，中间为通道映射切换效果，右侧为后一段画面。

图 5-61　非附加叠化

8. 黑场过渡

该切换与【白场过渡】切换相似，不同的是前一段画面先淡出变为黑色场景，然后由黑色场景淡入变为后一段画面，如图 5-62 所示。

图 5-62　黑场过渡

5.4.6　【擦除】分类夹

【擦除】类切换主要通过各种形状和方式的擦除，实现画面的过渡切换。该类视频切换是 Premiere 中包含种类最多的一类，其中包括 17 种不同的切换，如图 5-63 所示。

1. 双侧平推门

使用该切换，后一段画面以开门的方式从屏幕中线打开，将前一段画面覆盖，效果如图 5-64 所示。

图 5-63　擦除类切换

图 5-64　双侧平推门

2. 带状擦除

使用该切换，后一段画面从屏幕的两侧进入，以交错横条的方式逐渐将前一段画面覆盖。在【效果】面板中单击 自定义... 按钮，打开【带状擦除设置】对话框，可以设置条带的数量，如图 5-65 所示。使用默认参数，效果如图 5-66 所示。

图 5-65 【带状擦除设置】对话框

图 5-66 带状擦除

3. 径向划变

使用该切换，后一段画面从屏幕的一角进入，以扫描的方式逐渐将前一段画面覆盖，如图 5-67 所示。

4. 插入

使用该切换，后一段画面从屏幕的一角以矩形的方式进入，逐渐将前一段画面覆盖，如图 5-68 所示。

图 5-67 径向划变

图 5-68 插入

5. 擦除

使用该切换，后一段画面从屏幕的一侧进入，逐渐将前一段画面覆盖，如图 5-69 所示。

6. 时钟式划变

使用该切换，后一段画面以时钟的方式，按顺时针方向逐渐将前一段画面覆盖，如图 5-70 所示。

图 5-69 擦除

图 5-70 时钟式划变

7. 棋盘

使用该切换，后一段画面以棋盘格的方式逐行出现，逐渐将前一段画面覆盖。在【效果】面板中单击 自定义... 按钮，打开【棋盘设置】对话框，如图5-71所示。使用默认参数，效果如图5-72所示。

图5-71 【棋盘设置】对话框   图5-72 棋盘

- 【水平切片】：设置切换时水平方向棋盘方块的数量。
- 【垂直切片】：设置切换时垂直方向棋盘方块的数量。

8. 棋盘划变

使用该切换，后一段画面分成多个方格，以方格擦除的方式逐渐将前一段画面覆盖。在【效果】面板中单击 自定义... 按钮，打开【棋盘式划出设置】对话框，如图5-73所示。使用默认参数，效果如图5-74所示。

- 【水平切片】：设置水平切片的数量。
- 【垂直切片】：设置垂直切片的数量。

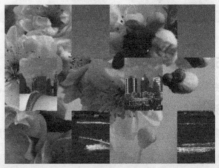

图5-73 【棋盘式划出设置】对话框   图5-74 棋盘划变

9. 楔形划变

使用该切换，后一段画面从屏幕的中心，像打开的楔形的扇子一样逐渐将前一段画面覆盖，如图5-75所示。

10. 水波块

使用该切换，后一段画面以水波形状扫过前一段画面，将前一段画面覆盖。在【效果】面板中单击 自定义... 按钮，打开【水波块设置】对话框，如图5-76所示。使用默认参数，效果如图5-77所示。

- 【水平】：设置水平划片的数量。
- 【垂直】：设置垂直划片的数量。

图 5-75　楔形划变

图 5-76　【水波块设置】对话框

图 5-77　水波块

11.　油漆飞溅

使用该切换，后一段画面以泼溅的方式，逐渐将前一段画面覆盖，如图 5-78 所示。

12.　渐变擦除

【渐变擦除】类似于一种动态蒙板，可以依据所选择的图像做渐层切换。选择这一切换，会打开如图 5-79 所示的【渐变擦除设置】对话框。可以选择一幅灰度图，据此进行渐层切换，其中 选择图像… 按钮可以选择图像，【柔和度】选项可以调整边缘的虚化程度。后一段画面按照灰度等级由黑到白逐渐显示，逐渐将前一段画面取代，使用效果默认参数，效果如图 5-80 所示。

图 5-78　油漆飞溅

图 5-79　【渐变擦除设置】对话框

图 5-80　渐变擦除

13.　百叶窗

使用该切换，后一段画面以百叶窗的方式逐渐将前一段画面覆盖。在【效果】面板中单击 自定义… 按钮，打开【百叶窗设置】对话框，可以设置叶片数量，如图 5-81 所示。使用默认参数，效果如图 5-82 所示。

图 5-81　【百叶窗设置】对话框

图 5-82　百叶窗

14.　螺旋框

使用该切换，后一段画面以条状旋转的方式逐渐将前一段画面覆盖。在【效果】面板中单击 自定义… 按钮，打开【螺旋框设置】对话框，如图 5-83 所示。使用默认参数，效果如图 5-84 所示。

- 【水平】：设置螺旋框过渡时水平方向的数量。
- 【垂直】：设置螺旋框过渡时垂直方向的数量。

图 5-83 【螺旋框设置】对话框　　　　　　　　　图 5-84　螺旋框

15. 随机块

使用该切换，后一段画面以随机小方块的形式出现，逐渐将前一段画面覆盖。在【效果】面板中单击 自定义... 按钮，打开【随机块设置】对话框，可以设置小方块的数量，如图 5-85 所示。使用默认参数，效果如图 5-86 所示。

图 5-85 【随机块设置】对话框　　　　　　　　　图 5-86　随机块

16. 随机擦除

使用该切换，后一段画面以随机小方块的形式出现，从屏幕的一侧开始划像，逐渐将前一段画面覆盖，如图 5-87 所示。

17. 风车

使用该切换，后一段画面以旋转风车的形式逐渐将前一段画面覆盖。在【效果】面板中单击 自定义... 按钮，打开【风车设置】对话框，可以设置叶片数量，如图 5-88 所示。使用默认参数，效果如图 5-89 所示。

图 5-87　随机擦除　　　　　图 5-88 【风车设置】对话框　　　　　图 5-89　风车

5.4.7 【映射】分类夹

通过对前后两段画面某些通道和亮度信息的叠加实现画面的切换。在【映射】类切换中，只包括【明亮度映射】和【通道映射】两种切换，如图 5-90 所示。

图 5-90 【映射】分类夹

1. 明亮度映射

该切换通过画面的亮度信息将两段画面叠加到一起，实现画面的切换。如图 5-91 所示，左侧为前一段画面，中间为亮度映射切换效果，右侧为后一段画面。

图 5-91 明亮度映射

2. 通道映射

该切换通过画面的通道信息实现画面的切换。在自定义面板中可以设置通道的混合类型，设置映射为"源 B-蓝色"到目标蓝色通道，如图 5-92 所示。效果如图 5-93 所示，左侧为前一段画面，中间为通道映射切换效果，右侧为后一段画面。

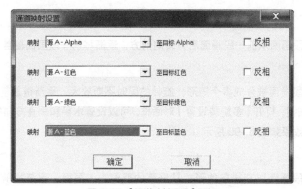

图 5-92 【通道映射设置】面板

- 【映射】：利用映射的下拉选项，可以选择开始画面的透明通道、红色通道、绿色通道、蓝色通道、灰色通道、黑色通道和白色通道，右侧的文字指明这个通道将对应结束画面的哪个通道。
- 【反相】：反转相应的通道值。

图 5-93　通道映射

5.4.8 【滑动】分类夹

【滑动】类切换主要通过条状或块滑动的方式，实现画面的切换，包括 12 种切换效果，如图 5-94 所示。

1. 中心合并

使用该切换，前一段画面分成 4 部分，分别从 4 个角向屏幕中心运动，逐渐消失，并显示后一段画面，如图 5-95 所示。

2. 中心拆分

使用该切换，前一段画面从中心分割成 4 部分，同时向 4 个角移动，逐渐显示后一段画面，如图 5-96 所示。

图 5-94　滑动类切换

图 5-95　中心合并

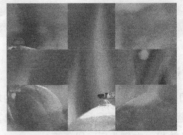

图 5-96　中心拆分

3. 互换

使用该切换，后一段画面从前一段画面后方转向前方，逐渐将前一段画面覆盖，如图 5-97 所示。

4. 多旋转

使用该切换，后一段画面被分成多个矩形，旋转的同时不断放大，逐渐覆盖前一段画面。在【效果】面板中单击 自定义… 按钮，打开【多旋转设置】对话框，可以设置水平和垂直方向的方格数量，如图 5-98 所示。使用默认参数，效果如图 5-99 所示。

5. 带状滑动

使用该切换，后一段画面以交错条的形式从屏幕的两侧进入画面，逐渐将前一段画面覆盖。在【效果】面板中单击 自定义… 按钮，打开【带状滑动设置】对话框，可以设置切换条的数量，如图 5-100 所示。使用默认参数，效果如图 5-101 所示。

图 5-97　互换

图 5-98　【多旋转设置】对话框

图 5-99　多旋转

图 5-100　【带状滑动设置】对话框

图 5-101　带状滑动

6. 拆分

使用该切换，前一段画面从屏幕中心分开向两侧运动，逐渐显示后一段画面，如图 5-102 所示。

7. 推

使用该切换，后一段画面将前一段画面逐渐推出画面，直至完全显示后一段画面，如图 5-103 所示。

图 5-102　拆分

图 5-103　推

8. 斜线滑动

使用该切换，后一段画面以条形的形式逐渐插入到前一段画面中，直至完全显示。在【效果】面板中单击 自定义… 按钮，打开【斜线滑动设置】对话框，可以设置切换切片的数量，如图 5-104 所示。使用默认参数，效果如图 5-105 所示。

图 5-104　【斜线滑动设置】对话框

图 5-105　斜线滑动

9. 滑动

使用该切换，后一段画面滑进画面，逐渐将前一段画面覆盖，如图 5-106 所示。

10. 滑动带

使用该切换，后一段画面以百叶窗的形式，逐渐显示出来，如图 5-107 所示。

图 5-106　滑动

图 5-107　滑动带

11. 滑动框

使用该切换，后一段画面被分成带状，依次滑进画面，逐渐将前一段画面覆盖。在【效果】面板中单击 自定义… 按钮，打开【滑动框设置】对话框，可以设置切换条带的数量，如图 5-108 所示。使用默认参数，效果如图 5-109 所示。

图 5-108　【滑动框设置】对话框

图 5-109　滑动框

12. 漩涡

使用该切换，后一段画面被分成多个矩形，从屏幕的中心旋转放大，逐渐覆盖前一段画面。在【效果】面板中单击 自定义… 按钮，打开【漩涡设置】对话框，如图 5-110 所示。使用默认参数，效果如图 5-111 所示。

- 【水平】：设置水平方向产生的方块数量。
- 【垂直】：设置垂直方向产生的方块数量。
- 【速率】：设置旋转角度。

图 5-110　【漩涡设置】对话框

图 5-111　漩涡

5.4.9 【特殊效果】分类夹

【特殊效果】类切换主要包括一些特殊效果的切换，有 3 种不同的切换，如图 5-112 所示。

图 5-112 【特殊效果】分类夹

1. 映射红蓝通道

使用该切换，将前一段画面的红色和蓝色通道混合到后一段画面中，实现切换，如图 5-113 所示，左侧为前一段画面，中间为三次元切换效果，右侧为后一段画面。

图 5-113 映射红蓝通道

2. 纹理

使用该切换，把前一段画面作为纹理图和后一段画面进行色彩混合，实现切换，如图 5-114 所示，左侧为前一段画面，中间为三次元切换效果，右侧为后一段画面。

图 5-114 纹理

3. 置换

使用前一段画面作为位移图，以其像素颜色值的明暗，分别用水平和垂直方向的错位来影响后一段画面，效果如图 5-115 所示。

图 5-115　置换

5.4.10 【缩放】分类夹

【缩放】类切换主要是通过对前后画面进行缩放来进行切换，包括 4 种不同的效果，如图 5-116 所示。

图 5-116　缩放分类夹

1. 交叉缩放

使用该切换，前一段画面逐渐放大虚化，然后后一段画面由大变小为实际尺寸，形成一种画面推拉效果，如图 5-117 所示。

图 5-117　交叉缩放

2. 缩放

使用该切换，后一段画面从屏幕中心出现，逐渐放大同时覆盖前一段画面，如图 5-118 所示。

3. 缩放拖尾

使用该切换，前一段画面逐渐缩小，并产生拖尾消失，直至显示后一段画面。在【效果】面板中单击 自定义… 按钮，打开【缩放拖尾设置】对话框可以设置过渡时前一段画面缩入的数量，如图 5-119 所示。使用默认参数，效果如图 5-120 所示。

图 5-118　缩放　　　　　图 5-119　【缩放拖尾设置】对话框　　　　　图 5-120　缩放拖尾

4. 缩放框

使用该切换，后一段画面分割成多个矩形框，从画面各个位置出现，并且逐渐放大，直至将前一段画面覆盖。在【效果】面板中单击 自定义... 按钮，打开【缩放框设置】对话框，可以设置宽、高方向矩形框的数量，如图 5-121 所示。使用默认参数，效果如图 5-122 所示。

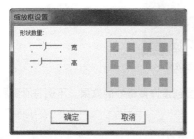

图 5-121 【缩放框设置】对话框

图 5-122 缩放框

5.5 切换技巧应用实例

在 Premiere 众多的切换中，【渐变擦除】切换是比较特殊的一种，巧妙地运用它，会幻化出无穷的效果。首先，我们做一个巧用【渐变擦除】切换的实例。

STEP 1 启动 Premiere，打开 "t5.prproj" 项目文件。按住鼠标左键并拖动，框选【时间线】面板上的素材 "等待 1.avi" 和 "手机 2.avi"，按键盘上的 Delete 键将其删除。

切换技巧应用实例

STEP 2 定位到本地硬盘中的【素材】文件夹，导入素材 "夕阳.jpg" 和 "天鹅.jpg" 图像文件，并拖动到【时间线】面板的【视频 1】轨道上，将【时间线】面板的视图扩展到合适大小。

STEP 3 在【效果】面板中，选择【视频切换】\【擦除】分类夹中的【渐变擦除】切换。

STEP 4 按住鼠标左键将【渐变擦除】切换拖放到视频 1 轨的两个素材之间。此时，先打开【渐变擦除设置】对话框，单击 选择图像... 按钮，定位到本地硬盘中的【素材】文件夹，选择 "心形.bmp" 图像文件，并将【柔和度】数值设为 "25"，如图 5-123 所示。

STEP 5 单击 确定 按钮退出，此时【渐变擦除】切换被应用，双击轨道上的【渐变擦除】切换，在打开的【特效控制台】面板中，勾选【反转】选项，改变切换效果运动的方向，如图 5-124 所示。

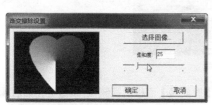

图 5-123 【渐变擦除】参数设置

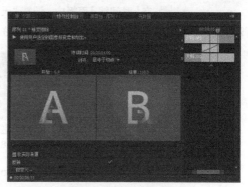

图 5-124 【特效控制台】面板

STEP 6 在节目视窗中预演播放，观看使用了【渐变擦除】切换效果，如图 5-125 所示。

图 5-125 【渐变擦除】切换效果

Premiere 中有很多种切换效果，合理地将其组织运用，会创造许多奇妙的效果。下例将看到利用【序列】实现的特殊立方体旋转效果。

STEP 1 接上例。保留【时间线】窗口中的前两个素材。

STEP 2 在【效果】窗口中，选择【视频切换】\【3D 运动】分类夹中的【立方体旋转】切换，将其拖放到视频 1 轨两个素材间的编辑点处替换原有的切换。

STEP 3 在【时间线】窗口中，用鼠标双击【立方体旋转】切换，打开相应的【特效控制台】面板。

STEP 4 在【特效控制台】面板的时间线上，调整切换的时间长度使其与"夕阳.jpg"的长度一致，如图 5-126 所示。

STEP 5 在【特效控制台】面板的时间线上，按住鼠标左键向左拖动"天鹅.jpg"，使其入点与"夕阳.jpg"的入点一致，如图 5-127 所示。

图 5-126 调整切换时间长度

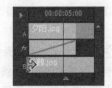

图 5-127 调整"天鹅 03.jpg"的位置

调整过程中反斜线部分逐步消失。

STEP 6 在【时间线】面板中，调整"天鹅.jpg"的出点，使其与切换结束时间一致，如图 5-128 所示。此时虽然看不到"天鹅.jpg"，但它依然存在。

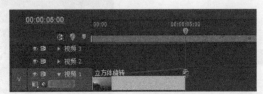

图 5-128 调整素材出点

STEP 7 将【项目】面板中的"天鹅.jpg"拖放到【时间线】面板的视频 2 轨道上，然后调位置到切换结束处，如图 5-129 所示。

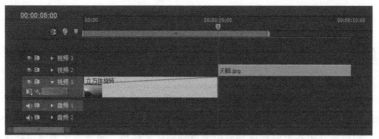

图 5-129　调整素材出点

STEP 8 选择【文件】/【新建】/【序列】命令，打开【新建序列】窗口，使用缺省设置。单击 确定 按钮，在【项目】窗口中增加了一个"序列 02"，同时自动打开"序列 02"对应的【时间线】窗口。

STEP 9 从【项目】窗口中选择"序列 01"，将其拖放到【时间线】窗口中的视频 2 视轨。从本地硬盘中的【素材】文件夹，导入素材"港湾.jpg"图像文件，并拖动到【时间线】面板的【视频 1】轨道上。

STEP 10 在【效果】面板中，选择【视频切换】\【3D 运动】分类夹中的【旋转离开】切换，将其拖放到视频 2 轨"序列 01"的入点处，调整切换的时间长度与其出点的长度一致，如图 5-130 所示。

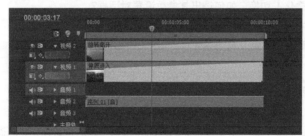

图 5-130　添加【旋转离开】切换

STEP 11 在【效果】窗口中，选择【视频切换】\【伸展】分类夹中的【伸展进入】切换，将其拖放到视频 1 轨"港湾.jpg"的入点处，然后调整切换的持续时间与出点的时间长度一致。

STEP 12 在【时间线】窗口中双击【伸展进入】切换，打开【特效控制台】面板。将【开始】和【结束】的数值均设为"20.0"，如图 5-131 所示，这样切换将始终保持一个状态。

STEP 13 在节目视窗中预演播放，就会看到两个切换的组合产生了最终的立方体切换效果，如图 5-132 所示。

图 5-131　调整数值参数

图 5-132　立方体旋转效果

STEP 14 选择【文件】/【存储】命令，将这个项目存储为"t5.prproj"文件。

这个实例利用序列，对相同素材多次使用了切换，产生了三维特技的效果，这是使用单一切换无法实现的，从本例还可以学到对单一素材使用多种切换的方法。

5.6 小结

这一章主要针对切换进行了讲解，内容相对单一、集中。许多使用技巧也是在实例中讲述的，没有单独阐述，读者在按步骤进行制作时要多思考。在节目制作中运用切换还需要注意以下两个方面：第一是要发挥自己的想象，利用情节组合多种切换创造出不寻常的画面效果；第二是不要滥用切换，"无技巧组接"是影视编辑中应遵循的原则。除制作片头和某些特殊需要外，素材组接不提倡使用切换，一般仅用在大的切换和段落切换中。

5.7 习题

1. 简答题

（1）如何改变默认【切换】切换的长度？

（2）如果应用了【叠化】切换，如何调出其参数设置对话框？

（3）【效果】面板中【反转】切换有什么功能？

（4）改变切换的时间长度有哪几种方法？

2. 操作题

（1）利用叠化类切换，实现四季交替效果。

（2）利用各种切换，制作一个电子相册，主题不限。

（3）利用摆入切换，完成电视节目结尾常见的画面摆入到一定的位置停止，画面内容继续播放的效果。

Premiere Pro CS6

第 6 章
高级编辑技巧

在非线性编辑过程中，为了让复杂的编辑工作变得井然有序，可以使用嵌套序列的方法。三点和四点编辑也是专业后期视频编辑中常用的技巧，用来在【时间线】面板上已有视频中间插入或替换素材。【修整】监视器能够调整时间线上相邻两段视频的入点和出点，调节两个视频的衔接点。

学习目标

- 掌握序列嵌套的方法。
- 掌握三点和四点编辑的方法。
- 掌握【修整】监视器的使用方法。
- 掌握多摄像机模式的使用方法。

6.1 序列的嵌套处理

高级编辑技巧

序列的名称在【时间线】面板中的左上角显示，一个序列对应一个【时间线】面板。实际上一个项目中可以有多个序列，一个序列中可以插入另一个甚至多个序列，插入的序列可以作为单一素材对待，并且还可以包括插入的序列。在制作较大、较为复杂的影片时，可以将整个影片按照剧本分为几个大的段落，每个序列可以编辑不同的视频内容，互不影响。一个序列也可以像素材一样，用鼠标拖曳到其他序列中，实现序列的嵌套。最后通过嵌套序列，将各个段落组合到一个总的序列中。

序列的作用主要有以下 5 点。

（1）对需要重复使用的一组素材，可以利用序列编辑一次，然后重复使用。比如，在 4 个视轨中叠加显示的一组素材需要在节目中反复出现，就可以先将它们在一个序列中制作完成，然后反复引用序列，以避免每次重复编辑。

（2）对一组素材，进行相同的设置或者要多次使用不同的设置。比如，在 4 个视轨中叠加显示的一组素材，可以先将它们在一个序列中制作完成，然后通过对序列设置运动，使它们产生相同的运动效果。

（3）对一组素材，调整特技处理顺序或者实现反复处理。比如，可以利用序列对素材进行多次的转换处理。

（4）节省编辑空间。比如节目中某一段使用了复杂的多轨叠加，而其他部分仅使用了一轨或两轨，就可以仅将这一段放到一个序列中，以保证编辑其他部分时不出现太多轨道。

（5）引入已有项目的序列，实现模块化的编辑流程。

序列与普通素材一样，可以对它复制、粘贴，还可以利用转换、运动和特效等对其进行处理。序列非常有用，在后面章节的学习和实际工作中，读者会有所体会。下面介绍如何进行序列的嵌套处理。

在以下情况下也会用到嵌套序列的方法。

- 把一种或多种特效应用到该序列的所有视频中。
- 通过多个序列来组织和简化操作，避免编辑中的冲突和误操作。
- 对一个序列中所有视频创建画中画效果。
- 重复使用同一个序列的内容，可以将该序列多次嵌套入其他序列中。
- 创建多摄像机模式，可以通过序列嵌套来实现。

下面介绍使用嵌套序列对多个视频创建画中画效果的案例，操作步骤如下。

STEP 1 启动 Premiere，新建项目文件"t6"。选择【文件】/【导入】命令，定位到本地硬盘【素材】文件夹，导入"草坪 1.avi""草坪 2.avi""花草空镜.avi""手机 2.avi"和"自拍 2.avi"视频文件。

STEP 2 选中【项目】面板中的素材"草坪 1.avi"，用鼠标拖曳到【时间线】面板的【视频 1】轨道。用同样的方法，将"花草空镜.avi"和"草坪 2.avi"分别拖曳到【视频 1】轨道并依次排列，如图 6-1 所示，它们都在默认的"序列 01"的【时间线】面板中。

图 6-1 将视频导入"序列 01"中

STEP 3 单击【项目】面板下方的 ■ 按钮，在弹出的菜单中选择【序列】命令，弹出【新建序列】对话框，新建"序列 02"，单击 确定 按钮退出对话框。

STEP 4 进入"序列 02"的【时间线】面板。在【项目】面板中选择 "自拍 2.avi"和"手机 2.avi"两个素材，将其拖曳到【时间线】面板，和【视频 1】轨道左端对齐，如图 6-2 所示。

STEP 5 使【视频 1】中的"手机 2.avi"视频片段处于选择状态，单击鼠标右键，在打开的下拉菜单中选择【帧定格】选项，打开【帧定格选项】对话框，如图 6-3 所示设置，单击 确定 按钮退出对话框。

图 6-2 将视频导入"序列 02"中

图 6-3 【帧定格选项】对话框

STEP 6 切换到【效果】选项卡，打开【效果】面板。打开【效果】面板。将【视频切换】/【叠化】/【交叉叠化】转场拖放到视频 1 轨的两个素材之间，在弹出【切换过渡】对话框中，单击 确定 按钮退出对话框。

STEP 7 系统会自动在素材出点和入点处加入一段静止画面来完成转场，转换矩形框上显示斜条纹，如图 6-4 所示。

图 6-4 添加【交叉叠化】转场效果

STEP 8 在【项目】面板中，选择"序列 01"并将其拖曳到【时间线】面板【视频 2】轨，与"手机 2.avi"视频左端对齐。将鼠标指针放到【视频 1】轨道中视频的右边界，选择工具栏中的 工具，按住鼠标左键向右拖曳直至和【视频 2】轨道视频右边界对齐，如图 6-5 所示。

图 6-5 将"序列 01"嵌套入"序列 02"

STEP 9 打开【效果】面板。将【视频切换】/【叠化】/【交叉叠化】转场拖放到视频 2 轨的"序列 01"的左端。

STEP 10 选择 工具，按住鼠标左键向左拖曳，调整"序列 01"转换时间长度的出点，使其与"手机 2.avi"转换时间长度的出点一致，如图 6-6 所示。

图6-6　调整转换时间长度出点

STEP 11 打开【效果】面板，选择【视频特效】/【扭曲】/【边角固定】特效，将其拖曳至【时间线】面板中【视频2】轨道的"序列01"上再释放鼠标。

STEP 12 选中【时间线】面板上的"序列01"视频，打开【特效控制台】面板，在【边角固定】特效名称上单击，使其变为选择状态，如图6-7所示。

图6-7　【边角固定】特效

STEP 13 此时，在【节目】监视器视图中图像的4个角上出现圆形控制钮，分别选中4个控制钮，按住鼠标左键并拖曳，直到和【视频1】轨道中的手机显示屏的4个角对齐，如图6-8所示。

图6-8　在【节目】监视器视图中拖曳圆形控制钮

 提示

如果不拖曳控制钮，单击【边角固定】前边的 ▶ 按钮将其展开，修改其下4个选项的参数，也可以调整图像，使其与【视频1】轨道中手机显示屏的4个角对齐。

STEP 14 将时间指针移动至时间线左端，按键盘上的空格键开始渲染，在【节目】监视器视图中预览。可见手机显示屏中依次播放了"序列01"中的每个视频。

在运用【序列】进行嵌套编辑时，应该注意以下几点。

- 【序列】不能进行自我嵌套，比如"序列 2"本身不能够放到"序列 2"中。

- 使用【序列】往往会增加处理时间。

- 在【序列】中，如果开始有空白区域，在嵌套时这些区域依然存在。

- 对原始【序列】所做的调整，都会在嵌套中反映出来。但持续时间的变化，还需要在嵌套中自行调整。

6.2 三点编辑和四点编辑

三点编辑和四点编辑是在专业视频编辑工作中常用的编辑技巧，由传统的线性编辑延续而来。可以在【时间线】面板已有视频上插入或覆盖另一段视频，使用时需要在【源】监视器和【节目】监视器视图中同时设置入点或出点，然后指定要插入或覆盖的视频片段和时间线上的位置。

三点编辑和四点
编辑

所谓三点、四点指的是设置素材与节目的入点和出点个数。如果在【源】监视器和【节目】监视器视图同时设置了入点和出点，即有了 4 个编辑点，就是四点编辑。如果只设置两个入点一个出点，或者一个入点两个出点，那么就是三点编辑。三点编辑实际上同样需要四点，缺少的一个点由其他三点结合持续时间自动推算得出。通常来讲，三点编辑比四点编辑应用广泛。下面对三点编辑和四点编辑分别介绍。

6.2.1 三点编辑

三点编辑在使用中一般有两种情况，第 1 种是在【源】监视器视图中只设置入点，在【节目】监视器视图中设置入点与出点，第 2 种是在【源】监视器视图中设置入点与出点，在【节目】监视器视图中只设置入点。下面通过实例来介绍第 1 种情况。

STEP 1 接上例。单击【项目】面板下方的 按钮，在弹出的菜单中选择【序列】命令，弹出【新建序列】对话框，新建"序列 03"，单击 确定 按钮退出对话框。

STEP 2 进入"序列 03"【时间线】面板。在【项目】面板中选择"草坪 2.avi"素材，按住鼠标左键将"草坪 2.avi"拖曳到【时间线】面板，和【视频 1】轨道左端对齐，按住鼠标左键左右拖曳 滑块，将视图缩放到合适大小显示，如图 6-9 所示。

图 6-9 【时间线】面板

STEP 3 下面在【时间线】面板的视频中间，插入一段"花草空镜.avi"的内容。通过浏览视频，确定在【时间线】面板的"00:00:03:14"～"00:00:04:14"处插入。

STEP 4 在【时间线】面板中，将时间指针移动至"00:00:03:14"处，单击【节目】监视器视图中的 按钮，设置入点；将时间指针移动至"00:00:04:14"处，单击【节目】监视器视图中的 按钮，设置出点，如图 6-10 所示。

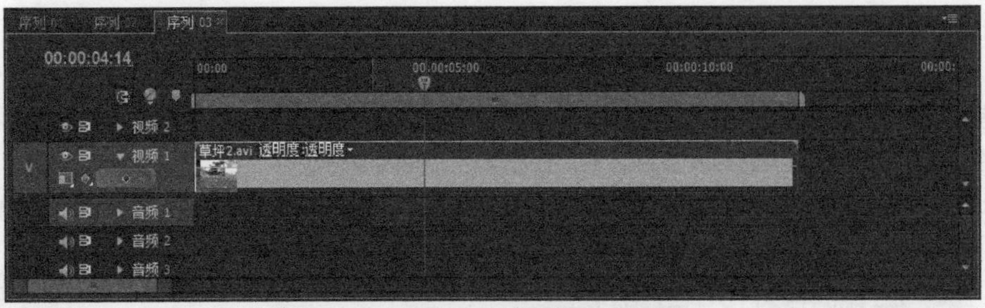

图 6-10　设置【时间线】面板的入点和出点

提示

还可以在时间指针上单击鼠标右键，在弹出的菜单中选择【标记入点】或【标记出点】命令，或者选择菜单栏中的【标记】/【标记入点】或【标记出点】命令，都可以设置入点和出点。

STEP **5** 在【项目】面板中双击"花草空镜.avi"，在【源】监视器视图中预览。将【源】监视器视图中的时间指针移动至"00:00:02:01"处，单击 按钮，设置入点，如图 6-11 所示，3 个编辑点设置完毕。

STEP **6** 将【时间线】面板中的时间指针移至"00:00:05:14"处，这里移动时间指针并不是为了设置编辑点，而是要验证时间指针的位置对于插入操作有无影响。单击【源】监视器视图的覆盖 按钮，打开【适配素材】对话框，效果如图 6-12 所示。单击 确定 按钮退出对话框。将【时间线】上入点和出点间的内容替换，效果如图 6-13 所示。

图 6-11　设置了【源】监视器视图的入点

图 6-12　【适配素材】对话框

图 6-13　使用三点编辑进行覆盖编辑后的效果

从图 6-13 中可以看出，【时间线】面板中"00:00:03:14"～"00:00:04:14"间的视频被替换了，影片的总长度不变。插入的位置与【时间线】面板中入点和出点位置有关，而时间指针的位置不会对其产生影响。

STEP **7** 选择菜单栏中的【编辑】/【撤销】命令，撤销上一步的操作。单击【源】监视器视图的插入 按钮，打开【适配素材】对话框，单击 确定 按钮退出对话框。此时，【时间线】面板上的视频效果如图 6-14 所示。

图 6-14 使用三点编辑进行插入编辑后的效果

从图 6-14 中可以看出，在【时间线】面板中"00:00:03:14"～"00:00:04:14"处插入新视频，原来的视频在入点处截断，后半部分右移，影片的总长度变长。

在三点编辑中，还经常在【源】监视器视图中设置入点与出点，在【节目】监视器视图中只设置入点。这种情况的操作方法和第 1 种情况基本相同，这里不再详细介绍。

6.2.2　四点编辑

在四点编辑中，既要设置原始素材的入点、出点，还要设置节目的入点和出点。在精确要求素材以及节目的位置时，应该使用四点编辑方式。如果两者的持续时间长度不一，Premiere 会提供几种方法供选择。四点编辑使用方法如下。

STEP　1　接上例。单击【项目】面板下方的█按钮，在弹出的菜单中选择【序列】命令，弹出【新建序列】对话框，新建"序列 04"，单击████确定████按钮退出对话框。

STEP　2　进入"序列 04"【时间线】面板。在【项目】面板中选择"草坪 2.avi"素材，按住鼠标左键将"草坪 2.avi"拖曳到【时间线】面板，和【视频 1】轨道左端对齐，按住鼠标左键左右拖曳████滑块，将视图缩放到合适大小显示。

STEP　3　在【时间线】面板中，将时间指针移动至"00:00:06:15"处，单击【节目】监视器视图中的█按钮，设置入点；将时间指针移动至"00:00:07:15"处，单击【节目】监视器视图中的█按钮，设置出点，如图 6-15 所示。

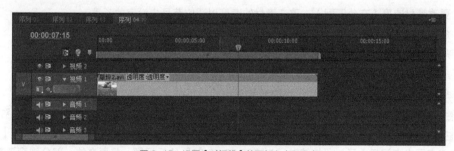

图 6-15 设置【时间线】的面板入点和出点

STEP　4　设置的入点和出点在【节目】监视器视图中可同时看到，将鼠标指针放到图 6-16 中【区域缩放条】右端，向左拖曳直至看到入点到出点。在【节目】监视器视图右下方的【入点/点间的持续时间】显示器中，可以看到入点/点间的持续时间为"00:00:01:01"。

STEP　5　在【项目】面板中双击"花草空镜.avi"，在【源】监视器视图中进行预览。将素材【源】监视器视图中的时间指针移动至"00:00:01:23"处，单击█按钮，设置入点；再将时间指针移动至"00:00:02:19"处，单击█按钮，设置出点，如图 6-17 所示。【源】监视器视图右下方的【持续时间】显示器上显示入点到出点间的持续时间为"00:00:00:22"。

图 6-16　入点和出点在【节目】监视器视图中的显示

从图 6-16 和图 6-17 中可以看出，【时间线】面板中入点至出点的时间长度和素材【源】监视器视图中入点至出点的时间长度不一致。

STEP 6　单击【源】监视器视图中的覆盖按钮 。此时由于素材长于节目限定时间，会弹出【适配素材】对话框，如图 6-18 所示。

图 6-17　设置【源】监视器视图的入点和出点

图 6-18　【适配素材】对话框

- 【更改素材速度（充分匹配）】：改变素材的速度以适应节目中设定的长度。
- 【忽略源入点】：忽略素材的入点以适应节目中设定的长度。
- 【忽略源出点】：忽略素材的出点以适应节目中设定的长度。
- 【忽略序列入点】：忽略节目中设定的入点。
- 【忽略序列出点】：忽略节目中设定的出点。

STEP 7　点选【更改素材速度（充分匹配）】单选按钮，单击 确定 按钮，退出对话框。

STEP 8　四点编辑完成后，【时间线】面板的效果如图 6-19 所示。在图中可以看出，【时间线】面板上的入点至出点间插入了一段持续时间为"00:00:00:22"的新视频，将原来的一部分视频覆盖，节目总长度不发生变化。

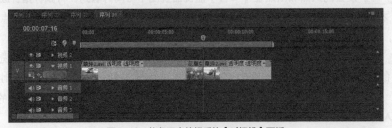

图 6-19　执行四点编辑后的【时间线】面板

STEP 09 激活【时间线】面板，按 Home 键，将时间指针移至时间线左端，按 Enter 键开始渲染。在【节目】监视器视图中预览效果，会发现插入的视频部分因为时间被压缩，播放速度加快了。

6.3 使用特殊编辑工具

在 Premiere Pro CS6 中，还可以使用特殊的 （波纹编辑）工具、（滚动编辑）工具、（错落编辑）工具和（滑动编辑）工具处理相邻素材之间的关系。其中传递编辑和滑动编辑不能直接运用在声音素材上，但当用于视频素材时，连接的声音素材会做相应改变。

使用特殊编辑工具

1. 波纹编辑

选择 工具后，将鼠标光标放到编辑点也就是两个素材的组接点时，会出现 或 显示，前者用于调整后一个素材的入点，后者用于调整前一个素材的出点。调整后一个素材的入点时，素材入点在【时间线】面板中的位置不会发生变化，仅是出点位置会发生变化。调整前一个素材的出点时，其出点位置会发生变化，但后面素材的入、出点不变，仅在【时间线】面板中产生位置变化，如图 6-20 所示。这样，整体的节目时间就会发生变化。

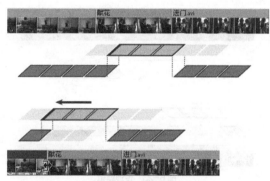

图 6-20　波纹编辑

2. 滚动编辑

选择 工具后，将鼠标光标放到编辑点也就是两个素材的组接点时，光标会出现 显示。将鼠标光标放在编辑点处，按住左键拖动鼠标，可同时调整相邻素材的入点和出点。从图 6-21 中可以看出，节目总时间会保持不变，入点增加多少时间，相邻素材的出点就会减少相同时间，反之亦然。

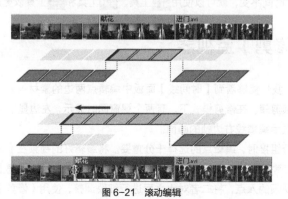

图 6-21　滚动编辑

3. 错落编辑

选择 ⟷ 工具后，将鼠标光标放到编辑点也就是两个素材的组接点时，光标会出现 ⟷ 显示。它保持节目总时间不变，可以从图 6-22 中看出。只调整所选素材的入点和出点，但这个素材的位置和持续时间都不变。

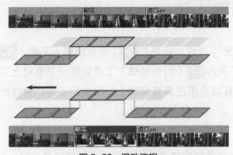

图 6-22　滑动编辑

4. 滑动编辑

选择 ⟷ 工具后，将鼠标光标放到编辑点也就是两个素材的组接点时，光标会出现 ⟷ 显示。它保持节目总时间不变，可以从图 6-23 中看出。调整所选素材的位置，其前面素材的出点和后面素材的入点产生变化，素材的入出点没有变化。

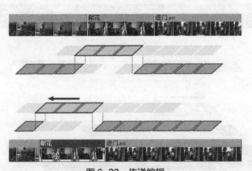

图 6-23　传递编辑

这几种编辑工具许多人很少使用，主要是对它们的优越性认识不够。比如编辑完一个配有解说词的专题片后，如果某个素材（镜头）对应的解说词减少了，就可以选择 ⟷ 工具以 ⟷ 方式直接进行调整。否则就要先调整这个素材的入点或出点，然后再删除空白，使后续素材前移组接。再比如，素材间的组接一般要遵循"动接动，静接静"的原则，要有一定的节奏，因此当成片完成后还要从整体上观看修改，调整编辑点的位置。此时为了保证成片时间不变，就可以使用 ⟷ 工具、⟷ 工具和 ⟷ 工具以更加直接的方式进行调整。

6.4 使用【修剪】监视器

在【修剪】模式下，我们能够看到【时间线】面板中编辑点两边的素材画面，可以对素材进行精确的单帧剪辑。在修剪模式下，有两个视窗同时显示，左边显示编辑线左边帧的画面，右边显示编辑线右边帧的画面。

在相邻两个镜头进行组接时，编辑点的选择十分重要。将编辑好的视频在【时间线】面板中排列好后，常常需要检查两段视频之间是否衔接合适，这就需要浏览上一个视频的出点与下一个视频的入点，将二者对比之后进行细致调整，使用【修剪】监

使用【修剪】监视器

视器可以解决这个问题。下面通过实例来说明。

STEP 1 接上例。选择【文件】/【导入】命令，定位到本地硬盘【素材】文件夹，导入"跑步1.avi"和"跑步2.avi"两个视频文件。

STEP 2 单击【项目】面板下方的 按钮，在弹出的菜单中选择【序列】命令，弹出【新建序列】对话框，新建"序列05"，单击 确定 按钮退出对话框。

STEP 3 进入"序列05"【时间线】面板。在【项目】面板中选择 "跑步1.avi"和"跑步2.avi"两个素材，按住鼠标左键将两个素材拖曳到【时间线】面板，与【视频1】轨道左端对齐，按住鼠标左键左右拖曳 滑块，将视图缩放到合适大小显示，将时间指针移至两段视频的衔接处，如图6-24所示。

图6-24 【时间线】面板中的两段视频

在【节目】监视器视图中，单击 按钮进行预览。画面中是一个女孩子在操场中跑步的画面。第1段视频中是脚步的特写镜头，但最后一帧是一个全景的操场跑步镜头；第2段视频女孩子在操场上跑步的中景镜头，但刚开始画面晃动较大。为了使镜头画面衔接流畅，现在调整两段视频间的衔接点。

STEP 4 选择菜单栏中的【窗口】/【修剪监视器】命令，打开【修剪】监视器视图。左边的视图显示的是上一个视频的出点，右边的视图显示的是下一个视频的入点。

STEP 5 将左边的视图中的"00:00:01:07"处设置为第1段视频的出点；将右边的视图中的"00:00:01:14"处设置为2段视频的入点，如图6-25所示。

图6-25 【修剪】监视器

- 修剪模式可直接在左、右视窗下方设置数值，或者将鼠标光标放入左、右视窗中按住左键拖动鼠标；也可以设置两个视窗之间的数值，或将鼠标光标放在两个视窗之间按住左键拖动鼠标。当将鼠标光标放入左、右视窗中时分别会出现波纹编辑 和 图形显示，当鼠标光标放在两个视窗之间时会出现滚动编辑 图形显示。

- 将鼠标指针放至【输出端出点】、【出点移动】时间码处，按住鼠标右键左右拖曳，或者左右拖曳【微调出点】工具，或者将鼠标指针放到左边的视图上，按住鼠标左键左右拖曳，都可以调整第 1 段视频的出点位置，调整后【时间线】面板上的第 1 段视频时间长度发生变化，第 2 段视频会相应左移或右移，保证和第 1 段视频的出点在【时间线】面板上相接，影片总长度随之发生变化。

- 将鼠标指针放至【进入入点】、【入点移动】时间码处，按住鼠标右键左右拖曳，或者左右拖曳【微调入点】工具，或者将鼠标指针放到右边的视图上，按住鼠标左键左右拖曳，都可以调整第 2 段视频的入点位置，调整后【时间线】面板上的第 2 段视频会相应变长或变短，影片总长度随之发生变化。

- 将鼠标指针放在上方两个视图的中间位置，按住鼠标左键左右拖曳，或者左右拖曳【滚动微调入点和出点】工具，可以同时调整前一个视频的出点和后一个视频入点，影片的总长度不改变。

STEP 6 将两段视频间的衔接点调整好之后，单击播放编辑 按钮，可以检查调整的结果。如果需要重复预览，可以单击循环播放 按钮，再进行播放。

STEP 7 调整完成，关闭【修剪】监视器视图。因为第 1 段视频出点左移，第 2 段视频入点右移，在【时间线】面板上调整后的影片总长度也随之减小。修剪后的【时间线】面板如图 6-26 所示。

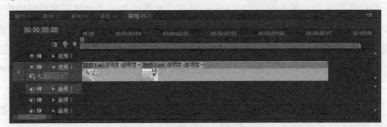

图 6-26 修剪后的【时间线】面板

6.5 将素材快速放入【时间线】面板

前面已经介绍了将素材放入【时间线】面板的方法，但在某些情况下，这些方法显得比较烦琐。比如制作电子相册，一般有多达几十幅的照片，每幅照片在【时间线】面板中的持续时间相等，如果将它们一幅幅拖入，显然都是些重复性劳动。为此，Premiere 提供了一种更加有效的解决办法，下面通过制作电子相册进行介绍。

将素材快速放入【时间线】面板

STEP 1 接上例。选择【文件】/【导入】命令，打开【导入】窗口，本地硬盘"素材"文件夹选择"风光"文件夹，单击 导入文件夹 按钮将文件夹输入到【项目】窗口中。

STEP 2 单击【项目】面板下方的 按钮，在弹出的菜单中选择【序列】命令，弹出【新建序列】对话框，新建"序列 06"，单击 确定 按钮退出对话框。

STEP 3 在【项目】窗口中进入"风光"文件夹，单击下方的 按钮，以缩略图的形式显示素材，如图 6-27 所示。

STEP 4 选择"Azul.jpg"，按住鼠标左键将其拖放到后两个素材之间，调整素材在文件夹中的顺序。

图 6-27　显示素材

STEP 5 选择菜单栏【编辑】/【首选项】/【常规】命令，在打开的【首选项】对话框中，勾选其中的【画面大小默认缩放为当前画面尺寸】选项，以保证素材加入时符合节目设置的尺寸。

STEP 6 在文件夹中将素材全部选择，单击文件夹下方的 ███ 按钮，打开【自动匹配到序列】对话框，勾选【应用默认视频转场切换】选项，如图 6-28 所示。单击 确定 按钮退出对话框。

图 6-28　【自动匹配到序列】对话框

该对话框中各选项的含义如下。

- 【顺序】：指定片段在【时间线】面板中的前后顺序。其中【排序】是指按【项目】面板中的顺序排列，【顺序选择】是指按选择素材的先后顺序排列。
- 【放置】：指定在【时间线】面板中加入片段的位置。其中【按顺序】选项是在已有素材后接着放置；【在未编号标记】选项是在非数字标记处放置。
- 【方法】：选择放入素材时的编辑方式。包含【插入编辑】和【覆盖编辑】。
- 【素材重叠】：表示两个素材之间的重叠时间，可用帧或者秒为单位计算。
- 【应用默认音频转场过渡】：勾选该项，两个素材之间使用缺省音频过渡。
- 【应用默认视频转场切换】：勾选该项，两个素材之间使用缺省视频转换。
- 【忽略选项】：对于既包含音频又包含视频的素材，可以选择忽略其中之一。

STEP 7 所选素材按排列的顺序自动添加到【时间线】面板中，如图 6-29 所示。

图 6-29　自动添加素材

STEP 8 在节目视窗中播放节目，可以看到图像之间还使用了叠化效果，这是因为勾选了【应用默认视频转场切换】选项，系统采用了缺省的【交叉叠化】转换。

STEP 9 选择【文件】/【存储】命令，将这个项目保存。

在缩略图显示状态下，【自动匹配到序列】命令最为常用，因为这种状态下可以直接用鼠标拖动的方法来调整素材的顺序。在列表显示状态下，也可以选择素材后再使用【自动匹配到序列】命令，但调整素材顺序要受到限制。另外，音频和视频素材应该分别使用【自动匹配到序列】命令，否则轨道上会出现许多间隔，使视频和音频间隔显示。

6.6　启用多机位模式切换

在现场直播节目的录制过程中，为了多角度表现主体和更好的展示空间关系，往往需要在现场进行多机位拍摄，后期制作中也需要不断切换机位进行录制，实现多机位切换效果。

启用多机位模式切换

6.6.1　多机位模式设置

利用 Premiere 的多机位模式可以模拟现场直播节目制作中的多机位切换效果，下面通过实例来说明。

STEP 1 接上例。单击【项目】面板下方的 按钮，在弹出的菜单中选择【序列】命令，弹出【新建序列】对话框，新建"序列 07"，单击 确定 按钮退出对话框。导入"GRW114.avi""GRW115.avi"和"GRW116.avi"。

STEP 2 进入"序列 07"【时间线】面板。在【项目】面板中选中"GRW114.avi"，将其拖曳到【时间线】面板的【视频 1】轨道，和轨道左端对齐。用相同的方法，将"GRW115.avi"和"GRW116.avi"分别拖曳到【视频 2】轨道和【视频 3】轨道，和轨道左端对齐。

STEP 3 选择工具栏中的 工具，按住鼠标左键向右拖曳直至分别将【视频 1】和【视频 3】轨道上的视频与【视频 2】轨道视频右边界对齐，如图 6-30 所示。

图 6-30　将 3 段素材分别放在 3 个轨道上

STEP 4 分别选择三个轨道上的 3 段素材，单击【特效控制台】面板的【运动】特效，将三个轨道上的 3 段素材的【缩放比例】值都设置为"123"。

STEP 5 选择菜单栏中的【文件】/【新建】/【序列】命令，在弹出的【新建序列】对话框中，将

新建的序列命名为"多机位切换"，单击 ■■■确定■■■ 按钮退出对话框。【项目】面板中出现新的序列，如图6-31
所示。

图6-31 新建序列后的【项目】面板

STEP 6 进入"多机位切换"的【时间线】面板。在【项目】面板中选择"序列 07"，将其拖
曳到【视频1】轨道上，和轨道左端对齐，如图6-32所示，将"序列 07"嵌套进"多机位切换"序列中。

图6-32 将"序列 07"嵌套进"多机位切换"序列

STEP 7 选中【视频1】轨道上的"序列 07"，选择菜单栏中的【素材】/【多机位】/【启用】
命令，启用多机位模式。也可以单击鼠标右键，在展开的下拉菜单中选择【多机位】/【启用】命令，启用
多机位模式。

STEP 8 再次选择菜单栏中的【素材】/【多机位】命令，在展开的下级菜单中"摄像机1""摄像
机2"和"摄像机3"处于启用状态，如图6-33所示，这是因为在"序列 01"中放置了3个轨道的视频。

图6-33 3个摄像机选项被激活

此时，如果选择"摄像机1"，那么【节目】监视器视图会显示"序列 01"中【视频1】轨道的视频。
如果选择"摄像机2"和"摄像机3"，【节目】监视器视图分别会显示【视频2】【视频3】轨道的视频。

STEP 9 选择菜单栏中的【窗口】/【多机位监视器】命令，打开【多机位】监视器，如图6-34
所示。

在【多机位】监视器中，左边分为4个视图，其中显示的3个画面分别是"序列 07"中3个轨道上的
视频，单击其中的一个轨道图像，该轨道视频被选中，四周显示黄色边框，右边的全屏预览视图显示该轨道
的图像。在进行节目录制时，被选中轨道的内容会被录制。不断切换不同轨道，可以实现多机位切换效果。

图6-34 【多机位】监视器

STEP 10 单击【多机位】监视器下方的 ▶ 按钮，或者移动时间指针，可以同时看到多轨道信号的动态变化。在浏览的同时，观察各个轨道的视频图像，确定一个粗略的录制方案。

由此可以看出，多摄像机模式对于嵌套时间线的多轨道操作提供了非常方便的参考，方便用户快速地进行多轨道的切换编辑。

6.6.2 录制多机位模式的切换效果

现在介绍对多机位切换的操作进行录制的方法。

STEP 11 接上例，来进一步实现多机位切换效果的录制。录制前，先确定大体录制方案如下。

- 0～6 秒　　录制【轨道 3】素材
- 6～10 秒　　录制【轨道 1】素材
- 10～15 秒　　录制【轨道 2】素材
- 15～20 秒　　录制【轨道 1】素材
- 20～24 秒　　录制【轨道 3】素材

录制后节目的播放顺序如图 6-35 所示。

(1)　　　　　　　　(2)　　　　　　　　(3)

(4)　　　　　　　　(5)

图6-35　预定录制方案

STEP 2 在【多机位】监视器中将时间指针移动到左端。选中左边的第 3 轨图像，即选中"序列07"中【轨道 3】的视频内容，单击下方的录制开关 ■ 按钮，单击 ▶ 按钮开始录制，如图 6-36 所示。

图 6-36 录制多机位的切换

STEP 3 当时间指针移动到第 6 秒，单击左边的第 1 轨图像，开始录制【轨道 1】的内容；当时间指针移动到第 10 秒，单击左边的第 2 轨图像，开始录制【轨道 2】的内容；当时间指针移动到第 15秒，单击左边的第 1 轨图像，开始录制【轨道 1】的内容；当时间指针移动到第 20 秒，单击左边的第 3 轨图像，开始录制【轨道 3】的内容。

STEP 4 录制结束后，单击【多机位】监视器中的 ▶ 按钮，在右边的全屏预览视图预览录制效果。浏览完毕后，单击【多机位】监视器上方的 ⊠ 按钮，将其关闭。

STEP 5 此时【时间线】面板中的视频"序列 07"被截开，成为 5 个片段，如图 6-37 所示。

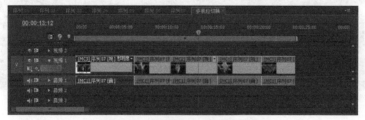

图 6-37 录制完成后的【时间线】面板

对于节目的多机位切换录制，需要制作者有较高的影视艺术素养和娴熟的编辑操作技能，初学者要多练习才能掌握。如果在进行以上的切换录制中，没有完成预定方案的要求，可以把"多机位切换"序列中的视频全部删掉，再次将"序列 07"拖曳进来，重新录制。需要注意的是，此时要再次选择菜单栏中的【素材】/【多机位】/【启用】命令，才能实现多机位切换。

6.6.3 替换内容

在【多机位】监视器中进行多机位切换录制时，如果出现了切换错误，或者因为其他原因需要暂停录制，只要单击 ■ 按钮，录制开关就会自动弹起，录制中止。要继续录制时，将时间指针移动到正确位置，再次单击 ● 按钮，选择需要的轨道图像，单击 ▶ 按钮，就可以重新开始录制。

节目录制完成之后，如果需要替换其中的部分内容，也是采用相同的方法。例如，要将前边录制完毕的节目中，15～20 秒的位置替换为第 2 轨道的内容，操作步骤如下。

STEP 1 接上例。选择菜单栏中的【窗口】/【多机位监视器】命令，打开【多机位】监视器。将时间指针移动至第 15 秒，选中左边的第 2 轨道图像，单击窗口下方的录制开关按钮 ● ，单击 ▶ 按

钮，进行录制。当时间指针移动至第20秒时，单击 ■ 按钮，录制中止。

STEP 2 录制结束后，单击【多机位】监视器中的 ▶ 按钮，预览录制效果。

6.7 高级编辑技巧应用实例

在 Premiere 众多的编辑技巧中，择优选择适合的编辑技巧可以帮助我们更加快速有序地进行视频剪辑。不同技巧的有机结合，需要我们通过众多实例来累积经验。以下实例将运用部分编辑技巧对系列视频进行剪接。

STEP 1 启动 Premiere，打开"6.7 高级编辑技巧应用实例.prproj"项目文件。双击打开【视频素材】文件夹，这时可以看到文件夹中有 8 段以"海底世界"为主题的视频片段。接下来的操作，我们需要将这 8 段视频片段有选择地剪辑成一个完整的故事片段，如图 6-38 所示。

图 6-38 对【项目】面板中的视频素材进行剪辑编辑

STEP 2 在正式剪辑之前，我们首先需要对已有素材进行了解和认知。依次双击故事板中的视频素材在【源】面板中进行初步预览。这时我们发现这 8 段素材的拍摄场景有所重复，因此需要先进行素材的整理和分类。如图 6-39 所示，对场景相近的素材进行标签分类。

图 6-39 对视频文件进行标签分类整理

STEP 3 将黄色标签的3段视频素材拖入"序列 01"的【时间线】面板，如图6-40所示。在【素材不匹配警告】对话框中单击【更改序列设置】按钮，如图6-41所示。

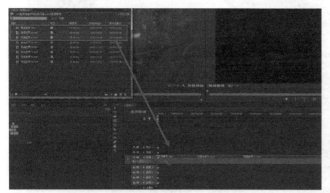

图6-40 将黄色标签的素材拖入"序列 01"中　　　　　　　图6-41 选择【更改序列设置】

STEP 4 拖曳【时间线】底部的缩放条滑块 ，将时间标尺缩放到适合的大小，如图6-42所示。

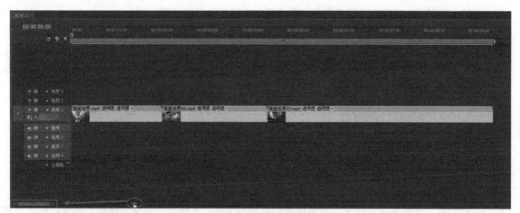

图6-42 缩放时间标尺到适合观看的大小

STEP 5 在【节目监视器】面板进行视频预览。发现3段视频均有镜头运动，且"海底世界 07"视频中部分镜头与"海底世界"重复，需要我们做初步的剪辑，如图6-43所示。

图6-43 视频"海底世界 07"中的重复镜头

STEP 6 双击视频素材"海底世界 07"，在【源】面板中通过设置出入点对"海底世界 07"进行初步粗剪，只保留素材中的第一个镜头，如图6-44所示。

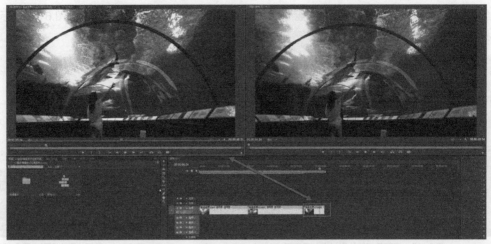

图6-44 对视频"海底世界 07"进行初步粗剪

STEP 7 对3段视频进行精简，需要我们仔细研究3个镜头的运动规律。根据本书第1章所介绍的剪接原则，可将镜头进行如下对接。

00:00:00:00-00:00:00:22 视频"海底世界 07"：女孩走进海底世界。

00:00:00:23-00:00:02:00 视频"海底世界"：男孩和女孩手指向鱼群。

00:00:02:00-00:00:03:06 视频"海底世界 02"：鱼群游向观众。

如图 6-45 所示。

图6-45 3段视频剪接

STEP 8 视频剪接过程中需注意视频的取舍和节奏。大胆减掉抖动或模糊的镜头，同时注意单个镜头的长度，把握剪接的整体节奏。

STEP 9 新建"序列 02"，如图 6-46 所示，将紫色标签素材拖入"序列 02"的时间线中。

图6-46 创建"序列 02"进行剪辑

STEP **10** 观察需要剪辑的 3 段视频，此 3 段视频均纪录了工作人员在水中喂鱼的画面，并且视频长度基本相同，因此可运用多机位模式进行剪辑。

STEP **11** 分别将视频"海底世界 05"、"海底世界 01"拖曳至【视频 2】轨道和【视频 3】轨道，并和轨道左端对齐，如图 6-47 所示。

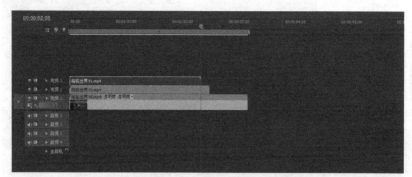

图 6-47 将视频分别拖曳至【视频 2】和【视频 3】轨道

STEP **12** 选择工具栏中的 ⬛ 工具，按住鼠标左键向右拖曳直至分别将【视频 1】和【视频 2】轨道上的视频与【视频 3】轨道视频右边界对齐，如图 6-48 所示。

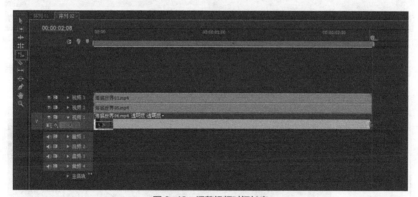

图 6-48 调整视频时间长度

STEP **13** 新建序列"序列 03"，将"序列 02"拖曳到"序列 03"时间线的【视频 1】轨道上，和轨道左端对齐，如图 6-49 所示。

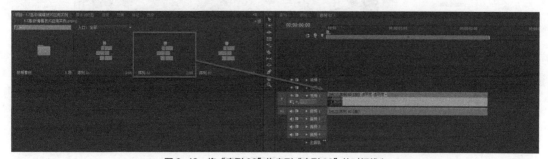

图 6-49 将"序列 02"拖曳到"序列 03"的时间线上

STEP **14** 选中"序列 03"，选择菜单栏中的【素材】/【多机位】/【启用】命令，启用多机位模式，如图 6-50 所示。

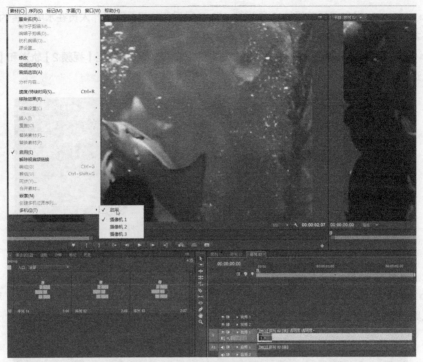

图 6-50　启动多机位模式

STEP 15　选择菜单栏中的【窗口】/【多机位监视器】命令，打开【多机位】监视器，如图 6-51
所示。

图 6-51　启动多机位模式

STEP 16　单击【多机位】窗口下方的录制开关按钮 ，单击 按钮，进行录制。单击
按钮，录制中止，如图 6-52 所示。

图6-52 进行多机位剪辑

STEP 17 多机位剪辑只能对视频进行粗略的镜头筛选，仍需我们通过运用其他修剪工具对视频进行进一步的精剪。

STEP 18 新建"序列04"，将已经完成剪辑的"序列01"和"序列03"拖曳到"序列04"的时间线上，如图6-53所示。

图6-53 将"序列01"、"序列03"拖曳到"序列04"的时间线上

STEP 19 预览时间线上的视频，发现"序列01"观看鱼群的镜头与"序列03"中喂鱼的镜头衔接突兀，需要加入一个空镜进行转场。

STEP 20 在"视频素材"文件夹中双击视频素材"海底世界 03"，使其在【源】面板中预览。由于过渡不需要过多的视频长度，可以在【源】面板中对素材设置出入点，进行初步的剪辑，如图 6-54所示。

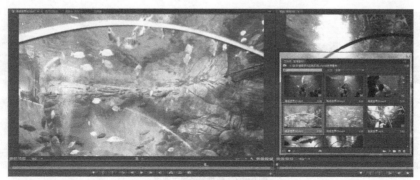

图6-54 在【源】面板中设置素材出入点

STEP 21 从【源】面板将剪辑好的视频素材拖曳到时间线上，并将其放置在"序列 01"与"序列 03"之间，如图 6-55 所示。

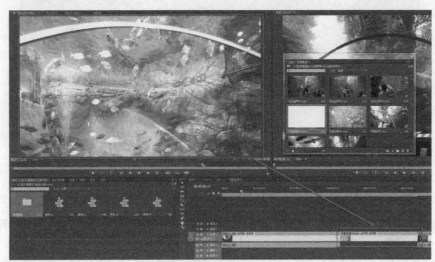

图 6-55 将剪辑好的视频放置到时间线上

STEP 22 在【节目预览器】中进行视频预览，此时"序列 01"与"海底世界 03"之间的衔接正常，但"海底世界 03"与"序列 03"之间的衔接仍不顺畅。为了解决衔接问题，可为视频添加视频切换特效。在【效果】面板内选择【视频切换】/【叠化】/【交叉叠化】，拖曳【交叉叠化】特效到"序列 03"上，如图 6-56 所示，调整叠化时间长度。再次预览，此时衔接正常。

图 6-56 添加【交叉叠化】特效调整视频衔接

STEP 23 此时实例视频剪辑基本完成，如图 6-57 所示。

图 6-57 视频最终显示效果

　　这个实例运用多种剪辑编辑技巧，对一系列众多素材进行了由粗至精的剪接。Adobe Premiere Pro CS6 中的编辑技巧十分丰富，需要在实践中根据素材的实际情况进行技巧选择。希望大家能够举一反三，熟练运用 Adobe Premiere Pro CS6 中的各种编辑技巧，制作更加精美的视频作品。

6.8　小结

　　本章介绍了后期非线性编辑中的高级技巧。使用嵌套序列的方法，可以让复杂的非线性编辑工作简明清晰，并然有序。三点和四点编辑用来在【时间线】面板中插入和替换视频。使用特殊的编辑工具可以达到事半功倍的效果，将素材快速放入【时间线】面板中为电子相册的制作提供了更快捷的方式，【修整】监视器对调整相邻两个视频的组接点提供了极大的方便。多机位模式可以模拟现场节目录制中多机位切换效果。这些内容非常丰富，是以后进行节目编辑的基础。

6.9　习题

1. 利用序列嵌套，实现画中画效果。
2. 使用三点编辑对【时间线】面板中的视频进行插入操作。
3. 使用四点编辑对【时间线】面板中的视频进行覆盖操作。
4. 使用【修整】监视器调整相邻视频的入点和出点。
5. 使用多摄像机模式，对现场同期拍摄的 4 个机位的素材，实现多机位切换的录制。

Chapter

7

第 7 章
音频素材的编辑处理

音频是一部完整的影视作品中不可或缺的组成部分，声音和视频在影视节目中相辅相成，互为依存。在节目中正确处理与运用音频，既是增强节目真实感的需要，也是增强节目艺术感染力的需要。虽然和专业音频处理软件相比，Premiere Pro CS6 在音频处理上略逊一筹，但处理一般影视节目的音频还是游刃有余。利用调音台，可以混合、调整项目中所有音频轨道上的声音，还可以对各个轨道音频应用特效、声像、平衡或者音量改变等调节。

学习目标

- 了解音频的不同类型。
- 掌握如何通过【音频增益】命令、【效果控制】面板调节音量。
- 掌握【恒定增益】、【恒定放大】音频切换特效的使用。
- 了解【调音台】面板的使用方法。
- 熟悉不同的音频特效。

7.1　导入音频

Premiere Pro CS6 可以在导入音频的过程中统一音频的格式，使导入的音频与项目中的音频设置相匹配。如果项目音频采样率设置为 48kHz，所有导入音频文件的采样率都将转换为 48kHz。

在将音频素材引入到【时间线】面板中之前，需要导入音频素材使其符合制作要求。导入音频素材与导入视频素材的方式差不多，因此这里仅做简单介绍。导入音频的方法如下。

STEP 01　运行 Premiere Pro CS6，打开【新建项目】对话框，在【常规】分类的【音频】选项组中设置音频的【显示格式】为"音频采样"，如图 7-1 所示。

图 7-1　设置音频的显示格式

STEP 02　选择保存路径，输入文件的名字"t7"，单击　确定　按钮。

STEP 03　切换到【新建序列】分类，设置音频【采样速率】为"48000Hz"，在【轨道】选项组中设置音频轨道。音频轨道按照不同的分类，可以分为不同的类型，如图 7-2 所示。

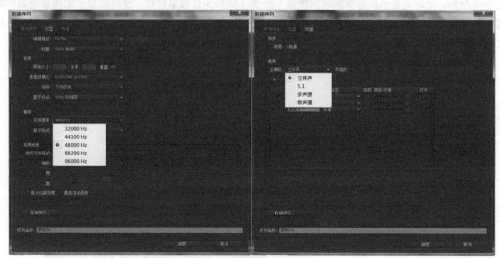

图 7-2　采样速率和音频选项组

按照信号的走向和编组功能，可分为普通音频轨道、子混音轨道和主音频轨道。普通音频轨道上包含实际的声音波形。子混音轨道没有实际的声音波形，用于管理混音，统一调整音频效果。主音频轨道相当于调音台的主输出，它汇集所有音频的信号，然后重新分配输出。

从听觉效果上，按照声道的多少划分，音频可分为立体声、5.1、多声道和单声道 4 种类型。无论是普通音频轨道、子混音轨道还是主音频轨道，均可以设置为这 4 种声道的组合形式。

STEP 4 在【项目】面板中双击，打开【导入】对话框。定位到本地硬盘，选择【素材】文件夹中的"音频 1.wma"文件，单击 打开(O) 按钮导入。

STEP 5 在【项目】面板中双击音频，在【源】监视器视图中显示该音频的波形。上下两条波形曲线表示这个音频素材是双声道。单击【源】监视器视图下方的 ▶ 按钮对音频进行播放，如图 7-3 所示。

图 7-3　音频的波形

提示

在【源】监视器视图中播放音频，可以设置音频的出点、入点，然后把出入点之间的音频拖动到【时间线】面板中，通过这种方法可以不用拖动整段音频。

STEP 6 单击【源】监视器右上方的 ▤ 按钮，打开面板菜单，选择【显示音频时间单位】命令，如图 7-4 所示，把时间显示从标准的时间增量（秒:帧）转换为音频取样数。使时间显示采用音频采样单位以提高编辑精度，切换到显示音频单位可以进行具体到取样的编辑，在这个项目设置中可以 1/48000 秒为基本单位进行编辑，如图 7-5 所示。

图 7-4　选择【显示音频时间单位】选项　　　　　　图 7-5　时间显示单位为音频取样数

虽然以帧为单位也可以进行音频素材编辑，但数字音频并不按帧进行处理，因此往往不能精确编辑，比如要从一句话中的两个单词间断开就很难实现。而以数字音频的采样单位为基础进行编辑，则能够有效地解决问题。但数字音频的采样频率有多种，因此数字音频的采样单位并不固定。

7.2 声道与音频轨道

音频轨道是【时间线】视图中放置音频素材的轨道，音频素材可以有不同的声道，比如立体声、5.1声道、多声道和单声道，通过查看音频文件属性就可以看出声道数目。音频素材按声道数目只能放在对应的音频轨道。目前，使用最多的是单声道和立体双声道音频素材，为了方便使用，Premiere Pro CS6提供了相互转换的命令。音频素材声道处理方法如下。

声道与音频轨道

STEP 1 接上例。在【项目】面板中选择"音频1.wma"，从其显示的属性中可以看出是立体声。按住鼠标左键将其拖入【时间线】面板的音频1轨。

STEP 2 选择【素材】/【音频选项】/【拆分为单声道】命令，将"音频1.wma"的左右声道分离成两个文件，同时"音频1.wma"依然保留，如图7-6所示。

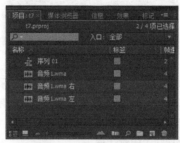

图7-6 分离出的音频素材

STEP 3 从【项目】面板中，仅选择"音频1.wma 左"，按住鼠标左键将其拖入【时间线】面板的音频2轨，展开并扩大这一音轨，如图7-7所示。可以看出这一音轨被设置成单声道，波形曲线也只有一条。

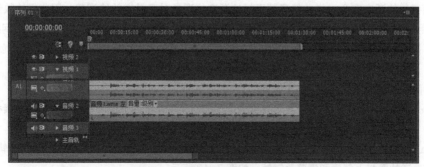

图7-7 添加分离音频到音频2轨道

7.3 音频素材编辑处理

与视频素材编辑基本一样，在【时间线】视图中经常需要调节音频的音量。Premiere Pro CS6可以通过以下几种方法对音量进行调节。

7.3.1 使用【音频增益】命令调节音量

通过升高或降低音频增益的分贝数，可以调整整段素材的音量。如果素材音量过低，需要升高音频的增益，反之则需要降低音频的增益。在进行数字化采样时，如果素材片段的音频信号设置得太低，调节增益进行放大处理后，会产生很多噪音。因此，在进行数字化采样时，要设置好硬件的输入级别。

音频素材编辑处理

使用增益调节音量方法如下。

STEP 🖱️**1** 接上例。选择【时间线】面板的【音频 2】轨道上"音频 1.wma 左"，按键盘上的 Delete 键将其删除。

STEP 🖱️**2** 选中【音频 1】轨道上"音频 1.wma"，单击鼠标右键，在弹出的快捷菜单中选择【音频增益】命令，打开【音频增益】对话框，如图 7-8 所示。

图 7-8 【音频增益】对话框

STEP 🖱️**3** 输入增益值，改变素材的音量。如果设置为"0"，采用原始素材的音量；设置大于"0"，提高素材的音量；设置小于"0"，降低素材的音量。单击【标准化所有峰值为】选项，系统自动设置素材中的音量放大到系统能产生的最高音量需要的增益。

STEP 🖱️**4** 单击 ▐ 确定 ▌ 按钮关闭对话框。

7.3.2 使用素材关键帧调节音量渐变

音频素材的渐变包括缓入和缓出，缓入就是指声音从无到有，而缓出则正好相反。音频素材的渐变调整，与视频素材的渐变完全一样。但音频素材的渐变处理是对音量增益的调整，因此它的数值可以达到200%。使用关键帧可以对音频某部分的音量进行调节，产生渐强和减弱的渐变效果。在【时间线】面板中通过【钢笔】工具或按 Ctrl 键选择 ▌工具创建关键帧改变音量，在【效果控制台】面板中通过创建关键帧、改变音频的【音量】特效调节音量。

在【时间线】面板调节音量，方法如下。

STEP 🖱️**1** 接上例。单击【显示关键帧】◈按钮，在弹出的下拉菜单中选择【显示素材关键帧】命令，如图 7-9 所示。

STEP 🖱️**2** 将鼠标指针放在【音频 1】轨道的下边缘，向下拖动轨道，调整【音频 1】轨道的高度，以方便在该轨道的素材上创建和调整关键帧，如图 7-10 所示。

图 7-9 选择【显示素材关键帧】命令

图 7-10 调整【音频 1】轨道的高度

STEP 将鼠标指针悬停在音量电平曲线上（左右声道之间一条黄色水平细线），直到鼠标指针变成垂直调整工具光标 为止。上下拖动细线可调整音频的音量。

提示

音量增益以 dB 为单位，初始状态是 0 dB。在调整过程中，会在鼠标光标下方出现控制点位置和数值大小显示，以帮助用户实现精确调整。

STEP 选择工具栏中的 工具或者按 Ctrl 键选择 工具，在黄色细线上音频的头帧、尾帧和中间处依次单击 4 次，创建 4 个关键帧，如图 7-11 所示。

图 7-11　创建 4 个关键帧

STEP 把开始和结尾处的两个关键帧拖动到音频素材的底部，分别创建声音渐强和渐弱的效果，如图 7-12 所示。

图 7-12　改变关键帧处的音量值

STEP 按键盘上的空格键，对音频素材进行播放。

STEP 分别选中第 2 个关键帧、第 3 个关键帧，并单击鼠标右键，在弹出的快捷菜单中设置关键帧插值方式为【缓入】【缓出】，如图 7-13 所示。

图 7-13　选择关键帧插值方式

STEP 再次按空格键，对音频素材进行播放。改变插值方法后的音量变化过渡更加符合人耳的听觉习惯。

在【效果控制台】面板中同样可以为音量的【级别】参数设置关键帧调节音量，方法和在【时间线】面板中调节的方法相似，这里就不再赘述。需要注意的在【效果控制】面板中【音量】特效有一个【旁路】选项，【旁路】可以控制特效的打开与关闭。其参数的使用方法如下。

STEP 接上例。选中音频素材，打开【特效控制台】面板。单击 图标，展开【音频效果】/【音量】面板，在时间线区域应用到音频素材上的关键帧及插值方法都会显示在【特效控制台】面板右侧的【时间线】面板上，如图 7-14 所示。

STEP 在音频素材任何位置勾选【旁路】选项，可以恢复原来的音量，如图 7-15 所示。

STEP 通过关键帧导航器将时间指针移动到第 3 个关键帧处，取消【旁路】复选框的勾选，如图 7-16 所示。

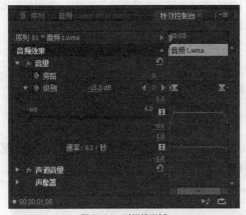

图 7-14　时间线区域

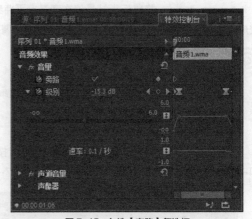

图 7-15　勾选【旁路】复选框

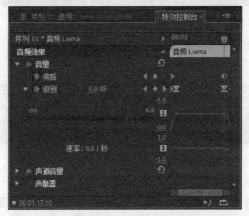

图 7-16　在第 3 个关键帧处关闭旁路

STEP 按键盘上的空格键，播放音频素材。由于旁路关键帧的设置，电平参数的第 1 个关键帧不起作用，音量一直保持不变。直到播放到第 3 个关键帧处，音量才出现渐弱的变化。

【音量】特效的参数含义如下。

- 【旁路】：这是一个旁通开关，勾选该选项会使特效不起作用。由于可以设置关键帧，因此可以使特效在一段时间内起作用而在另一段时间内不起作用。

- 【级别】：调整音量增益大小，可以通过拖动滑块改变数值，也可以输入增益数值。

7.3.3　使用音频过渡

音频转换，就是指一个音频素材如何逐渐过渡到另一个音频素材。与视频转换不同，音频转换只有一种交叉渐变方式：一个声音逐渐消失，同时另一个声音逐渐出现。打开【效果】面板，逐级展开【音频过渡】分类夹，就会看到相应的转换效果，如图 7-17 所示。

其中【持续声量】转换以人的听觉规律为基础，产生一种听觉上的线性变化。而【恒量增益】则采用了简单的数学线性变化。【持续声量】转换被设置为缺省转换，因此名称前的图标被加了黄框。

使用音频过渡的方法如下。

STEP 接上例。框选【特效控制台】面板右侧时间线区域上的所有关键帧，按 Delete 键删除。

STEP  2　切换到【效果】选项卡，在打开的【效果】面板中选择【音频过渡】/【交叉渐隐】/【持续声量】过渡，如图 7-17 所示。将【持续声量】过渡拖放到【时间线】面板音频素材的起始位置处。

图 7-17　选择【持续声量】过渡

STEP  3　双击该素材上添加的【持续声量】过渡矩形，打开【特效控制台】面板。

STEP  4　将【持续时间】设置为"00:00:03:00"，这样可以得到更好的淡入效果，如图 7-18 所示。

STEP  5　将【持续声量】特效拖放到【时间线】面板音频素材的尾部，设置【持续时间】为"00:00:03:00"，创建淡出效果，如图 7-19 所示。

图 7-18　【持续声量】参数设置

图 7-19　尾部添加过渡

STEP  6　按键盘上的空格键，播放素材，可以听到音乐开始出现时音量逐渐增强、结束时音量逐渐减弱的效果。

STEP  7　单击选中 "音频 1.wma" 开头和结尾处的【持续声量】过渡，分别按键盘上的 Delete 键将其删除。

STEP  8　将【项目】面板中的音频素材 "音频 2.wma" 拖放到【时间线】面板 "音频 1.wma" 之后的位置，如图 7-20 所示。

图 7-20　拖放音频到【时间线】面板

STEP  9　选择【波纹编辑】工具 ，将 "音频 1.wma" 的尾部剪裁约 3 秒的长度，把 "音频 2.wma" 的开始处剪裁约 3 秒的长度。

STEP **10** 将【持续声量】过渡拖放到【时间线】面板两段音频素材的编辑点处，如图 7-21 所示，设置【持续时间】为 "00:00:03:00"。

图 7-21 把特效放在两段音频素材的编辑点处

STEP **11** 按键盘上的空格键，播放素材，可以听到声音在编辑点处产生了交叉渐变效果。【特效控制台】面板如图 7-22 所示。

图 7-22 【效果控制台】面板

提示

可以将【恒量增益】特效拖动到音频素材上，取代【持续声量】特效，如图 7-23 所示。【恒量增益】特效以恒定的速度使音频在素材间切入切出，这种变化效果听起来更为机械。

图 7-23 使用【恒量增益】特效

7.3.4 音频的交叉渐变过渡

在节目的编辑制作中，有时还会运用这样的表现手法：一个视频画面虽然结束了，但它的声音却延续到了下一个视频画面，或者采用相反的处理。利用交叉渐变过渡可以使画面的过渡自然流畅，在视频编辑中起到承上启下的视觉效果。

这两种切换方法都需要解除素材的视音频链接，然后再分别对它们进行编辑。解除视音频之间的链接后，将音频移动到另一个音频轨道中，然后延伸音频部分，进行交叉渐变过渡编辑。

解除素材的视音频链接，可以在【时间线】面板中选中素材，单击鼠标右键，在弹出的快捷菜单中选择【解除视音频链接】命令，如图 7-24 所示。如果需要再次链接视音频，可以配合 Shift 键选中视频音频素材，单击鼠标右键，在弹出的快捷菜单中选择【链接视频和音频】命令，如图 7-25 所示。

图 7-24　选择【解除视音频链接】命令

图 7-25　选择【链接视频和音频】命令

7.4　使用调音台

　　Premiere Pro CS6 的【调音台】面板模拟传统的调音台，它的结构与功能和传统调音台非常相似，同时又加入了数字调音台许多新的特性。【调音台】面板的每个音频轨道与【时间线】面板音频轨道一一对应，并能进行单独的控制。在【调音台】面板中，可以一边听着声音，看着轨道，一边调节音频的电平、声像和平衡，还可以对调节过程进行自动记录。利用【调音台】面板还可以录制音频，也可以在播放其他音频轨道中声音的同时，单独倾听一个独奏音轨的声音。【调音台】界面如图 7-26 所示。

使用调音台（1）

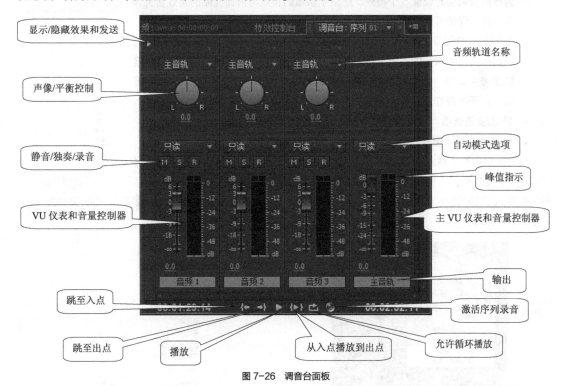

图 7-26　调音台面板

　　下面对【调音台】面板中主要的参数做一下解释。

● 轨道名称：对应显示【时间线】面板中的各音轨。如果增加了音频 4 等音轨，也会在【调音台】面板中显示。

- 【自动模式】下拉选项：

  【关】：忽略播放过程中的任何修改。只测试一些调整，不进行录制。

  【只读】：在播放时读取轨道的自动化设置，并使用这些设置控制轨道播放。如果轨道之前没有进行设置，调节任意选项将对轨道进行整体调整。

  【锁存】：播放时可以修改音量等级和声像、平衡数值，并且进行自动记录。释放鼠标以后，控制将回到原来的位置。

  【触动】：播放时可以修改音量等级和声像、平衡数值，并且进行自动记录。释放鼠标后，保持控制设置不变。

  【写入】：播放时可以修改音量等级和声像、平衡数值，并且进行自动记录。如果想先预设值，然后在整个录制过程中都保持这种特殊的设置，或者开始播放后立即写入自动处理过程，应该选择此项。

- 【主 VU 仪表和音量控制器】：仅显示主音轨的 UV 表。

- 【VU 仪表和音量控制器】：使处于录制状态的音轨 UV 表仅显示通过声卡输入的声音电平，此时调整音轨电平的推子会消失。

- 【显示/隐藏效果与发送】：可以从进一步打开的面板中选择需要显示或隐藏的音轨。勾选其中的音轨名称，则显示音轨；反之不显示。

- 音轨效果区：将鼠标光标移入对应方框的下拉三角时会呈 ▼ 显示，单击 ▼ 会打开如图 7-27 所示的下拉菜单，从中可以选择所要使用的特效，最多可以为当前音轨同时设置 5 个特效。应用于轨道的特效与前面介绍的特效含义作用一样，详情可以参见"7.6 音频特效简介"章节。

- 发送区：将鼠标光标移入对应方框的下拉三角时会呈 ▼ 显示，单击 ▼ 会打开如图 7-28 所示的下拉菜单，从中可以选择当前音轨发送到哪个子混合音轨或者主音轨。最多可以将当前音轨同时发送到 5 个子混合音轨或者主音轨。对于不存在的子混合音轨，还可以利用下拉菜单中的命令制作。

- 特效/发送选项：可以从下拉选项中设置音轨特效和发送选项的参数。

- 独奏轨：可以使其他音轨静音，仅播放此音轨中的素材。

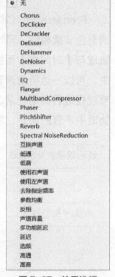

图 7-27　效果选择

自动选项中的【写入】选项和【触动】选项，都涉及一个经过时间问题。选择【编辑】/【首选项】/【音频】命令，对【音频】设置中的【自动匹配时间】进行修改，就可以调整这个时间的长短。【自动匹配时间】的缺省设置是"1 秒"。单击【调音台】面板右侧的 ▼三 按钮，会打开如图 7-29 所示的下拉菜单。

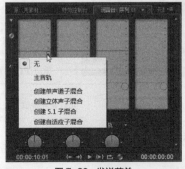

图 7-28　发送菜单

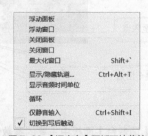

图 7-29　【调音台】面板下拉菜单

- 【显示音频时间单位】：使时间显示采用音频采样单位以提高编辑精度。

- 【循环】：循环播放。
- 【切换到写后触动】：选择这一命令，所有自动选项中选择【写入】的音轨在播放停止或循环播放结束后自动转换为【触动】。

7.4.1　自动模式音频控制

使用调音台（2）

在使用自动模式音频控制之前，首先介绍两个概念：音量与平衡。

音量又称虚声源或感觉声源，指用两个或者两个以上的音箱进行放音时，听者对声音位置的感觉印象，有时也称这种感觉印象为幻象。使用音量，可以在多声道中，对声音进行定位。

平衡是在多声道之间调节音量，它与声像调节完全不同，音量改变的是声音的空间信息，而平衡改变的是声道之间的相对属性。平衡可以在多声道音频轨道之间，重新分配声道中的音频信号。

调节单声道音频，可以调节音量，在左右声道或者多个声道之间定位。例如，一个人的讲话，可以移动声像同人的位置相对应。调节立体声音频，因为左右声道已经包含了音频信息，所以声像无法移动，调节的是音频左右声道的音量平衡。

在播放音频时，使用【调音台】面板的自动化音频控制功能，可以将对音量、声像、平衡的调节实时自动地添加到音频轨道中，产生动态的变化效果。

对音轨的预先设置，就是在自动模式的【写入】状态下，记录对音轨播放情况的实时控制，弥补在【时间线】面板中所做调整不能实时反馈、工作量大的缺点。【调音台】面板中只要有参数变化的项目，都可以实时记录并在【时间线】面板相应的控制线上显示各个关键帧。当【调音台】面板中的多条音轨都存在音频素材时，一般先进行单条音轨的调整。

1. 使用自动化功能调节轨道音量

使用自动化功能调节轨道音量的方法如下。

STEP 1 接上例。删除【音频 1】轨道"音频 2.wma"素材文件，确定选中"音频 1.wma"素材。

STEP 2 切换到【调音台】选项卡，打开【调音台】面板。找到与要调整的【时间线】面板【音频 1】轨道对应的调音台【音频 1】轨道。单击顶部的【只读】下拉列表，选择【写入】选项。

STEP 3 单击【调音台】面板中的 ▶ 按钮开始播放，也可以单击 ⮂ 按钮循环播放，或者单击 ⊦⊢ 按钮在入点和出点之间播放。

STEP 4 拖动音量调节 滑杆改变音量，向上拖动增大音量，向下拖动减少音量。如果 VU 表顶部的红色指示灯变亮，表示音量超过了最大负载，俗称"过载"。拖动时应确保 VU 表上显示的峰值最多为黄色。

STEP 5 单击 ■ 按钮停止播放。

STEP 6 将时间指针拖动到调整的开始位置，单击 ▶ 按钮对音乐进行预览播放，声音音量的变化过程被系统自动记录。

STEP 7 单击【时间线】面板【音频 1】的显示关键帧 ◇ 按钮，在弹出的下拉菜单中选择【显示轨道关键帧】命令，可以看到自动记录的关键帧，如图 7-30 所示。

图 7-30　自动记录的关键帧

2. 使用自动控制功能调节音频【左/右平衡】

使用自动控制功能记录声像或平衡的调节，方法如下。

STEP 1 接上例。确定选中"音频 1.wma"素材，在【调音台】面板【音频 1】轨道的顶部继续选择【写入】选项，如图 7-31 所示。

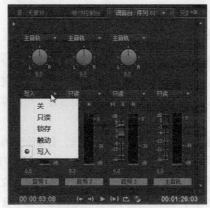

图 7-31 【调音台】面板

STEP 2 在【调音台】面板单击 ▶ 按钮播放音频。

STEP 3 选择【左/右平衡】⊙ 按钮并拖曳，按钮沿顺时针方向旋转可以向右改变平衡，沿逆时针方向旋转可以向左改变平衡。如果导入的是单声道音频，拖动【左/右平衡】按钮可以对音频的声像进行定位。

STEP 4 单击 ■ 按钮停止播放。将时间指针拖动到调整的开始位置，单击 ▶ 按钮对音乐进行预览播放。

7.4.2 制作录音

Premiere Pro CS6 的【调音台】面板具有录音功能，可以录制由声卡输入的任何声音。使用录音功能，首先必须保证计算机的硬件输入设备被正确连接。录制的声音可以成为音频轨道上的一个音频素材，还可以将其输出保存。

使用方法如下。

STEP 1 在【调音台】面板中单击激活录制轨 R 按钮，这时轨道 R 按钮变为红色，激活要录制的音频轨道。

STEP 2 激活录音后，上方会出现音频输入的设备选项，选择输入音频的设备，如图 7-32 所示。

STEP 3 单击【调音台】面板下方的录制 ● 按钮，然后单击 ▶ 按钮，即可进行解说或者演奏。

STEP 4 单击 ■ 按钮即可停止录制，刚才录制的声音出现在当前音频轨道上，如图 7-33 所示。

图 7-32 选择输入设备

图 7-33 录制的声音

7.4.3 添加轨道音效

除了像添加视频特效那样，直接为素材添加音频特效外，还可以在【调音台】面板中向音频轨道添加特效，为轨道中的音频统一添加效果。【调音台】面板中最多可以添加 5 种特效，Premiere Pro CS6 按照各种特效在列表中的排列顺序处理，顺序变动

使用调音台（3）

会影响最终效果。

使用轨道音效方法如下。

STEP **1** 接上例。在【调音台】面板中找到与要调整的【时间线】面板【音频 1】轨道对应的调音台轨道"音轨 1"。单击【调音台】面板左侧的【显示/隐藏效果与发送】按钮▶，展开【效果和发送】面板，如图 7-34 所示。

STEP **2** 单击【音频 1】效果区的▼按钮，展开下拉列表，从列表中选择【延迟】特效，将【延迟】特效添加到【音频 1】轨道上，如图 7-35 所示。此时的特效是添加到整个音频轨道上，如果该轨道上有其他的音频，所有的音频同时添加该特效。

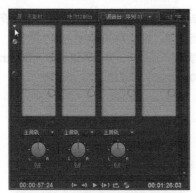

图 7-34　展开【效果和发送】面板

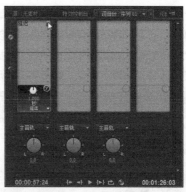

图 7-35　选择【延迟】特效

STEP **3** 在【发送】面板下方选择【设置所选择参数值】 按钮并按住鼠标左右拖动，可改变所选择参数值，如图 7-36 所示。

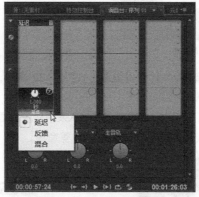

图 7-36　添加【延迟】特效

STEP **4** 如果希望切换到另一个特效，单击效果右侧向下的箭头▼，选择另外一种特效。

STEP **5** 单击效果控制右侧的 按钮，斜线出现在图标上 按钮，关闭该特效。再次单击图标 按钮，斜线消失变为 按钮，打开该特效。

STEP **6** 如果想删除特效，可以单击已设置效果右侧向下的箭头，在弹出的下拉列表中选择【无】命令删除。

7.4.4　创建子混音轨道和发送

Premiere Pro CS6 不仅可以将音频合成输出到主音轨上，也可以将音频先发送到子混音轨道，在子混音轨道进行统一处理后，再输出到主音轨上。通过添加子混音轨道，可以简化混音过程。与许多专业音频处理软件一样，子混合音轨不能直接放置音频素材，只能接受从其他音轨送入的音频信号，是其他音轨与主音轨之间的桥梁。子混合音轨的作用，是实现对多音轨的同时调整。假设有 4 个音轨，需要对其中的两个音轨添加相同的特效。利用调音台，可以将这两个音轨先发送到子混音轨道上，对子混音轨道统一添加特效，然后再输出到主音轨上。对于特别复杂的音频混合，也可以将子混音轨道处理好的信号继续输出到其他的子混音轨道处理。一条子混合音轨也可以送入另一条子混合音轨，但为了防止循环反馈，只能是【调音台】面板中左边的子混合音轨送入右边的子混合音轨，反之则不行。

1. 创建子混音轨道

STEP 1 创建子混音轨道，可以单击【效果和发送】面板【轨道发送区】的▼按钮，在弹出的下拉菜单中，选择一种子混合音轨道类型，创建新的子混合音轨道，如图 7-37 所示。

STEP 2 也可以在【时间线】面板中创建子混音轨道。右键单击音频轨道标题，在弹出的快捷菜单中选择【添加轨道】命令，如图 7-38 所示，打开【添加视音轨】对话框。

图 7-37 创建子混音轨道

图 7-38 选择【添加轨道】命令

STEP 3 设置子混合音轨道的个数及类型，如图 7-39 所示，如果不希望添加其他的音频或者视频轨道，可以在其他选项中输入为"0"。

STEP 4 在【调音台】面板中，将鼠标光标移入发送对应方框的下拉三角▼按钮，单击▼会打开如图 7-40 所示的下拉菜单，从中可以选择【子混合 1】等命令。

图 7-39 设置子混合音轨道的个数及类型

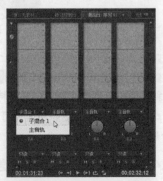

图 7-40 选择【子混合 1】音轨道

子混合音轨在【调音台】面板中被较深的颜色标明，在【时间线】面板子混合音轨没有  和  显示。

一条音轨可以通过发送和输出两种途径送入子混合音轨。输出只能有一条目标音轨，在缺省情况下输出被设置到主音轨，在输出的下拉选项中可以更改输出的目标音轨，如上图 7-40 所示。发送可以有 5 条目标音轨，在发送选项中有一个旋钮可以调整发送到目标音轨的音量。

2.　将音轨输出到子混合音轨

STEP 1 在【时间线】面板中新建"序列 02"，在某条音轨名称处单击鼠标右键，从打开的快捷菜单中选择【添加轨道】命令，打开【添加轨道】对话框，增加一条音频子混合轨，如图 7-41 所示。

STEP 2 单击 确定 按钮退出，即在【时间线】面板和【调音台】面板相应增加了一条子混合音轨。

STEP 3 在【时间线】面板某个音轨名称处单击鼠标右键，从打开的快捷菜单中选择【删除轨道】命令，打开【删除轨道】面板，勾选【删除音频轨】复选框，如图 7-42 所示。

图 7-41　增加一条音频子混合轨

图 7-42　选择删除何种音频

STEP 4 单击【全部空闲轨道】右侧的 ▼ 按钮，在打开的下拉菜单中选择【音频 3】单击 确定 按钮退出，音频 3 轨被删除，原来的音频 4 轨自动变成了音频 3 轨。

STEP 5 在【调音台】面板中，将音频 1 音轨和音频 2 音轨到输出子混合 1 音轨，然后为子混合 1 音轨设置一个【低音】效果，如图 7-43 所示。

图 7-43　设置子混合 1 音轨

STEP 单击 按钮，再单击 ▶ 按钮循环播放，使用子混合 1 音轨的推子调整音量，能够听到子混合 1 音轨同时对原来两条音轨产生了影响。

3. 将音轨发送到子混合音轨

STEP 1 接上例。在【调音台】面板中，将音频 3 轨静音，音频 1 轨和音频 2 轨的输出改为主音轨，将音频 1 轨和音频 2 轨的发送设为子混合音轨 1 音轨，如图 7-44 所示。

STEP 2 单击 ▶ 按钮循环播放，可以听到子混合音轨 1 音轨并没有起到作用，这是由于发送选项中的音量旋钮被设置为 -∞ 的缘故。将音频 1 轨和音频 2 轨发送选项中的音量旋钮设置为最大，如图 7-45 所示。

> **提示**
>
> 音量旋钮被设置为最大后，能够听到子混合音轨 1 音轨的作用。但和前一个实例相比，效果并不明显，这是由于音频 1 音轨和音频 2 音轨同时也被输出到主音轨的缘故。

STEP 3 将音频 1 轨静音，在播放过程中把音频 2 轨的推子拖到最下面，可以发现音频 2 音轨没有信号发送到子混合音轨 1 音轨，音频 2 音轨输出到主音轨的信号也设为最低，因此听不到任何声音。

STEP 4 在音频 2 音轨发送的音轨名称处单击鼠标右键，打开如图 7-46 所示的下拉菜单，从中勾选【预衰减】命令。

图 7-44 设置发送音轨

图 7-45 设置音量旋钮

图 7-46 勾选【预衰减】命令

STEP 5 此时在播放过程中把音频 2 音轨的推子拖到最下面，可以发现音频 2 音轨输出到主音轨的信号被设为最低，但对音频 2 音轨发送到子混合 1 音轨的信号没有任何影响，因此仅能听到经过子混合 1 音轨处理的声音。

在音轨应用的特效和发送上单击鼠标右键，都会打开衰减设置的下拉菜单。

- 【预衰减】：推子前，是指在使用推子之前发送或应用特效，也就是推子对发送或特效没有任何影响。
- 【后衰减】：推子后，是指在使用推子之后发送或应用特效，也就是推子对发送或特效有影响。

使用子混合音轨涉及到了输出与发送这两个概念。发送对输出没有什么影响，而输出则对发送有影响，这从上面的实例中可以看出，一条音轨输出到主音轨同时发送到一条子混合音轨，最终都要在主音轨中混合。因此经子混合音轨处理的声音要与原始声音混合，各自的推子就决定了混合比例。专业术语将这样的混合比例叫做干/湿比例，干对应原始声音，湿对应处理后的声音。

7.5 声音的处理

影片中的声音，包括人声、解说、音响和音乐 4 个部分。

1．人声

人声是指画面中出现的人物所发出的声音，分为对白、独白和心声等几种形式。

（1）对白（对话）。是指影片中人物相互之间的交谈。对白在人声中占相当的比重，再与人物的表情、动作、音响或音乐配合，使画面的含义突出，外部动作得到扩充，内部动作得到发展。

音频的处理顺序及
声音的处理

（2）独白。是影片中人物潜在心理活动的表述，它只能采用第一人称。独白常用于人物幻想、回忆或披露自己心中鲜为人知的秘密，它往往起到深化人物思想和情感的作用。

（3）心声。是以画外音形式出现的人物内心活动的自白。心声可以在人物处于运动或静止状态默默思考时使用，或者在出现人物特写时使用。它即可以披露人物发自肺腑的声音，也可以表达人物对往昔的回忆或对未来的憧憬。心声作为人物内心的轨迹，不管是直露的还是含蓄的，都将使画面的表现力丰富厚重，使画面中形象的含糊含义趋于清晰和明朗。运用心声时，应对音调和音量有所控制。情要浓，给观众以情绪上的感染；音要轻，给观众以回味和思索的余地；字要重，给人以真实可信的感觉。

2．解说

解说一般采用解说人不出现在画面中的旁白形式，它所起的作用是：强化画面信息；补充说明画面；串联内容、转场；表达某种情绪。解说与画面的配合关系分为三种：声画同步、解说先于画面和解说后于画面。

3．音响

音响是指与画面相配合的除人声、解说和音乐以外的声音。音响的作用有助于揭示事物的本质，增加画面的真实感，扩大画面的表现力。音响只能给人以听觉上的感受，只能反映事物的一部分特点，因此它所反映的事物往往是不清晰、不准确的。

音响在运用上，可采用将前一镜头的效果延伸到后一个镜头的延伸法，也可以采用画面上未见发声体而先闻其声的预示法，还可采用强化、夸张某种音响的渲染法，以及不同音响效果的交替混合法。

4．音乐

音乐具有丰富的表现功能，是影视影片中不可缺少的重要元素。在影视影片中，音乐不再属于纯音乐范畴，而成了一种既适应画面内容需要，又保留了自身某些特征与规律的影视音乐。音乐的主要作用是：作衬底音乐、段落划分和烘托气氛。

在配乐的过程中，要注意不要只追求音乐的完整、旋律的优美，而游离于主体之外、分散注意力。格调要和谐，调式、风格差别较大的乐曲，不要混杂地用在一起。同时也不要从头到尾反复用一首曲子。不要使用观众广为熟悉的音乐。音乐应与解说、音响在情绪上相配合。音乐不宜太多太满。

在上面的内容中，介绍了影视节目中声音的类别以及处理方法。声音除了与画面的关系外，声音与声音之间的关系，也必然成为不可避免的经常存在的问题。因此，画面在解说、音响、音乐的密切配合下，才能取得完美的艺术效果。如果孤立地去处理解说、音乐效果，那就很容易得不偿失，使得影片杂乱无章。这样既不能反映现实，又不能造成真实的感受。事实上，我们经常在观看某种东西时，都去侧耳倾听一个来自别处的声音。或者由于我们过于被某种事物所吸引，以至于不能听到冲向我们耳朵的其他声音。

基于这些理由，在影片中，声音必须像画面一样经过选择，多种声音必须做统一的考虑和安排。在考虑如何使用各种声音在影片中得到统一的时候，我们必须认识到：影片中尽管可以容纳多种声音，但在同一时间内，只能突出一种声音。因此统一各种声音，最主要的一点就是要尽可能地不在同一时间使用各种声音，设法使它们在影片中交错开来。总而言之，在影片中各种声音，要有目标、有变化、有重点地来运用，应当避免声音运用的盲目、单调和重复。当我们运用一种声音时，必须首先肯定用这声音来表现什么，必须了解这种声音表现力的范围，必须考虑声音的背景，必须消除声音的苍白无力、堆砌和不自然的转换，让声音和画面密切结合，发挥声画结合的表现力。

7.6 音频特效简介

音频特效简介

音频特效的作用和视频特效一样，主要用来创造特殊的音频效果。Premiere Pro CS6 的音频特效采用了 Steinberg 公司的 VST（Virtualstudio Technology）技术，以插件的形式存在。由于 VST 技术的开放性，很多厂商甚至个人开发了许多 VST 插件，有些非常实用。在 Premiere Pro CS6 中也可以另外加装这些 VST 插件，以使音频特效更加丰富。

音频特效都存放在【效果】面板的【音频特效】分类夹中。每个音频特效都包含一个旁路选项，随时间的开关可以通过关键帧控制效果。

下面对常用的音频特效进行介绍。

1. 选频

消除接近指定中心频率的声音，使用该特效可以帮助除去音频素材中的嗡鸣声。参数面板如图 7-47 所示。

- 【中置】：指定要删除的频率。如果要消除电缆线的嗡嗡声，输入电缆线的频率值。在北美和日本是 60Hz，在其他国家一般是 50Hz。
- 【Q】：设置要保留的频带的宽度，数值越小，频带越宽；数值越大，频带越窄。

2. 多功能延迟

这一特效有 4 个延时单元，因此可以产生 4 个回声效果，参数面板如图 7-48 所示，这一特效各延时单元的参数含义一样，其参数功能如下。

- 【延迟 1】～【延迟 4】：设定原始音频和回声之间的时间间隔，最大值为 2 秒。
- 【反馈 1】～【反馈 4】：设定延迟信号返回后所占的百分比。
- 【级别 1】～【级别 4】：控制每个回声的音量。
- 【混合】：混合调节延迟与非延迟回声的数量。

图 7-47 【选频】特效

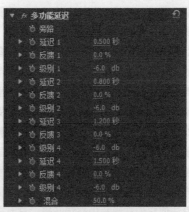

图 7-48 【多功能延迟】特效

3. Chorus

通过添加多个短暂的延迟，模拟许多声音或乐器同时发声，生成丰富而饱满的声音。在自定义设置中，可以在调音台风格的控制面板中，用旋钮控制每个参数，参数面板如图7-49所示。

4. DeClicker（去咔哒声）

去除音频素材中的类似"咔哒"的声音，参数面板如图7-50所示。

图7-49 【Chorus】特效

图7-50 【DeClicker】特效

5. DeCracker（去破裂声）

去除音频素材中的破裂音，参数面板如图7-51所示。

6. DeEsser（去咝声）

这一特效可以消除语音中发出的"咝咝"声，在发字母"S"和"T"音时很容易出现，参数面板如图7-52所示。

图7-51 【DeCracker】特效

图7-52 【DeEsser】特效

7. DeHummer（去交流声）

这一特效可以消除交流电产生的"嗡嗡"声，也就是俗称的交流声，参数面板如图7-53所示。

8. DeNoiser（去噪）

这一特效可以自动检测模拟音频的磁带噪声并消除，参数面板如图7-54所示。

图7-53 【DeHummer】特效

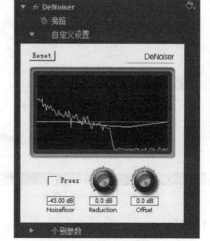

图7-54 【DeNoiser】特效

- 【Freeze】：将噪音基线停止在当前位置，控制确定音频消除的噪音。
- 【Noisefloor】：指定音频播放时的噪音基线。
- 【Reduction】：指定消除噪音的数量，范围为-20～0dB。
- 【Offset】：当自动降噪不够充分时，【Offset】选项辅助降噪调整。变化范围为-10～+10。

在频谱图中黄线表示【Noisefloor】，绿线表示【Offset】，灰线表示音频信号频谱。用鼠标单击，显示单位值。

9. Dynamics（动态）

这一特效分为【AutoGate】、【Compressor】、【Expander】和【Limiter】4 个部分，这 4 个部分既可以单独使用，也可以组合在一起使用。勾选每一部分前的复选框，相应部分就有效。该特效还可以突出强的声音，消除噪音，参数面板如图 7-55 所示。

10. EQ（均衡）

这一特效将整个频谱划分为 1 个低频段、3 个中频段和 1 个高频段，以便更精确地调整音频的频率。在自定义设置面板中，可以通过旋钮改变参数，也可以在频谱视窗中通过鼠标拖曳的方式进行控制，参数面板如图 7-56 所示。

- 【Freq.】：指定各个频段的频率范围，为 20～2kHz。
- 【Gain】：指定各个频段的增益，为-20～20dB。
- 【Q】：指定每个过滤器波段的宽度，为 0.05～5.0。
- 【Cut】：改变过滤器的功能，在搁置和中止间切换。
- 【Output】：指定对【EQ】输出音量的增益控制。

图 7-55 【Dynamics】特效

图 7-56 【EQ】特效

11. Flanger

通过改变声音的相位和延迟来产生变音，可以得到时间短的延迟效果，参数面板如图 7-57 所示。

12. Multiband Compressor（多频段压缩）

这一特效分低、中、高 3 个频段分别调整声音，参数面板如图 7-58 所示。如果勾选其中的【Solo】复选框，只有被选择的频段被播放。选择频段，可以用鼠标单击指示频率范围与增益的方框。也可以展开【Individual Parameters】进行参数设置，其中【Crossover Frequency1】设置低频与中频相接处的频率，【Crossover Frequency2】设置中频与高频相接处的频率。【MakeUp 1~3】分别调整低、中、高三个频段的输出增益。

【个别参数】选项组中的常用参数介绍如下。

- 【Solo】：勾选该复选框，只播放激活的频段。
- 【MakeUp】：以分贝（dB）为单位，调整输出音频的电平。
- 【Bandselect】：选择一个频段。
- 【Crossoverfreq1】、【Crossoverfreq2】：增大选择波段的频率范围。

图 7-57 【Flanger】特效

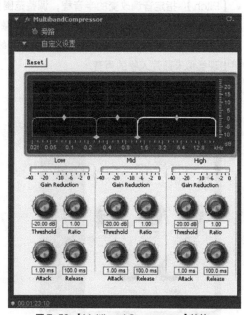

图 7-58 【Multiband Compressor】特效

对于每一个频段，可以使用以下控制项。

- 【Threshold】：设定输入信号压缩门限的电平，范围为 60~0dB。
- 【Ratio】：设定压缩比例，最多可达 8：1。
- 【Attack】：设定压缩器对于输入信号超过阈值启用压缩的反应时间。
- 【Release】：当信号电平跌落到阈值以下，输入信号增益返回到原始电平的响应时间。
- 【MakeUp】：调节压缩器的输出电平，补偿压缩造成的增益损失。

13. 低通

【低通】特效用于消除高于设定频率的声音。参数面板如图 7-59 所示。

- 【屏蔽度】：设置屏蔽的频率。

14. 低音

这一特效仅处理 200Hz 以下的频率，可以增加或减少低频效果，参数面板如图 7-60 所示。

图 7-59 【低通】特效

图 7-60 【低音】特效

15.【Phaser】（相位器）

这一特效将音频某部分频率的相位发生反转，并与原音频混合。包含【Sine】、【Rect】和【Tri】等低频震荡方式。参数面板如图 7-61 所示。

16. PitchShifter （音高调整）

这一特效可以调整音频素材的音高，起到强化高音或低音的效果，参数面板如图 7-62 所示。

- 【Pitch】：指定音调改变的半音程，调整范围为-12～12。
- 【Fine Tune】：指定音调改变半音程之间的微调。
- 【Formant Preserve】：控制变调时音频共振峰的变化。例如，升高一个人的音调，通过此项可防止出现类似卡通片人物的声音。

图 7-61 【Phaser】特效

图 7-62 【Pitchshifter】特效

17. Reverb（混响）

这一特效可以使音频产生混响效果，以添加环境感，模拟各种空间内部的音频混响情况，参数面板如图 7-63 所示。

- 【Pre Delay】：预延迟，指定原始信号与混响信号之间的延迟时间。
- 【Absorption】：设置声音信号被吸收的百分比。
- 【Size】：以百分比的形式设定房间大小。
- 【Density】：设定混响结束时的密度。
- 【Lo Damp】：以分贝（dB）为单位，指定低频的衰减，防止混响出现"隆隆声"或者听上去很浑浊。
- 【Hi Damp】：以分贝（dB）为单位，指定高频的衰减，使声音听起来比较柔和。

18.　平衡

改变立体声中左右声道的音量。正值表示增大右声道的音量，减少左声道的音量；负值表示增大左声道的音量，减少右声道的音量，参数面板如图 7-64 所示。

图 7-63 【Reverb】特效

图 7-64 【平衡】特效

19.　Spectral Noise Reduction（频谱降噪）

使用特殊的算法来消除素材片段中的噪声，参数面板如图 7-65 所示。

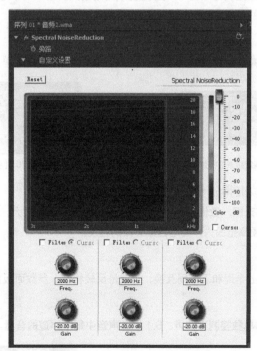

图 7-65 【Spectral Noise Reduction】特效

20.　静音

又称无声，是一种具有积极意义的表现手段。参数面板如图 7-66 所示。

图 7-66 【静音】特效

21. 使用右声道与使用左声道

【使用右声道】特效可以将音频素材的左声道信号复制到右声道，剔除原来右声道的信号。【使用左声道】特效可以将音频素材的右声道信号复制到左声道，剔除原来左声道的信号。参数面板如图 7-67 所示。

22. 互换声道

这一特效可以交换立体声的左、右声道，主要用于纠正录制时连线错误造成的声道反转。当视频画面采用了水平反转处理时，也可采用这一特效，以保证声源位置与画面主体位置的一致，参数面板如图 7-68 所示。

图 7-67 【使用右声道】与【使用左声道】特效

图 7-68 【互换声道】特效

23. 去除指定频率

该特效删除接近指定中心的频率，参数面板如图 7-69 所示。

- 【中置】：指定要删除的频率。如果要消除电力线的嗡嗡声，输入一个与录制素材地点的电力系统使用的电力线频率匹配的值即可。

24. 参数均衡

这一特效可以提升或衰减指定频率的增益，与【EQ】特效类似，但更简单，参数面板如图 7-70 所示。

图 7-69 【去除制定频率】特效

图 7-70 【参数均衡】特效

- 【中置】：设定调整范围的中心频率。
- 【Q】：设定频率调节范围。数值越小，产生窄的波段越窄；数值越大，产生的波段越宽。
- 【放大】：设定 Q 值频率范围内声音增强或衰减的程度。

25. 反相

这一特效将信号波形的上半周和下半周互换，也就是反转相位。参数面板如图 7-71 所示。

26. 声道音量

以分贝（dB）为单位，单独控制立体声、5.1 声道声音中每个声道的音量。参数面板如图 7-72 所示。

图 7-71 【反相】特效

图 7-72 【声道音量】特效

27. 延迟

这一特效通过精确控制音频的延时，从而产生回声效果，参数面板如图 7-73 所示。

- 【延迟】：设定时间延时量。
- 【反馈】：设定有多少延时音频被反馈到原始音频中。
- 【混合】：设定原始音频与延时音频之间的混合比例。要想取得较好的效果，通常该值可设为 50%。

28. 音量

使用这一特效只是为了调整使用顺序，比如将音量调整放在其他特效的后面，因为固定特效总是最先应用，参数面板如图 7-74 所示。

图 7-73　【延迟】特效

图 7-74　【音量】特效

29. 高通

【高通】特效可以将低频部分从音频中滤除，参数面板如图 7-75 所示。

30. 高音

仅处理 4000 Hz 以上的频率，可以增加和减少高频效果，参数面板如图 7-76 所示。

图 7-75　【高通】特效

图 7-76　【高音】特效

另外，当素材导入到【节目】监视器视窗后，如果素材包含音频或者本身就是音频素材，可以选择【素材】/【音频选项】/【音频增益】命令打开一个【音频增益】对话框，如图 7-77 所示。可以对音频信号进行标准化处理。所谓标准化处理就是将所选择素材中音频信号的最大振幅设为 100%（0dB），然后将其他的部分根据标准化数值进行相应变化。对【时间线】面板中的音频素材，也可以直接使用这一命令进行标准化处理。

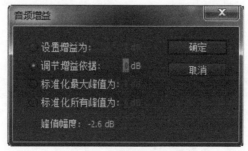

图 7-77　【音频增益】对话框

以上简要介绍了常见的音频特效。除了"均衡""音量"特效外，大多数音频特效可为音频素材添加，也可以在调音台中为音频轨道添加，因为轨道声像和音量这两个基本属性，可以在调音台上分别通过声像/

平衡控制旋钮和音量滑块进行调节。

7.7 小结

这一章我们讲述了音频素材的剪辑和组接处理，各种音频特效的具体调整和作用，以及【调音台】面板的使用。从技术上看，音频素材的处理与视频素材的处理基本一致。因此有了前面的学习基础，掌握这一章的内容比较容易。但许多音频专业术语，读者会感到比较生涩，因为从翻译的角度讲，有些约定俗成的叫法并不准确，所以读者重点在于理解它们的含义与用途，对名称不必细究。通过本章的学习，读者应该掌握音量的常用调节和调音台的使用方法，对各种音频特效应该有基本的了解。

7.8 习题

1. 简答题

（1）如何实现音频的淡入淡出？请说出3种方法。

（2）应该如何选择调音台的自动控制选项？

（3）对音频素材应用特效和对音频轨道应用特效有什么区别？

（4）声像和平衡有什么区别？

2. 操作题

（1）为一段视频素材添加背景音乐，实现背景音乐的淡入淡出效果。

（2）选择3段视音频素材，实现J切换和L切换效果。

（3）选择一段音频素材，制作回声效果。

第 8 章
字幕制作

Premiere Pro CS6 的字幕制作包括文字、图形两部分，其文字制作功能强大，但图形制作功能较弱。字幕的编辑操作在字幕设计窗口中进行，在字幕设计窗口中，不仅能够调整字幕的各种基本参数，还能添加描边、阴影等修饰，使用预置样式可使文字调整的工作变得更加简单。使用路径文字，可以让文字沿设定的曲线排列。字幕的类型分为静态字幕和动态字幕两种。

学习目标

- 掌握创建静态字幕的方法。
- 掌握对字幕进行修饰的方法。
- 掌握创建滚动字幕和游动字幕的方法。
- 掌握创建路径字幕的方法。

Premiere Pro CS6

8.1 【字幕设计】窗口

STEP 1 在 Premiere Pro CS6 中，选择【文件】/【新建】/【字幕】命令，打开【新建字幕】
对话框，如图 8-1 所示。

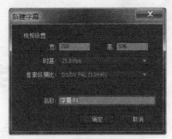

【字幕设计】窗口

图 8-1 【新建字幕】对话框

STEP 2 单击 确定 按钮，打开【字幕设计】窗口，如图 8-2 所示。

【字幕设计】窗口由【字幕栏属性】面板、【字幕工具栏】面板、【字幕动作栏】面板、【字幕属性】面
板、【字幕制作区域】面板和【字幕样式】面板 6 部分组成。

工具栏创建字幕有以下 3 种方法。

- 选择菜单栏中的【文件】/【新建】/【字幕】命令。
- 单击【项目】面板下方的 按钮，在弹出的菜单中选择【字幕】命令。
- 选择菜单栏中的【字幕】/【新建字幕】/【默认静态字幕】命令。

以上 3 种方法都将弹出【新建字幕】对话框，在【名称】后面输入一个新名字或保留默认的名称"字
幕 01"，单击 确定 按钮打开字幕设计窗口。

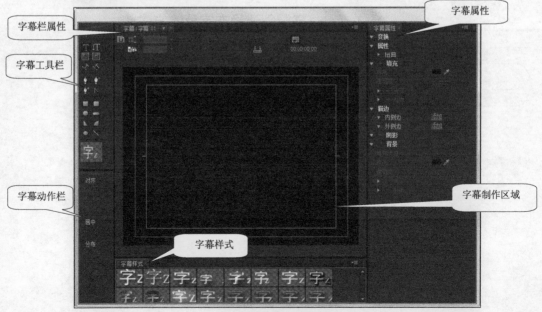

图 8-2 【字幕设计】窗口

8.1.1 字幕栏属性

字幕栏属性主要用于设置字幕的运动类型、字体、加粗、斜体和下画线等，如图 8-3 所示。

图 8-3 【字幕栏属性】面板

- 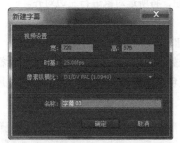（基于当前字幕新建）：单击该按钮，打开【新建字幕】对话框，如图 8-4 所示。在该对话框中可以为字幕文件重新命名。

图 8-4 【新建字幕】对话框

- （滚动/游动选项）：单击该按钮，打开【滚动/游动选项】对话框，如图 8-5 所示。在该对话框中可以设置字幕的运动类型。

图 8-5 【滚动/游动选项】对话框

- 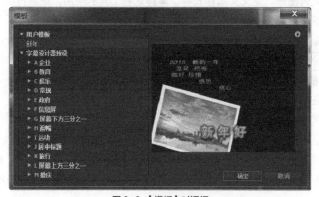（模板）：单击该按钮，打开【模板】对话框，如图 8-6 所示。在该对话框中可以直接套用 Premiere Pro CS6 内置的模板类型，也可以对模板中的图片、填充、文字等元素进行修改，然后使用。

图 8-6 【模板】对话框

- STHupo ▼ （字体列表）：在此下拉列表中可以选择字体。
- Regular ▼ （字体样式）：在此下拉列表中可以设置字形。
- **B** （粗体）：单击该按钮，可以将当前选中的文字加粗。
- **I** （斜体）：单击该按钮，可以将当前选中的文字倾斜。
- **U** （下画线）：单击该按钮，可以将当前选中的文字设置下画线。
- **T** （大小）：设置字的大小。
- **AV** （字距）：设置字的间距。
- **A** （行距）：设置字的行距。
- ≣ （左对齐）：单击该按钮，将所选对象进行左边对齐。
- ≣ （居中）：单击该按钮，将所选对象进行居中对齐。
- ≣ （右对齐）：单击该按钮，将所选对象进行右边对齐。
- ↓ （制表符设置）：单击该按钮，打开【制表符设置】对话框，对话框中为添加制作符区域，可以通过单击刻度尺上的浅灰色区域来添加制作符，如图 8-7 所示。该对话框中各个按钮的主要功能如下。

图 8-7 【制表符设置】对话框

↓ （左对齐制作符）：字符最左侧都在此处对齐。
┃ （居中对齐制作符）：字符一分为二，字符串的中间位置就是这个制表符的位置。
┃ （右对齐制作符）：字符最右侧都在此处对齐。

- ▦ （显示背景视频）：显示当前时间指针所处的位置，可以在时间码的位置输入一个有效的时间值，调整当前显示画面。

8.1.2 字幕工具栏

字幕工具栏中提供了一些制作文字和图形的基本工具，可以对为影片添加文字标题及文本、绘制几何图形、定义文本样式等，掌握这些工具的使用，是进行字幕制作的基础，如图 8-8 所示。各个工具的作用如下。

- ▶ （选择工具）：可以选择某个对象，对其进行大小、位置和旋转角度的调整；按住 Shift 键的同时单击，可选择多个对象；按住左键拖动鼠标拉出一个方框，则框中的对象被全部选择；将鼠标光标放置在被选对象的控制点上，会显示出▦（水平大小）、▦（垂直大小）、▦（大小）或▦（旋转）等形状，此时可调整图形。
- ▦ （旋转工具）：对当前所选对象进行旋转调整。按 V 键可以切换到 ▶ 工具。

图 8-8 【字幕工具栏】面板

- **T** （输入工具）和 **IT** （垂直文字输入工具）：输入横排和竖排文字，或者对所选择的横排和竖排文字进行修改。

- ▦（区域文字工具）：拉出一个横排文字框，确定文字显示的区域。

- ▦（垂直区域文字工具）：拉出一个竖排文字框，确定文字显示的区域。

- ✎（路径文字工具）和✎（垂直路径文字工具）：设置横排和竖排路径文字，先画曲线路径，然后沿曲线输入文字。

- ✎（钢笔工具）：绘制直线或曲线，调整锚点的位置和方向点的位置可以调整曲线形状。

- ✎（添加定位点工具）和✎（删除定位点工具）：在直线或曲线上增加锚点和删除锚点。

- ◥（转换定位点工具）：将平滑锚点转换为角锚点，或者将角锚点转换为平滑锚点，也可以调整方向点的位置。

- 图形工具组：包括▭（矩形工具）、◻（圆角矩形工具）、◣（切角矩形工具）、◯（圆矩形工具）、◻（楔形工具）、◢（弧形工具）、◻（椭圆形工具）和╲（直线工具）8 个绘图工具，可以用来直接画出所表示的图形。

8.1.3　字幕动作栏

在字幕动作栏中，通过【对齐】【居中】和【分布】工具可以快速地对齐、居中、分布文字和图形，让文字和图形排布整齐规范，如图 8-9 所示。各个工具的作用如下。

图 8-9　【字幕动作栏】面板

1.【对齐】组按钮

- ▤（水平靠左）：以选中的文字与图形左垂直线为基准对齐。

- ▥（垂直靠上）：以选中的文字与图形顶部水平线为基准对齐。

- ▣（水平居中）：以选中的文字与图形垂直中心线为基准对齐。

- ▦（垂直居中）：以选中的文字与图形水平中心线为基准对齐。

- ▤（水平靠右）：以选中的文字与图形右垂直线为基准对齐。

- ▦（垂直靠下）：以选中的文字与图形底部水平线为基准对齐。

2.【居中】组按钮

- ▣（垂直居中）：以选中的文字与图形屏幕垂直居中。

- ▣（水平居中）：以选中的文字与图形屏幕水平居中。

3.【分布】组按钮

- ▥（水平靠左）：以选中的文字与图形的左垂直线来分布文字或图形。

- ▥（水平靠下）：以选中的文字与图形的顶部线来分布文字或图形。

- ▥（水平居中）：以选中的文字与图形的垂直中心来分布文字或图形。

- ▤（垂直居中）：以选中的文字与图形的水平中心线来分布文字或图形。

- ▥（水平靠右）：以选中的文字与图形的右垂直线来分布文字或图形。

- ▤（水平靠下）：以选中的文字与图形的底部线来分布文字或图形。

- ▥（水平等距间隔）：以屏幕的垂直中心线来分布文字或图形。

- ▤（垂直等距间隔）：以屏幕的水平中心线来分布文字或图形。

8.1.4　【字幕属性】面板

【字幕属性】面板在字幕设计窗口的右侧，包括变换、属性、填充、描边、阴影和背景 6 个部分，如图 8-10 所示。

图8-10 【字幕属性】面板

【字幕属性】栏中的设置显示根据对象是文字还是图形有所区别，可以采用以下方法通过改变文字的参数，对文字进行修饰。

- 鼠标光标指向数值会变成一个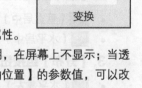（手形双箭头）图标，按住左键拖动鼠标会改变数值。
- 如果在数值上单击鼠标左键，则可以直接输入设定值。

1.【变换】参数夹

【变换】参数夹中的参数主要用于对字幕整体进行调整，具体包括如下参数。

- 【透明度】：设置字幕的透明度。
- 【X轴位置】和【Y轴位置】：调整字幕的坐标位置。
- 【宽】和【高】：调整字幕的宽度和高度。
- 【旋转】：旋转字幕。

在【变换】栏参数中，可以修改文字的透明度、位置、宽度、高度和旋转属性。

当【透明度】为100%时，文字完全显示；当【透明度】为0%时，文字完全透明，在屏幕上不显示；当透明度为0%～100%的数值时，文字为半透明状态。通过修改【X轴位置】、【Y轴位置】的参数值，可以改变文字在屏幕上的位置。通过改变【宽度】、【高度】的参数值，可以改变文字的长宽比例。通过设置【旋转】的参数，可以让文字以设定的角度旋转，如图8-11所示，文字效果如图8-12所示。

图8-11 设置【旋转】参数

图8-12 旋转后的文字效果

提示

读者可以选择喜欢的其他字体或是安装外部字体。具体方法为：将字体文件复制到"C:\Windows\Fonts"文件夹中，设置字体时，在字体下拉菜单中就可以看到安装的字体。

2.【属性】参数夹

【属性】参数夹中的参数主要用于设置文字和图形的大小、形状等，具体包括如下参数。

- 【字体】：在其右侧的下拉列表中可以选择将要使用的字体。
- 【字体样式】：设置字的粗体、斜体、下画线。
- 【字体大小】：设置字的大小。
- 【纵横比】：设置字的长宽比。
- 【行距】：设置行距。
- 【字距】：设置字间距。
- 【跟踪】：设置光标位置处前后字符之间的距离，可在光标位置处形成两段有一定距离的字符。
- 【基线位移】：用于调节基线位移值。基线是紧贴文本底部的一条参考线。通过基线位移，可以设置文字与基线之间的距离，制作上标或者下标文字。
- 【倾斜】：设置字符倾斜的角度。
- 【小型大写字母】：用于将所选的小写字母变成大写字母。
- 【大写字母尺寸】：勾选该选项，可输入大写字母，设置大写字母的显示百分比。或将已有的小写字母改为大写字母。
- 【下画线】：勾选该选项，将增加下画线。
- 【扭曲】：可以分别设置字符在 x、y 方向上的大小，使字符产生变形。

下面通过实例介绍更改【小型大写字母】的方法。

STEP 1 关闭"字幕 01"，再新建一个字幕文件"字幕 02"。选择【文字】工具 T，在字幕制作区域输入"Premiere"，用前边介绍的方法设置【字体】为"Arial"、【字体大小】为"80"，如图 8-13 所示。

STEP 2 选择【选择】工具 ，选中文字，勾选【小型大写字母】选项。文字效果如图 8-14 所示。

图 8-13 输入文字

图 8-14 勾选【小型大写字母】复选框

STEP 3 选择【文字】工具 T，选中文字"P"，设置【字体大小】为"63"，【基线位移】向下微调为"-1"，如图 8-15 所示。

STEP 4 选择【选择】工具 ↖，选中文字对象，调整【大写字母尺寸】选项，会发现只有"P"后面的大写字母发生大小变化。

【行距】、【字距】和【跟踪】是文字的间距属性。【行距】用于调整多行文字的间距。【字距】和【跟踪】用于调整同行文字的间距属性，【字距】用于设置字符之间的距离。【跟踪】与【字距】相似，不同的是调整选择的字符时，【字距】向右平均分配字符间距，而【跟踪】的分配方向取决于文本的对齐方式。比如，左对齐的文本会以左侧为基准，向右扩展；中间对齐的文本会以中间为基准，向两边扩展；右对齐的文本会以右侧为基准，向左扩展。下面通过实例介绍。

STEP 5 关闭"字幕 02"，再新建一个字幕文件"字幕 03"。

STEP 6 选择【区域文字工具】 ▦，在字幕制作区域按鼠标左键拖曳出矩形文本框后，输入文字"Adobe Premiere Pro CS6"，如图 8-16 所示，设置【字体】为"Arial"、【字体大小】为"60"。

图 8-15 改变【基线位移】选项

图 8-16 输入区域文字

STEP 7 设置【行距】为"25"，文字效果如图 8-17 所示。

STEP 8 单击绘制区上方的 ▤ 按钮，让段落文字居中对齐，设置【字距】为"20"，效果如图 8-18 所示。

图 8-17 设置【行距】效果

图 8-18 设置【字距】效果

STEP 9 调整【跟踪】选项的参数值，观察与调整【字距】选项的区别。调整【字距】时，向右分配字符间距，而调整【跟踪】时，则从中间向两边分配字符间距。

◎ **提示**

在本小节中涉及的更改字体、字体大小、外观和对齐等属性也可以通过【字幕】菜单命令完成。

当我们进行图形制作或修改时，还会出现如下选项。

- 【图形类型】：在其右侧的下拉列表中可以选择所需要绘制的图形，该项主要对已绘制图形的形状进行变换。
- 【圆角大小】：设置图形内边的大小，可以调整圆角矩形和切边矩形的圆角和切边的大小。
- 【标记】：当在下拉列表中选择【标记】图形后，会出现这个选项。单击其右侧的 ▓ 图标可以选择图像文件或图形文件作为贴图，所选择的图像在该图标中显示。
- 【线宽】：可以设置所绘制曲线的宽度。
- 【打开曲线】：设置所绘制曲线端点的形状。其中，【方形】选项是方形端点；【圆弧】选项是半圆形端点；【接头】选项也是方形端点，但两端各增加了曲线宽度一半的长度。
- 【连接类型】：当在下拉列表中选择【关闭曲线】图形后，会出现这个选项。设置在线上增加锚点后，相邻线段如何拼接。【斜角】选项是斜角拼接；【圆】选项是圆角拼接；【斜面】选项是斜面拼接。
- 【转角限制】：设置转角拼接的程度。

3.【填充】参数夹

【填充】参数夹中的参数主要用于设置文字和图形填充颜色，具体包括如下参数。

【填充】参数夹

【填充】：从其右侧的下拉列表中可以选择7种填充类型，【实色】是单色填充；【线性渐变】是线性渐变；【放射渐变】是辐射形渐变；【四色渐变】是4种颜色渐变；【斜面】是斜切，产生倒角效果；【消除】是将实体消除，仅留边框和阴影框；【残像】也是将实体消除，仅留边框，但阴影是实体。

- 实色类型

【颜色】：单击 ▢ 按钮，可以打开一个【颜色拾取】窗口，按三基色的数值设置颜色。使用 ✎ 工具，可以吸取颜色。

- 渐变类型

【色彩到色彩】：颜色设置与【颜色】一样，用于决定渐变色色标颜色。

【色彩到透明】：设置填充色彩的透明度。

【角度】：指定线性渐变的渐变角度。

【重复】：设置渐变色的重复数目。

- 斜面类型

【高光色】：设置斜面内部边的色彩。

【高光透明度】：设置倒角内部边色彩的透明度。

【阴影色】：设置斜面和斜面外部边的色彩。

【阴影透明度】：设置斜面外部边色彩的透明度。

【平衡】：设置斜面外部边与内部边颜色各占多少比例。

【大小】：设置斜面边的大小，也就是斜角程度。

【变亮】：勾选该选项，会对倒角边应用灯光。

【照明角度】：调整灯光角度。

【亮度】：设置灯光强度。

【管状】：产生管状的倒角效果。

- 【光泽】

勾选该选项后，单击其左侧的 ▶ 按钮，其下拉列表中又包括以下5项参数设置，【颜色】设置光泽颜色；【透明度】设置光泽透明度；【大小】设置光泽大小；【角度】设置光泽的角度；【偏移】设置光泽的位置。

- 【材质】

勾选该选项后，单击其左侧的 ▶ 按钮，其下拉列表中又包括如下参数设置。

【材质】：单击其右侧的 ▨ 图标，可以选择图形图像文件作为贴图，所选择的图像在这个图标中显示。

【对象翻转】：勾选该选项，使图像随对象一起水平或垂直反转。

【对象旋转】：勾选该选项，使图像随对象一起旋转。

【缩放】：单击左侧的 ▶ 按钮将其展开，其下拉列表中又包括如下参数设置。

　　　　【X 轴对象】和【Y 轴对象】：包含了以下 4 个选项。【材质】将以图像的原始大小贴图。【切面】将缩放图像以满足显示但不考虑图形内边。【面】将缩放图像以满足显示且考虑图形内边。

　　　　【扩展字符】将缩放图像以满足显示且考虑图形内、外边。

　　　　【水平】和【垂直】：设置水平和垂直比例。

　　　　【平铺 X】和【平铺 Y】：勾选该选项，出现瓷砖样的重复贴图。

【对齐】：指定贴图与对象的哪个部分对齐。与【缩放】中设置基本一致。

【混合】：单击左侧的 ▶ 按钮将其展开，其下拉列表中又包括如下参数设置。

　　　　【混合】：数值为 100%，是贴图完全显示，–100% 是填充色完全显示。

　　　　【填充键】：勾选该选项，对象的 Alpha 键值由对象填充色的透明度决定。

　　　　【材质键】：勾选该选项，对象的 Alpha 键值由图像的透明度决定。

　　　　【Alpha 缩放】：可以重新设置图像的透明度。

　　　　【合成通道】：选择引入图像的哪个通道决定透明度。

　　　　【反转混合】：勾选该选项，可以反转 Alpha 键值。

4.【描边】参数夹

单击【描边】参数夹左侧的 ▶ 按钮将其展开，其中的参数主要用来进行文字和图形的轮廓设置。单击【内侧边】选项右侧的 添加 按钮，可以增加一个内轮廓设置；单击【外侧边】选项右侧的 添加 按钮，增加一个外轮廓设置；反复单击 添加 按钮，可以增加多重轮廓设置。其中大多参数设置和前面【填充】参数夹中的一样，有所不同的介绍如下。

- 【类型】：用于设置轮廓类型，其中又包括以下 3 个选项。

　　【深度】调整拷贝对象的深度；

　　【凸出】为对象加边，产生突起的效果；

　　【凹进】为对象加边，产生低陷的效果。

- 【添加】：增加一个内、外轮廓设置。
- 【上移】：当有多个轮廓设置时，将所选的轮廓设置上移。
- 【下移】：当有多个轮廓设置时，将所选的轮廓设置下移。
- 【删除】：将所选的轮廓设置删除。

5.【阴影】参数夹

单击【阴影】参数夹左侧的 ▶ 按钮将其展开，其中的参数主要用来进行文字和图形的阴影设置。许多参数设置和前面【填充】参数夹中的一样，有所不同的介绍如下。

- 【距离】：设置阴影与文字的距离。
- 【扩散】：设置阴影边缘的虚化程度。

6.【背景】参数夹

单击【背景】参数夹左侧的 ▶ 按钮将其展开，其中的参数主要用来进行文字和图形的背景设置。许多参数设置和前面【填充】参数夹中的一样。

　　【字幕设计】窗口由字幕制作区域和上方的属性栏组成，属性栏可以对字幕进行各种基本设置，如字体、粗体、斜体、下画线和对齐方式等，还可以设定字幕的类型；下方的字幕制作区域用来输入文字，并显示文字的最终效果。

　　对于文字与图形混排的，则可以通过单击模板 按钮进行选择，然后制作修改。选择单击滚动/游动 按钮，可以使字幕产生水平飞入、上滚等常见的动画效果。可以对字幕进行各种基本设置，如字体、粗体、斜体、下画线、大小、字距和行距等。左对齐、居中、右对齐和制表符设置主要是辅助工具，用来调整字幕的位置。单击显示背景视频 按钮可以使【时间线】面板中的素材显示在字幕制作区域，直接看到字幕与素材的合成效果，以便精确设置字幕的位置、大小等。

　　制作文字和图形还可以使用预置样式，从【字幕样式】模板列表框中选择模板进行制作修改，能更方便地对文字、图像添加各种已经设定好的颜色、阴影和描边等文字风格。

　　【字幕设计】窗口比较大，为了方便操作，也可以用鼠标在四角处拖动，控制其大小变化。因为电视机使用的扫描技术，会切除视频图像的部分外边界。因此文字最好放置在文字安全区内，以保证能完全显示。在 Premiere Pro CS6 中，可以同时打开多个【字幕设计】窗口，来进行不同的字幕制作。

8.2 字幕菜单命令

　　打开【字幕】窗口后，Premiere Pro CS6 菜单栏中的【字幕】命令就会有效，单击它出现一个下拉菜单，如图 8-19 所示，其中的一些命令与【字幕设计】窗口中的一样，各个命令的含义如下。

字幕菜单命令

图 8-19　菜单命令

- 【字体】：在其下拉列表中可以选择字体。选择其中的【字体】命令，会打开一个字体浏览器，从中可以看到字体的具体样式。
- 【大小】：在其下拉列表中可以选择字的大小或者直接进行设置。
- 【文字对齐】：字符对齐，可以选择左、中、右对齐。
- 【方向】：选择字符是横排还是竖排。
- 【自动换行】：自动换行。
- 【制表符设置】：设置标志线的位置。在文本中按 Tab 键，文本就会自动与这些标志线对齐。
- 【模板】：打开【模板】窗口，从中选择模板或者进行其他操作。
- 【滚动/游动选项】：对字幕滚屏运动的方式进行设置。

- 【标记】：可在字幕显示区域或文字中插入图形标识，并对图形标识进行调整。
- 【变换】：可以直接输入数值，对位置、比例、旋转和透明度进行设置。
- 【选择】：当显示区域的对象相互重叠时，选择该选项可以选择最上面的对象、当前所选对象的上一层对象、当前所选对象的下一层对象或者最下面的对象。
- 【排列】：当对象相互重叠时，可将当前所选对象放到最上层、前面一层、后面一层或者最后一层。
- 【位置】：可将对象的中心放置在显示区域的水平中心、垂直中心，或者将对象的底端放置在字幕安全区的下端。
- 【对齐对象】：当多个对象同时被选择后，可以在水平和垂直方向上进行对齐。
- 【分布对象】：当多个对象同时被选择后，可以在水平和垂直方向上调整它们的分布距离。
- 【查看】：确定字幕显示区域的显示情况，包括是否显示字幕安全区、图像安全区、文字基线和标志线。

8.3 制作字幕

通过前面讲述的内容，读者应该对制作字幕的一些工具、设置和命令有所了解。在 Premiere Pro CS6 中，文字和图形的创建工作是在字幕设计窗口中完成的。

在输入文字之前，首先要确定字幕类型，Premiere Pro CS6 的字幕类型有 4 种：静态、滚动、左游动和右游动，其中滚动字幕和游动字幕是动态文字，滚动字幕是纵向运动的，而游动字幕是横向运动的。

制作字幕（上）

在字幕设计窗口中，可以对字幕或图形添加阴影、描边和斜角边等效果，让字幕变得丰富与立体。这不仅能增加文字的易读性，在图像背景上更好地传递信息，还能提高字幕的视觉审美效果。

下面就来看看利用这些工具、设置和命令，如何制作精彩的静态字幕效果。

8.3.1 制作静态字幕

STEP 01 单击【字幕】面板上方的 ▤ 按钮，打开【滚动/游动选项】对话框，确认【字幕类型】选项为【静态】，在本例中要创建的是静态字幕，如图 8-20 所示。

STEP 02 选择【文字】工具 T，在字幕制作区域单击鼠标，出现一个闪动的"I"形鼠标光标，在【字体】下拉列表中选择"STHupo"，如图 8-21 所示，在 T 100.0 选项中设置字号为"100"。

图 8-20 【滚动/游动选项】对话框

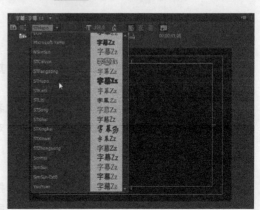
图 8-21 【字体】下拉列表

STEP 在绘制区输入文字"碧海蓝天"，在【居中】栏分别单击 ⊟（垂直居中）和 ⊡（水平居中），如图 8-22 所示。

提示

在输入文字时，鼠标单击的位置就是文字的开始位置。文字输入完毕后，使用字幕设计窗口中的 ⬉ 工具选中文字，可以移动文字在绘制区内的位置。

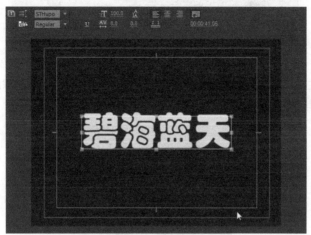

图 8-22 输入文字

STEP 展开【填充】参数夹，在【填充】下拉列表中选择【四色渐变】选项，此时【颜色】选项对应了 4 个色标，如图 8-23 所示。

图 8-23 选择填充类型

STEP 用鼠标在色标上双击，打开【颜色拾取】对话框进行色彩设置，从左上角顺时针开始，将 4 个色标的颜色分别设置为"黄""绿""红"和"蓝"。字的颜色随着色标的变化也产生了变化。

提示

选择色标后，单击【从色彩到色彩】颜色设置，也可以设置色标颜色。

STEP 勾选【光泽】选项，将【大小】选项设置为"45.0"，【角度】选项设置为"45.0"，【偏移】选项设置为"45.0"，从而在每个字的表面产生一道高光效果，如图 8-24 所示。

STEP 为更方便地观察描边效果，单击【字幕设计】面板上方的 ▦ 按钮，取消显示背景视频。

STEP 单击【描边】参数夹下【外侧边】右侧的 添加 按钮，增加一个外轮廓设置。

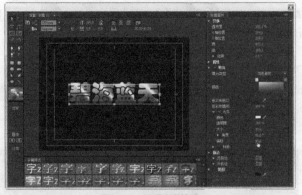

图 8-24　设置高光效果

STEP 9 在【外侧边】选项的设置中，在【类型】下拉列表中选择【深度】选项，将【大小】选项设置为"25.0"，其余使用缺省设置，为字增加厚度，如图 8-25 所示。

图 8-25　增加字幕的深度

STEP 10 按住左键拖动鼠标，使"碧海"两个字被选择，将【属性】参数夹中的【倾斜】选项设置为"−15.0°"；再按住左键拖动鼠标，选择"蓝天"两个字，将【倾斜】选项设置为"15.0°"，使这两个字向外侧倾斜，如图 8-26 所示。

图 8-26　增加字幕的倾斜效果

STEP 11 选择工具，按住鼠标左键拖动上边中央的控制点，减少文字的高度，如图 8-27 所示。调整过程中，【属性】参数夹中的【字体大小】和【纵横比】选项会同时变化。

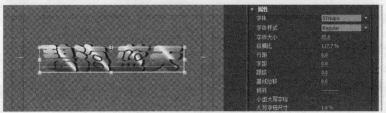

图 8-27　增加字幕的倾斜效果

至此，我们制作完成了文字。接下来再利用绘图工具为"碧海蓝天"四个字加一个背景。

STEP 1 接上例。在【字幕设计】窗口中取消对任何对象的选择，选择■工具，绘制出一个圆角矩形，完全覆盖"碧海蓝天"4 个字，如图 8-28 所示。此时"碧海蓝天"位于下层，因此不可见。

STEP 2 在【属性】参数夹的【图形类型】下拉列表中选择【切角矩形】选项，使圆角变钝角，如图 8-29 所示。

图 8-28　绘制圆角矩形

图 8-29　圆角变钝角

STEP 3 在【填充类型】下拉列表中选择【斜面】选项，将【高光色】选项设置为"绿色"，【高光透明度】选项设置为"60%"，【阴影色】选项设置为"蓝色"，【大小】选项设置为"10.0"，勾选【变亮】选项，将【照明角度】选项设置为"45.0"，勾选【管状】选项。然后取消勾选【光泽】选项，取消勾选【外侧边】下的【外侧边】选项。此时，图形也相应地发生了变化，如图 8-30 所示。

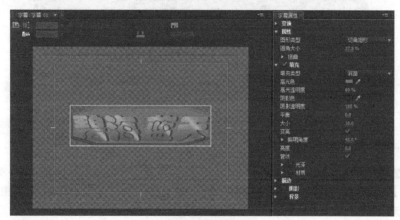

图 8-30　调整图形

STEP 4 在【变换】栏中，用鼠标双击【透明度】选项的数值设置，将其修改为"60.0"，设置对象的整体透明度，如图 8-31 所示，按 Enter 键确认。

图 8-31　设置透明度

STEP 5 输入本地硬盘"素材"中的"碧海.jpg"文件，并将其放入【时间线】窗口的 Video 1 轨上。单击【字幕设计】面板上方的■按钮，确定显示背景视频。字幕显示区域会出现"碧海.jpg"画面。

由于【字幕设计】面板比较大，因此在向视轨放置素材时，可以先将【字幕设计】窗口关闭，然后再将其打开。

STEP 在显示控制区按住左键拖动鼠标，会更改显示的帧画面，如图 8-32 所示。这就是为了方便字幕制作，而设置的背景视频时间码功能。

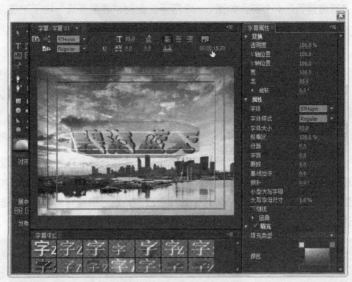

图 8-32 调整所要显示的帧

STEP 7 利用 工具选择图形，按 ↑ 键使其移动，直至图形中心与字幕的中心重合。

提示

按 Shift + ↑ 组合键，每次移动的距离会增大。

STEP 8 选择【字幕】/【选择】/【上层的下一个对象】命令，使得"碧海蓝天"4 个字被选择。再选择【字幕】/【排列】/【放到最上层】命令，使得"碧海蓝天"4 个字处于最上层，如图 8-33 所示，文字变得非常清晰。

STEP 9 选择【字幕】/【选择】/【上层的下一个对象】命令，使图形被选择。再将【变换】栏中的【透明度】选项的数值恢复为"100.0"，将【填充】参数夹中的【高光透明度】选项设置为"20%"，以突出文字效果，如图 8-34 所示。

图 8-33 调整字幕排列

图 8-34 调整图形

STEP 确定【字幕设计】面板被选择，选择【文件】/【存储】命令，将这一字幕效果保存。

STEP 11 关闭【字幕设计】面板，选择【文件】/【存储】命令，将项目文件存储。

提示

激活的窗口不同，使用同样的存储命令会存储不同的对象。

在字幕显示区域显示样本帧很有意义，由此可以直接看到字幕与素材的叠加显示情况，以便对字幕实时调整，一步到位，避免重复劳动。

Premiere 存储字幕的"*.prtl"文件并没有将字体嵌入存储。因此，如果要跨平台或在其他计算机上生成最终的节目，就必须保证所采用的字体在这些计算机中也存在，否则就会被其他字体替代。

8.3.2　制作路径文字

路径文字是使文字沿着一个规定路径排列，以产生生动、活泼的效果。Premiere可以通过绘制贝赛儿曲线来创建路径文字，操作步骤如下。

制作字幕（下）

STEP 1 接上例。删除【时间线】上的"字幕01"素材片段。新建一个字幕文件"字幕 02"。选择【路径文字】工具，将鼠标指针移动到字幕制作区域，鼠标指针变成图标，单击某处添加一个锚点，如图 8-35 所示。

STEP 2 在第 1 个锚点右下方，按鼠标左键并水平拖曳一段距离再释放鼠标，该锚点两侧出现两个控制手柄，如图 8-36 所示。这两个控制手柄的方向和长短决定了路径的方向和弯曲度。

图 8-35　添加第 1 个锚点

图 8-36　添加第 2 个锚点

STEP 3 按照同样的方法添加第 3 个和第 4 个锚点，并拖动控制手柄调整为如图 8-37 所示的形状。

提示

路径曲线绘制完成后，还可以使用钢笔类工具增加锚点，或者调整锚点。

STEP 4 单击【选择】工具退出路径绘制状态。选择路径并调整其在绘制区的位置。再次选择【路径文字】工具，在绘制的路径起始处单击，输入"红瓦绿树 碧海蓝天"，设置【字体】为"SimHei"，【字体大小】为"30"，【跟踪】为"9"，如图 8-38 所示。

图 8-37　路径的最后效果

图 8-38　设置字幕属性

提　示

文字的大小需要根据输入文字的情况进行多次调整，应与曲线的长度相适应。

STEP 5 选择【选择】工具，拖动路径文字四周的变换框，调整路径的大小。根据路径大小，再调整字体大小，使文字和路径能够较好配合。

STEP 6 将【填充】参数夹中的【颜色】选项设置为"红色"；勾选【阴影】，将其下的【颜色】选项设置为"黑色"，【透明度】选项设置为"100.0"，【大小】选项设置为"50.0"，【扩散】选项设置为"40.0"，如图 8-39 所示。

图 8-39　修改文字颜色

STEP 7 选择菜单栏中的【字幕】/【标记】/【插入标记】命令，弹出【导入图像为标记】对话框，如图 8-40 所示，选择本地硬盘"素材"文件夹中的图片"老虎标志.png"，单击 打开(O) 按钮导入标志。

STEP 8 拖动标志四周的变换框，将其缩小。将标志和文字都移动到屏幕右下方，如图 8-41 所示。

这个实例讲述的是横排路径文字的基本制作方法，对于竖排路径文字也是同样制作，只不过需要选择【垂直路径文字】工具。

图 8-40 【导入图像为标记】对话框

图 8-41 插入标记后的文字效果

8.4 创建动态字幕

前边制作的文字都是静态效果，文字在屏幕上是静止的。在 Premiere 中还可以制作动态字幕。动态字幕分为滚动字幕和游动字幕（左游动、右游动）。滚动字幕是在屏幕上纵向移动的字幕，游动字幕是在屏幕上横向左右移动的字幕，这些效果经常能在电视中看到。需要注意的是 Premiere 中制作的动态文字，其移动速度要取决于字幕片段在【时间线】面板中的时间长度。

创建动态字幕

8.4.1 滚动字幕

滚动字幕是在屏幕上纵向运动的动态字幕，滚动字幕通常在节目的片尾显示影片的创作人员信息。其制作步骤如下。

STEP 1 接上例。删除【时间线】上的"字幕 02"素材片段，选择菜单栏中的【文件】/【新建】/【字幕】命令，打开【新建字幕】对话框，在【名称】选项后面输入"滚动字幕"，单击 确定 按钮打开字幕设计窗口。

STEP 2 为更方便地观察描边效果，单击【字幕设计】面板上方的 按钮，取消显示背景视频。

STEP 3 选择【段落文字】工具 ，在字幕制作区域拖曳鼠标拉出一个文本框，复制一段文字粘贴到文本框中，调整文字大小和字体，调整【行距】选项，改变各行文字间的距离。展开【填充】参数面板，将【颜色】设置为白色，如图 8-42 所示。

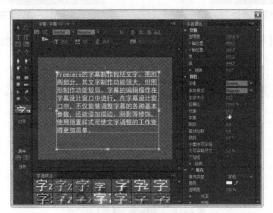

图 8-42 设置段落文字

提示

段落文字的宽度由拖曳的文本框宽度决定，输入的文本到文本框边缘的时候会自动换行。

STEP 4 单击【描边】选项左方的▶按钮将其展开，单击【外侧边】选项右边的 添加 ，为文字添加一个外部描边。

STEP 5 在【外侧边】选项组中设置【大小】为"10"，【颜色】为"黑色"，如图 8-43 所示。

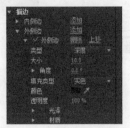

图 8-43 设置【外侧边】参数

 提示

单击【外侧边】选项右边的【删除】可以删除外侧边，继续单击【外侧边】选项右边的【添加】可以为文字增加多个外侧边。

STEP 6 勾选【阴影】复选框并将其展开，设置【颜色】设置为黑色，其参数设置如图 8-44 所示。调整后的文字效果如图 8-45 所示。

图 8-44 设置阴影参数

图 8-45 调整文字效果

STEP 7 单击【字幕】面板中的 按钮，打开【滚动/游动选项】对话框，设置【字幕类型】为"滚动"，如图 8-46 所示。

图 8-46 【滚动/游动选项】对话框

【滚动/游动选项】对话框中的参数介绍如下。

- 【开始于屏幕外】：该项可使纵向滚动或横向游动的文字从画面外开始。
- 【结束于屏幕外】：该项可使纵向滚动或横向游动的文字到画面外结束。
- 【预卷】：要设置文字在运动效果开始之前呈现静止状态，可在该项文本框中输入保持静态的帧数。
- 【缓入】：设置在到达正常播放速度之前逐渐加速的帧数。
- 【缓出】：设置逐渐减速的帧数，直至完全停止。
- 【过卷】：要设置文字在运动效果结束之后呈现静止状态，可在该项文本框中输入保持静态的帧数。

STEP 8 勾选【开始于屏幕外】和【结束于屏幕外】复选框，使字幕文字从屏幕下端出现，滚动至屏幕上端，直至在屏幕中消失。

STEP 9 关闭字幕设计窗口，将"滚动字幕"拖曳到【时间线】面板【视频 1】轨道上与视频左端对齐，如图 8-47 所示。

图 8-47 将字幕放到时间线上

STEP 10 在【节目】监视器视图中播放，会感觉字幕滚动得太快了，默认的字幕文件持续时间是 5 秒，将鼠标指针放置到"滚动字幕"剪辑的末端，将其出点向右拖动 5 秒，如图 8-48 所示，使"滚动字幕"在时间线上的持续时间变为 10 秒。

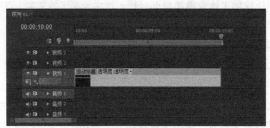

图 8-48 延长字幕持续时间

STEP 11 将时间指针移动到轨道左端，按键盘上的 Enter 键渲染，再次预览效果，可见字幕滚动的速度变慢了。

8.4.2 游动字幕

游动字幕包括向左游动和向右游动两种，是在屏幕上横向移动的字幕。制作步骤如下。

STEP 1 删除【时间线】上的"滚动字幕"素材片段。在项目文件中新建字幕，选择【垂直文字】工具T，在字幕制作区域的右下角单击，输入"在路上"，设置【字体】为"YouYuan"，【文字大小】为"40"，【字距】为"15"，在【字幕样式】面板中选择一种样式双击，将其添加给文字，效果如图 8-49 所示。

STEP 2 单击【字幕】面板上方的 按钮，打开【滚动/游动选项】对话框，如图 8-50 所示，确定【字幕类型】为"左游动"，勾选【开始于屏幕外】复选框，让字幕从屏幕之外的右方进入。将【缓出】值设置为"50"，【过卷】值设置为"100"，表示字幕减速的帧数是 50 帧，进入屏幕之后静止状态的时间是 100 帧。

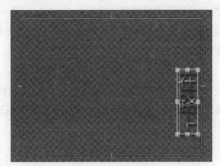

图 8-49　文字效果

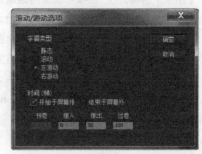

图 8-50　【滚动/游动选项】对话框设置

STEP 3 关闭字幕设计窗口，将"字幕 03"拖曳到【时间线】面板的【轨道 1】上，和轨道左端对齐。播放并观看其效果。

8.5　使用模板

使用模板与文字模板

针对制作中经常使用的效果，Premiere 提供了大量的模板供我们选择使用，而且用户还可以自己制作模板，方便以后的使用。模板分为两类：一类仅针对字幕样式，另一类针对图文混排。下面先看一个仅针对字幕样式模板的使用实例。

通过前边的介绍可以看出，为文字设置基本参数，并添加阴影、描边等属性可以为文字添加各种艺术效果，让文字变得立体、美观。但是调节各种参数十分烦琐，而应用【字幕样式】面板可以让这项工作变得简单而轻松。选中绘制区的文字，双击【字幕样式】面板的一种样式即可。如果要换成另外一种样式，只需在其他样式上双击，便可完成替换。图 8-51 所示为字幕文字应用不同样式的效果。

单击【字幕样式】面板右上角的■按钮，在弹出的菜单中选择【追加样式库】命令，可以追加 Premiere 中自带的其他样式。

如果要将自己制作的文字效果保存为样式，可以选中文字，单击【字幕样式】面板右上角的■按钮，在弹出的菜单中选择【新建样式】命令，弹出【新建样式】对话框，如图 8-52 所示。单击 确定 按钮，选中文字的效果就会保存在样式库中。

图 8-51　应用不同样式的文字

图 8-52　【新建样式】对话框

8.6 使用字幕模板

通过 Premiere 内置的大量模板，能够更快捷地设计字幕。可以直接套用模板，也可以对模板中的图片、填充和文字等元素进行修改，然后使用。模板修改后，也可以保存为一个新的模板，方便其他项目的调用。自制的字幕也可存储为模板，随时调用。使用字幕模板将大大提高工作效率。

字幕模板的使用方法如下。

STEP 接上例。删除【时间线】上的"字幕 03"素材片段。单击 按钮，打开【模板】窗口，从中选择"热带（列表）"模板，如图 8-53 所示，单击 确定 按钮，即可应用此模板。

> **提示**
>
> 【模板】窗口中的模板与存储字幕所用文件的后缀名相同。

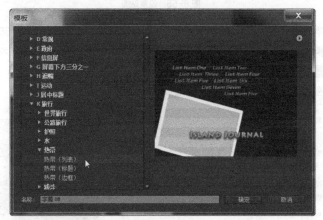

图 8-53 选择一个模板

STEP 选择 T 工具将文字修改为"新年好"等文字，如图 8-54 所示。

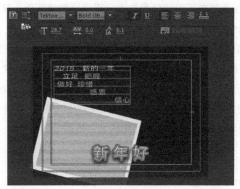

图 8-54 修改文字

STEP 选择 工具，再选择最后面的对象，勾选【填充】参数夹中的【材质】选项，单击 图标，在打开的缺省文件夹中选择"碧海.jpg"文件，将【混合】选项设置为"30.0"，其余使用缺省设置，如图 8-55 所示。

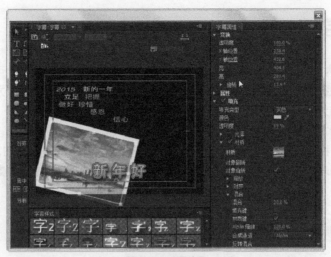

图 8-55　设置贴图

STEP 4 单击 按钮，打开【模板】对话框，单击 按钮打开如图 8-56 所示的下拉菜单。选择【导入当前字幕为模板】命令，在打开的【存储为】对话框中，将"字幕04"名称改为"新年"存为一个模板，单击 确定 按钮退出。

STEP 5 在【用户模板】分类夹下，增加了"新年"，如图 8-57 所示。

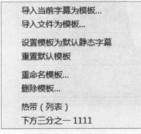

图 8-56　下拉菜单

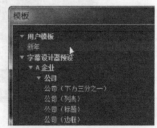

图 8-57　增加模板

【模板】对话框中的模板按类放在不同的分类夹中，采用这些模板后，只需简单修改就可以使用。和模板有关的文件，都存放在 Premiere 安装目录下面的【Presets】文件夹中，因此也可以直接在此进行文件的删除、拷贝、粘贴和重命名等操作。其中【Styles】文件夹下的文件就是文字样式模板；【Templates】文件夹下的文件就是模板；【Textures】文件夹就是单击 图标打开的缺省文件夹。知道了这几个文件夹的作用，就可以直接对它们进行管理。比如，可以将一些好的贴图复制到【Textures】文件夹中。如果制作的字幕文件在其他计算机上使用，而这个字幕中又包含了特有的贴图，就需要将这个贴图文件也复制到所要使用的计算机上，这样才能够保证字幕在这台计算机上正确显示。

8.7　小结

字幕制作中有许多参数、选项需要设置调整，虽然比较复杂，但基本的或者说常用的参数、选项并不多，读者不必在一些细枝末节上花费过多精力。只要掌握本章所讲实例，在以后的实践中注意积累，就一定会全面掌握字幕制作的功能。另外对于字幕中的模板，读者不仅可以调用，而且应该多加分析，看看模板中都使用了什么方法、技巧，这将有助于提高自己的字幕制作水平。

8.8 习题

1. 简答题

（1）Premiere 中的字幕设计窗口由哪几部分组成？

（2）文字的填充类型有哪些？

（3）创建好的字幕保存在哪里？

2. 操作题

（1）创建一个静态字幕，为其应用描边、阴影、光泽和渐变色等样式。

（2）创建一个滚动字幕，让其在屏幕上先静止 1 秒，然后向上滚动出画。

（3）创建一个游动字幕，让其从左边入画，右边出画。

Chapter

9

第 9 章
运动特效

Premiere Pro CS6

【运动】作为一种固定特效放置在【特效控制台】的【视频效果】面板中。所谓固定特效，就是素材只要放到【时间线】面板后就自动带有的特效。【运动】是影视节目作品常见的特效表现技巧，使用【运动】特效可以实现视频或者静止的图像素材产生位置变化、旋转变化和缩放变化的运动效果。在 Premiere Pro CS6 视频轨道上的对象都具有运动属性，可以对其进行移动、改变尺寸大小、旋转等操作。

学习目标

- 了解视频运动特效的设置方法。
- 掌握改变素材位置的方法。
- 掌握修改素材尺寸，添加旋转效果的方法。
- 掌握改变素材透明度的方法。
- 掌握改变关键帧插值的方法。
- 熟悉使用时间重置特效的方法。

9.1 运动特效的参数设置

运动、透明度和时间重置是任何视频素材共有的固定特效，位于 Premiere Pro CS6 的【特效控制台】面板中。如果素材带有音频，那么还会有一个音量固定特效。选中【时间线】面板中的素材，打开【效果控制台】面板，可以对运动、透明度、时间重映射等属性进行设置，如图 9-1 所示。

运动特效的参数设置

图 9-1 【特效控制台】面板

- 【位置】：设置素材位置坐标。单击【视频效果】中的【运动】栏，激活它后，在节目视窗中按住左键拖动鼠标，素材跟随鼠标光标移动，因此可有效调整素材的位置。
- 【缩放比例】：以轴心点为基准，对素材进行缩放控制，改变素材的大小。
- 【缩放高度】和【缩放宽度】：如果取消勾选【等比缩放】复选框，可以分别改变素材的高度、宽度，设置素材在纵向上、横向上的比例变化。
- 【旋转】：第一个数值代表几个周期，表示从一个关键帧变化到另一个关键帧要经过几个 360° 的周期变化，如果没有关键帧，设置此数值没有意义；第二个数值是素材的旋转角度，正值表示顺时针方向，负值表示逆时针方向。
- 【定位点】：设置位置中心坐标。调整它的位置可以使素材产生相反的移动，从而使素材的几何中心与位置中心分离。素材的旋转变化，将依此为中心进行。轴心点的坐标与素材比例参数无关。
- 【抗闪烁过滤】：对处理的素材进行颜色提取，减少或避免视频显示图片的闪烁现象。

单击【运动】特效的名称，当定位点位于素材中心时，即轴心点位于中心，可以在【效果控制台】面板中调节，也可以在【节目】监视器视窗中用鼠标直接调整。素材将沿自身中心进行旋转或缩放，如图 9-2 所示。

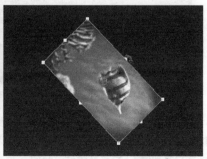

图 9-2 轴心点位于素材中心时直接旋转素材

当定位点位于素材外部时，即轴心点位于外部，素材将沿轴心点进行旋转或缩放，如图9-3所示。

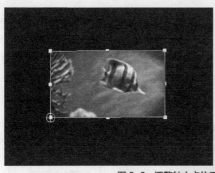

图9-3　调整轴心点位于素材左下角时旋转素材

- 【透明度】：改变素材的不透明程度。
- 【混合模式】：单击右边的 正常 按钮，混合模式的各种选项都出现在打开的下拉菜单中，如图9-4所示。
- 【时间重映射】/【速度】：通过设置关键帧，实现素材快动作、慢动作、倒放和静帧等效果。

9.2 使用运动特效

【运动】特效的使用方法很简单，就是通过设置关键帧确定运动路径、运动速度以及运动状况等，使素材按照关键帧产生位置变化和形状变化。在 Premiere Pro CS6 中，所有关键帧间的插值方法都可以选择设置。

使用运动特效

图9-4　【混合模式】选项

9.2.1　移动素材的位置

移动素材的位置，是运动特效最基本的应用，操作步骤如下。

STEP 1 启动 Premiere，新建一个项目"t9"。在【项目】面板中双击，弹出【导入】对话框。定位到本地硬盘，选择本地硬盘【素材】文件夹中的素材"海鸥.jpg"文件，单击 打开(O) 按钮，导入素材。

STEP 2 将"海鸥.jpg"拖曳到【视频 1】轨道上，选择工具栏中的 工具，将时间线视图扩展到合适大小，如图9-5所示。

图9-5　将素材放到视频轨道上

STEP 3 在【时间线】面板中选中"海鸥.jpg"，打开【效果控制台】面板。单击【运动】特效左侧的 图标，展开参数面板。设置【位置】值为"0,0"，使素材的轴心点位于屏幕的左上角。单击【位置】左侧的动画记录器 ，记录关键帧，如图9-6所示。

图9-6 移动素材到屏幕的左上角

STEP 4 移动时间指针到"00:00:01:20"处，将【位置】的值设置为"360,288"，使素材的轴心点位于屏幕的中心，系统自动记录关键帧，如图9-7所示。动画记录器呈打开状态 ，表明动画记录器处于工作状态，此时对该参数的一切调整将自动记录为关键帧。如果单击关闭该 按钮，将删除该参数的所有关键帧。

图9-7 移动素材到屏幕的中心

STEP 5 将时间指针移动到素材的起始位置，按键盘上的空格键开始播放，观看素材由屏幕左上角到中心运动的效果。

STEP 6 单击【效果控制台】面板中的【运动】特效，或者直接在【节目】监视器视窗中双击素材，可以将素材的边框激活，素材周围将出现一个带十字准线和手柄的边框，如图9-8所示。拖曳素材，也可以改变素材的位置。

图9-8 素材周围出现边框

STEP 7 添加关键帧后，可见【特效控制台】面板右侧的【时间线】面板上已经出现了关键帧。

在【视频效果】面板上可以继续对关键帧进行操作，可以添加、删除关键帧，也可以对关键帧进行移动等。

STEP 移动时间指针到"00:00:03:20"处，单击【添加/删除关键帧】 按钮，可以在当前位置记录一个关键帧，参数仍然使用上一个关键帧的数值，如图9-9所示。

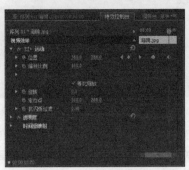

图9-9 添加关键帧（1）

提 示

如果需要移动关键帧的位置，可以选择关键帧，按住鼠标左键直接拖曳。

STEP 9 移动时间指针到"00:00:04:17"处，改变【位置】的值为"720,0"，使素材移动到屏幕的右上角，系统将自动设置关键帧，如图9-10所示。

图9-10 添加关键帧（2）

STEP 10 为参数设置关键帧后，在【视频效果】面板上会出现【关键帧】导航器，如图9-11所示，利用它可以为关键帧导航。单击【跳转到前一关键帧】 按钮、【跳转到下一关键帧】 按钮，可以快速准确地将时间指针向前、向后移动一个关键帧。某一方向箭头变成灰色，表示该方向上已经没有关键帧。当时间指针处于参数没有关键帧的位置时，单击导航器中间的【添加/移除关键帧】 按钮，可以在当前位置创建一个关键帧。当时间指针处于参数有关键帧的位置时，单击【添加/移除关键帧】 按钮，可以将当前位置处的关键帧删除。

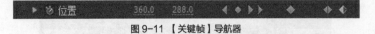

图9-11 【关键帧】导航器

STEP 11 单击【视频效果】面板的【运动】特效，或者直接在【节目】监视器中双击素材，可见已经创建了一条路径。如图9-12所示，路径上点的稀疏程度代表素材运动速度的快慢，密集的点表示运动速率较慢，稀疏的点表示运动速率较快。

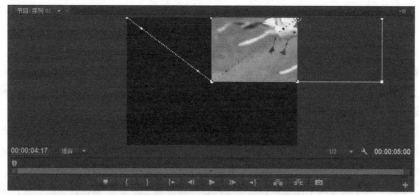

图 9-12　点分布的疏密代表运动速度

9.2.2　改变素材的尺寸

移动素材仅仅使用了运动特效的小部分功能，运动特效最常用的功能是对素材进行缩放和旋转。

STEP 1 接上例。单击【位置】参数的【关键帧】导航器 ◀ 按钮，移动时间指针到【位置】参数的第 2 个关键帧处，单击【缩放比例】左侧的动画记录器 按钮，记录新的关键帧，其缩放比例参数不变。

STEP 2 单击【位置】参数的【关键帧】导航器 ▶ 按钮，将时间指针移动到【位置】参数的第 3 个关键帧处，设置【缩放比例】值为 "50"，单击【缩放比例】左侧的动画记录器 按钮，记录新的关键帧，如图 9-13 所示。

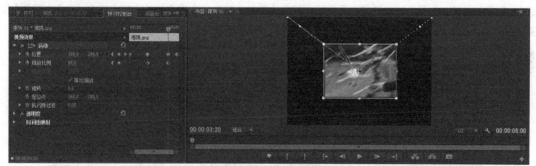

图 9-13　增加新的关键帧

STEP 3 单击【位置】参数的【关键帧】导航器 ▶ 按钮，移动时间指针到【位置】参数的第 4 个关键帧处。单击【缩放比例】参数的【添加/移除关键帧】 ◆ 按钮，增加新的关键帧，设置【缩放比例】值为 "0"，如图 9-14 所示。

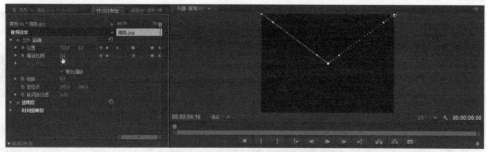

图 9-14　设置【缩放比例】参数的第 3 个关键帧

STEP 4 按键盘上的空格键播放，观看素材由屏幕中心向右上角运动，同时尺寸缩小的效果。

9.2.3 设置运动路径

如果读者熟悉 Flash 或 3DS MAX 等软件，一定会对运动路径有深刻的印象，因为那是实现动画的重要方法。实际上在许多动画软件中，都有运动路径的概念，含义也基本相同。在 Premiere 中，同样也可以为一个素材设置一个路径并使该素材沿此路径进行运动。

STEP 1 接上例。清空【时间线】面板上的素材片段，选择菜单栏【文件】/【导入】命令。在打开的【导入】对话框中，分别选择本地硬盘【素材】文件夹中的"海底世界.jpg"、"海豚.jpg"和"热带鱼.jpg" 3 个素材文件，单击 打开(O) 按钮，导入素材。

STEP 2 在【时间线】面板中，如图 9-15 所示放置上述 3 个素材的视频部分，分别设置出点使"海底世界.jpg"、"海豚.jpg"和"热带鱼.jpg" 3 个素材文件的持续时间都变成 6 秒。其中"热带鱼.jpg"和"海底世界.jpg"的入点对应位置依次放置时间线"00:00:01:24"和"00:00:03:23"位置处。

图 9-15 放置 3 个素材

STEP 3 在【时间线】面板中，取消"视频 2"和"视频 3"视轨显示。在"视频 1"轨上单击"海豚.jpg"素材片段，打开【特效控制台】面板，展开【运动】特效，先将【缩放比例】设为"50"，再将【位置】的 X 坐标值设为"-180"，如图 9-16 所示。素材移出显示区域后，仅保留调整控制点而不再显示。

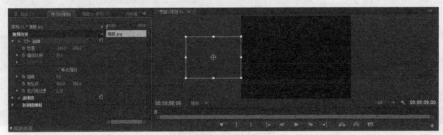

图 9-16 设置开始帧

STEP 4 确定时间指针在节目开始处，单击【位置】左侧的 使其呈 显示，在编辑线处增加一个关键帧。将时间指针调整到素材结束处，再将【位置】的 X 坐标值设为"900"。拖动播放头就可以看到素材从另一侧移出显示区域，如图 9-17 所示。

图 9-17 显示运动路径

STEP 5 在【运动】特效名称处单击鼠标右键，从打开的快捷菜单中选择【复制】命令，将【运动】特效的参数设置拷贝。

STEP 6 在【时间线】面板中，显示"视频 2"轨，单击"热带鱼.jpg"素材片段，【特效控制台】面板就变成了对"热带鱼.jpg"的相关设置。在窗口空白处单击鼠标右键，从打开的快捷菜单中选择【粘贴】命令，将【运动】特效的参数设置粘贴，如图 9-18 所示。

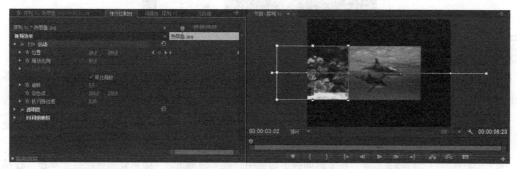

图 9-18　粘贴【运动】特效的参数设置

STEP 7 在【时间线】窗口中，显示"视频 3"视轨，单击"海底世界.jpg"素材片段，【特效控制台】面板就变成了对"海底世界.jpg"的相关设置。在窗口空白处单击鼠标右键，从打开的快捷菜单中选择【粘贴】命令，再次将【运动】特效的参数设置粘贴。

STEP 8 在节目视窗中预演，就会看到类似拉动电影胶片的效果，图像一格一格地从左到右划过屏幕。图 9-19 所示是其中的一帧。

STEP 9 选择【文件】/【存储】命令，将项目文件原名保存。

制作这一效果，主要需要调整素材的持续时间和相对位置，以便各个素材之间实现无缝连接。在上例中素材尺寸缩小了 50%，因此第 1 个素材从开始到完全出现，占了总持续时间的 1/3。所以后

图 9-19　视频运动效果

两个素材入点的对应位置要依次后退约 2 秒。要改变运动速度，还可以增加关键帧，要想速度快，就缩短两个关键帧的时间间隔，加大两个关键帧的坐标距离；反之亦然。

9.2.4　设置运动状态

运动状态主要是指素材旋转的角度，要想制作出完美的运动效果，相关运动设置是必须的。

STEP 1 接上例。在【时间线】面板中，选择"海豚.jpg"素材片段。单击"视频 1"轨中的◇按钮，从打开的快捷菜单中选择【显示关键帧】命令，如图 9-20 所示，以使轨道中的视频素材能够显示出所设置的关键帧。

设置运动状态

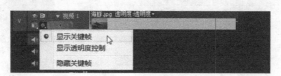

图 9-20　显示关键帧

STEP 轨道中素材的上部出现了一个关键帧选择下拉选项，单击 透明度：透明度▾ 后，弹出如图 9-21 所示效果选择项，选择【运动】特效的【旋转】参数，使轨道上的素材缩略图显示相关的关键帧设置。

图 9-21　选择关键帧显示类型

提示

用于素材的特效、不透明度和运动，都有许多参数可以对关键帧进行设置。为了避免混乱，素材缩略图上只能显示一种。从关键帧选择下拉选项中，就可以决定显示哪一种。

STEP 在【特效控制台】面板中，单击【位置】右侧的 ◀ 按钮，使编辑线跳到素材开始处。

STEP 单击【旋转】左侧的 按钮使其呈 显示，在编辑线处增加一个关键帧。

STEP 选择 工具，在【时间线】面板中，在"海豚.jpg"结束处的黄色线上单击，在结束处增加一个关键帧，如图 9-22 所示。

图 9-22　增加关键帧

STEP 在【特效控制台】面板中，将【定位点】位置坐标设置为"0"和"0"，以使素材绕左上角旋转。如图 9-23 所示，调整【定位点】位置坐标，使素材位置产生了变化。

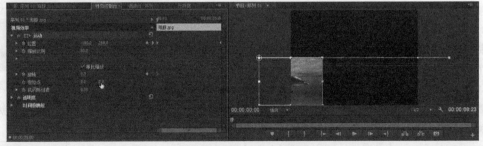

图 9-23　调整【定位点】数值

STEP 在【特效控制台】面板中，将【位置】位置坐标设置为"−360"和"144"，以使素材恢复原位。

STEP 在【时间线】面板中，分别用鼠标右键单击两个关键帧，从打开的快捷菜单中选择【自动曲线】命令，如图 9-24 所示。

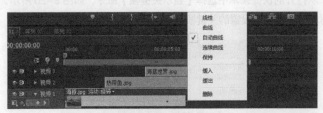

图 9-24　调整【定位点】属性

STEP 9 在【特效控制台】面板中，单击【旋转】右侧的 ▶ 按钮，使编辑线跳到素材结束处。将这个关键帧处的【旋转】数值设为 "–90"，如图 9-25 所示。

STEP 10 在【运动】特效名称处单击鼠标右键，从打开的快捷菜单中选择【复制】命令，将【复制】特效的参数设置拷贝。

STEP 11 在【时间线】面板中，分别单击 "热带鱼.jpg" 和 "海底世界.jpg"，在【特效控制台】面板中，将所拷贝的【运动】特效的参数设置粘贴。

STEP 12 在节目视窗中从开始处预演，就可以看到在图像从左到右划过屏幕的同时又有了旋转变化，图 9-26 所示是其中的一帧。

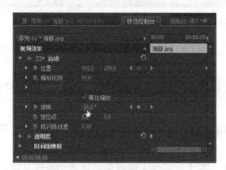

图 9-25　调整【旋转】数值

图 9-26　流动并旋转效果

STEP 13 选择【文件】/【存储】命令，将项目存储。

这个实例，既在【时间线】面板也在【特效控制台】面板对旋转设置了关键帧，由此可以体会设置关键帧的两种方法。同时，可以看出调整【定位点】位置坐标对素材位置和旋转的影响。

9.3　改变透明度

透明度的改变能使素材出现渐隐渐现的效果，使画面的变化更为柔和、自然。

STEP 1 接上例。在【时间线】面板中，选择 "海豚.jpg" 素材片段。

STEP 2 移动时间指针到素材的起始位置，单击【透明度】参数的动画记录器 按钮，设置关键帧，设置【透明度】值为 "0"，如图 9-27 所示。

STEP 3 在【时间线】面板 "00:00:01:14" 位置处设置添加一个关键帧，设置【透明度】参数值为 "100"，如图 9-28 所示设置关键帧。

改变透明度

图 9-27　设置【透明度】参数的第 1 个关键帧

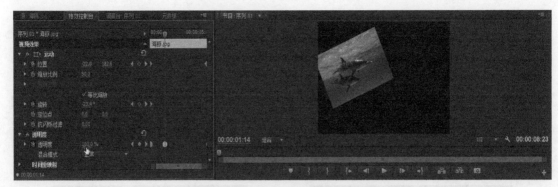

图 9-28　设置【透明度】参数的第 2 个关键帧

STEP 4 在【运动】特效名称处单击鼠标右键，从打开的快捷菜单中选择【复制】命令，将【复制】特效的参数设置拷贝。

STEP 5 在【时间线】面板中，分别单击"热带鱼.jpg"和"海底世界.jpg"，在【特效控制台】面板中，将所拷贝的【运动】特效的参数设置粘贴。

STEP 6 按键盘上的空格键播放，预览整个动画效果，就可以看到在图像从左到右划过屏幕旋转的同时又有了淡出变化。

也可以在【时间线】面板中对特效参数进行编辑修改。在【时间线】面板中将轨道切换到关键帧显示模式，单击素材右上方的透明度 透明度▾图标，打开效果下拉菜单。下拉列表中的特效排序与【视频效果】面板中相同，也可以在这里选择特效参数进行编辑、记录关键帧，如图 9-29 所示。

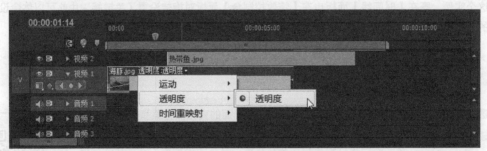

图 9-29　在【时间线】面板选择特效

9.4　创建特效预设

如果希望重复使用创建好的关键帧特效，可以将其存储为预设，操作步骤如下。

STEP 1 接上例。选择【视频效果】面板的【运动】特效，单击鼠标右键，在弹出的快捷菜单中选择【存储预设】命令，如图 9-30 所示；或者单击【特效控制台】面板右上角的 ▤ 按钮，选择【存储预设】命令，如图 9-31 所示。

STEP 2 在弹出的【存储预设】对话框里，输入名称并选择类型。如果预置特效来源的素材长度和将应用预置特效素材的长度不一致，点选【比例】选项，预置特效的关键帧按照长度比例应用到新的素材上；点选【定位到入点】选项，预置特效的关键帧以新素材的起始点为基准应用到新的素材上；点选【定位到出点】选项，预置特效的关键帧以新素材的结束点为基准应用到新的素材上，如图 9-32 所示。

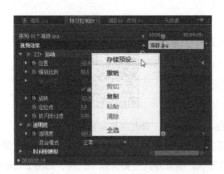

图 9-30　选择【存储预设】命令（1）

图 9-31　选择【存储预设】命令（2）

STEP 　3 设置类型后，单击　确定　按钮。特效即出现在【效果】面板的【预设】文件夹中，如图 9-33 所示。使用时将该特效拖曳到相应的素材即可。

图 9-32　【存储预设】对话框

图 9-33　【预设】文件夹

STEP 　4 如果希望在其他项目中使用该预设，可以将其导出。在【效果】面板中选中该特效，单击鼠标右键，在弹出的快捷菜单中选择【导出预设】命令，如图 9-34 所示。在弹出的【导出预设】对话框中选择保存的路径，输入名称，单击　保存(S)　按钮，如图 9-35 所示。使用时在新项目的【效果】面板中将其导入即可。

图 9-34　选择【导出预设】命令

图 9-35　选择保存的路径和输入预设名称

9.5 添加关键帧插值控制

　　在动画发展的早期阶段，熟练的动画师先设计卡通片中的关键画面，即关键帧，然后由一般的动画师设计中间帧。在 CG 时代，中间帧的生成由计算机来完成，插值代替了设计中间帧的动画师，插值技术在关键帧动画中得到广泛的应用。

添加关键帧插值控制

图 9-36　插值方法

　　通过插值技术，Premiere 在关键帧之间自动插入线性的、连续变化的进程控制值。在 Premiere Pro CS6 中，用鼠标右键单击关键帧，在打开的下拉菜单中选择相应的命令，就可以决定并调整曲线形状。插值方式主要有以下几种，如图 9-36 所示。

- 【线性】：默认插值方法，关键帧之间变化的速率恒定。以线性方式插值平均计算关键帧之间的数值变化，这是缺省设置，其曲线形状是直线。
- 【曲线】：可以拖曳手柄调整关键帧任意一侧曲线的形状，在进出关键帧时产生速率的变化。通过调整单个方向点分别控制当前关键帧两侧的曲线形状，是数值减速变化接近关键帧，然后加速变化离开关键帧。
- 【自动曲线】：自动创建平滑的过渡效果，总保持两条方向线的长度相等、方向相反，使得数值变化均匀过渡。如果调整手柄，将变为连续曲线。
- 【连续曲线】：创建通过关键帧的平滑速率变化。与曲线不同，关键点两侧的手柄总是同时变化。两条方向线总是保持反向，也就是成 180°，因此只有减速进入、加速离开和加速进入、减速离开这两种均匀过渡情况。
- 【保持】：改变属性值，没有渐变过渡。关键帧插值后的曲线保持显示为水平直线。保持当前关键帧的数值不变，直到下一个关键帧，产生数值的突变。
- 【缓入】：进入关键帧时，减缓数值变化。仅出现左侧的方向线，因此接近当前关键帧时数值减速变化。
- 【缓出】：离开关键帧时，逐渐增加数值变化。仅出现右侧的方向线，因此离开当前关键帧时数值加速变化。
- 【删除】：删除当前关键帧。

使用关键帧插值的方法如下。

STEP 1 运用以前的知识，新建一个"序列 02"，在【项目】面板中双击，导入【素材】文件夹中的"标志 1.png"，并将其拖曳到【时间线】面板的【视频 1】轨道上。

STEP 2 选中素材，在打开的【视频效果】面板中单击【运动】特效左侧的 ▶ 图标，展开参数面板。

STEP 3 将时间指针移动到素材的起始帧，单击【旋转】参数左侧的动画记录器 按钮，记录一个关键帧，数值使用默认值"0"。

STEP 4 将时间指针移动到素材的中间部分，设置【旋转】参数值为"720"，旋转参数将呈 `2x0.0°` 显示，系统自动记录新的关键帧，如图 9-37 所示。

STEP 5 将时间指针移动到素材的末帧，设置【旋转】参数值为"0"，同样系统自动记录新的关键帧。

STEP 6 单击【节目】监视器的播放 ▶ 按钮，可以看到风车先沿顺时针方向匀速旋转两周，通过第 2 个关键帧后又沿逆时针方向匀速旋转两周。

STEP 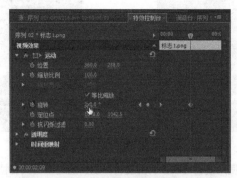7 单击【旋转】参数左侧的██图标，展开数值图与速率图，默认的插值方式为线性方式，如图 9-38 所示。

图 9-37　设置【旋转】参数

图 9-38　为素材的【旋转】参数添加关键帧

STEP 8 选择第 2 个关键帧，单击鼠标右键，在弹出的快捷菜单中选择【曲线】命令，如图 9-39 所示。

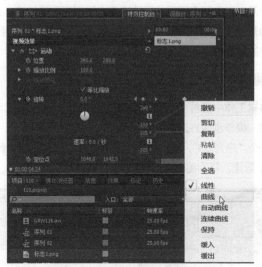

图 9-39　选择关键帧插值方式为曲线

STEP 9 再次进行播放，可以看到风车在接近第 2 个关键帧时旋转速率减慢，离开第 2 个关键帧时旋转速率逐渐加快，如图 9-40 所示。

STEP 10 拖曳关键帧处任意一侧的手柄，手动调整旋转的速度，如图 9-41 所示。

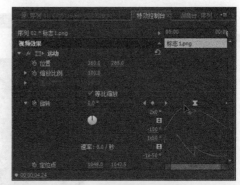

图 9-40　曲线效果　　　　　　　　　　图 9-41　手动调整曲线的调整柄

通过这个实例可以看出，使用线性控制素材的旋转，主要通过设置关键帧并使关键帧的数值产生变化形成一个变化过程。这个变化过程可用一条曲线表示，如果关键帧之间的数值通过线性插值计算得到，则曲线就是直线，采用其他插值方法就对应了不同的曲线形状。其余几种关键帧插值方式，读者可以自己练习。

9.6　使用时间重置特效

Premiere 的【时间重映射】特效可以通过关键帧的设定实现一段素材中不同速度的变化，例如，一段航拍的视频，可以先加快航拍运动的速度，再减缓航拍的速度，还可以在运动过程中创建倒放、静帧的效果。使用【时间重映射】，不需要像使用【速度/持续时间】特效那样，同时改变整个素材的运动状态。

使用时间重置特效

使用关键帧，可以在【时间线】面板或者【特效控制台】面板中直观地改变素材的速度。【时间重映射】的关键帧和运动特效关键帧很类似，但是有一点不同是：一个时间重映射关键帧可以被分开，以在两个不同的播放速度之间创建平滑过渡。当第 1 次为素材添加关键帧并调整运动速度时，创建的是突变的速度变化。当关键帧被拖曳分开，并且经过一段时间，这两个分开的关键帧之间会生成一个平滑的速度过渡。

9.6.1　改变素材速度

改变素材速度是后期编辑工作中经常要遇到的问题。通过 Premiere Pro CS6 的【时间重映射】特效，可以方便地改变素材的速度，操作步骤方法如下。

STEP 1　新建一个"序列 03"，导入本地硬盘【素材】文件夹中的素材"AT116.avi"，并拖曳到【时间线】面板的【视频 1】轨道。将视图调整到合适大小，如图 9-42 所示。

图 9-42　将素材放置到【时间线】面板

STEP 2　选择【工具】面板的 工具，将鼠标指针放置在【视频 1】轨道的上边缘，按住鼠标左键向上拖曳，调整【视频 1】轨道的高度，以方便在该轨道的素材上创建和调整关键帧，如图 9-43 所示。

图 9-43 调整【视频 1】轨道的高度

STEP 3 打开素材上的效果下拉菜单，选择【时间重映射】/【速度】命令，如图 9-44 所示。素材上显示一条黄色的线，以控制素材的速度，如图 9-45 所示。

图 9-44 在【时间线】面板中选择【速度】命令

图 9-45 控制素材速度的黄线

STEP 4 拖曳时间指针到 "00:00:02:18" 处，选择【视频 1】轨中的【添加-移除关键帧】 按钮，创建一个关键帧。速度关键帧出现在素材顶端的【速度控制】轨道中，如图 9-46 所示。

图 9-46 创建速度关键帧

STEP 5 选择【工具】面板的 工具，将鼠标指针放在黄色的控制线上，按住鼠标左键向上或者向下拖曳黄色控制线，可以增加或降低这部分素材的运动速度。这里向上拖曳鼠标，同时在【时间线】面板中显示现在素材速度相当于原速度的百分比，当数值变为 "200" 时释放鼠标，如图 9-47、图 9-48 所示。

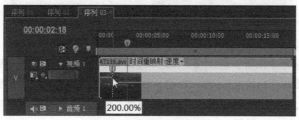

图 9-47 加倍素材运动速度

图9-48　加倍素材运动速度后的黄色控制线

STEP 6 选中速度关键帧，左右拖曳的同时按住 Shift 键，可以改变关键帧左侧部分的速度。

改变素材速度，素材的持续时间随之发生变化。素材加速会使持续时间变短，素材减速会使持续时间变长。由上图中可以看到由于加快素材运动速度，整个素材持续时间变短。

STEP 7 按键盘上的空格键播放，发现素材在速度关键帧位置处发生了突变的速度变化。

STEP 8 向右拖曳速度关键帧的右半部分，创建速度的过渡转换。在速度关键帧的左右两部分之间出现一个灰色的区域，表示速度转换的时间长度，而且之间的控制线变为一条斜线，表示速度的逐渐变化，如图9-49所示。一个蓝色的曲线控制柄出现在灰色区域的中心部分，如图9-50所示。

图9-49　创建速度的过渡转换

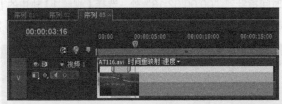

图9-50　蓝色的曲线控制柄

STEP 9 将鼠标指针放置在控制柄上，按住鼠标左键并拖曳，可以改变速度变化率，如图9-51所示。

图9-51　改变速度变化率

STEP 10 按住 Alt 键，通过 工具选中速度关键帧的右半部分，拖曳的同时观察【节目】监视器视图，移动关键帧到一个新的合适位置。配合 Alt 键，拖曳速度关键帧的左半部分，可以向后移动关键帧。对于分开的关键帧，在白色控制轨道中，单击并拖曳关键帧左右部分之间的灰色区域，同样可以改变速度关键帧的位置，如图9-52所示。

图 9-52　改变速度关键帧的位置

STEP 11 打开【特效控制台】面板，可以看到【时间重映射】的参数调整，如图 9-53 所示。但是该特效在【特效控制台】面板中不能像其他特效那样直接对数值进行编辑。

图 9-53　【特效控制台】面板的【时间重映射】参数

STEP 12 如果要删除速度关键帧，选择关键帧中不想要的部分，按 Delete 键，将其删除并把速度关键帧还原为起始状态，如图 9-54 所示。

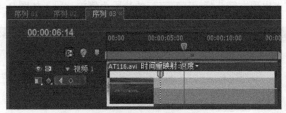

图 9-54　删除速度关键帧的一部分

STEP 13 选择速度关键帧，按 Delete 键，删除整个关键帧，如图 9-55 所示。

图 9-55　删除整个关键帧

9.6.2　设置倒放

倒放后再正放素材可以为序列增添生动或戏剧性的效果。利用【时间重映射】特效，可以在一段素材上调整播放速度，实现倒放后再正放效果，操作步骤如下。

STEP 1 接上例。向下拖曳黄色的控制线，当【时间线】面板的速度显示百分比为"100"时释放鼠标，恢复素材至原始的播放速度，如图9-56所示。

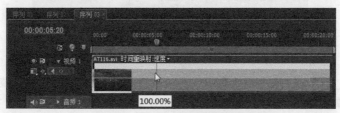

图9-56　恢复素材至原始的播放速度

STEP 2 拖曳时间指针到"00:00:07:04"处，选择【视频1】轨中的【添加-移除关键帧】◆按钮，创建一个速度关键帧，如图9-57所示。

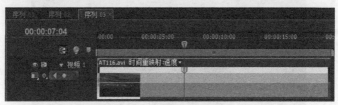

图9-57　创建速度关键帧

STEP 3 按住 Ctrl 键的同时，向右拖曳关键帧。同时【节目】监视器视图上显示两幅画面：倒放的开始位置帧与倒放的结束位置帧。待【节目】监视器视图上时码显示为"00:00:00:00"时释放鼠标，此时素材将倒放至素材的开始帧。

STEP 4 释放鼠标后，【时间线】面板会出现两个新的关键帧，标记出两个相当于拖曳长度的片段。在【速度控制】轨道上出现左箭头标记≪≪≪≪≪≪的片段为倒放片段，如图9-58所示。

图9-58　创建倒放效果

提示

可以为3个关键帧创建速度变化的过渡，并通过拖曳曲线控制柄，调节速度变化率。

STEP 5 按键盘上的空格键播放，预览素材的倒放效果。

9.6.3　创建静帧

可以将素材中的某一帧"冻结"，好像导入静帧一样。创建静帧后，还可以创建速度变化的过渡。创建静帧的方法如下。

STEP 1 接上例。按 Ctrl+Z 组合键，撤销倒放操作。

STEP ·2 按住 Ctrl 键和 Alt 键的同时，向右拖曳关键帧，提示条显示为"00:00:10:02"时释放鼠标，此时素材帧的冻结时间为从"00:00:07:04"～"00:00:10:02"。释放鼠标后，在该位置处出现一个新的关键帧。两个关键帧之间为运动静止区，如图 9-59 所示。

图 9-59　创建静帧效果

STEP ·3 向左拖曳左侧冻结关键帧的左半部分或者向右拖曳右侧冻结关键帧的右半部分，可以为冻结关键帧创建过渡转换，如图 9-60 所示。

图 9-60　为冻结关键帧创建过渡转换

9.6.4　移除时间重映射特效

移除时间重映射特效，需要在【视频效果】面板中展开【时间重映射】参数面板，单击动画记录器 按钮，将会打开一个【警告】对话框，如图 9-61 所示，打击 确定 按钮退出对话框。这样将删除所有的关键帧，并关闭【时间线】面板素材的【时间重映射】特效。

图 9-61　【警告】对话框

如果要重新设置【时间重映射】效果，单击动画记录器 按钮，将其设置为开启状态 即可。

9.7 运用运动特效制作片头

在 Premiere 中通过运用运动特效，可以丰富视频剪辑的效果，增加观影感受。结合视频拍摄的运动规律还可以有效地调节视频的整体节奏，使剪辑作品更加精彩多变。下面将通过实例讲解如何运用运动特效制作一个简短的片头。

STEP ·1 启动 Premiere，打开"工程磁盘（D：）/Premiere CS6 基础教程/案例/第 9 章/9.7 制作片头特效.prproj"项目文件。在弹出的"脱机视频链接"窗口中找到视频素材所在的文件夹，根据提示的文件名称进行文件链接，如图 9-62 所示。

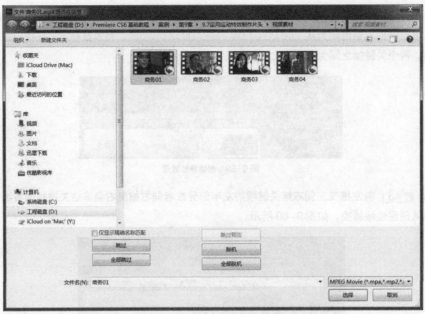

图 9-62　对脱机文件重新链接

STEP 📁2　定位媒体后 Premiere 自动打开项目文件，双击打开【项目】面板中的【视频素材】文件夹，这时可以看到文件夹中有 4 段视频片段。接下来我们将用这 4 段视频制作一个简短的片头，并为其添加字幕和运动特效，如图 9-63 所示。

图 9-63　查看项目视频素材

STEP **3** 在正式开始剪辑之前，我们需要对这 4 段视频资料进行分析。分别双击视频缩略图，在【源】面板中播放预览。视频资料分析如下：

- 视频"商务 01"是一个女性 A 接电话的镜头，镜头从特写手拿起电话平移到 A 面部。最终女性面部特写停留在画面左侧。时长 9 秒。
- 视频"商务 02"是一个男性 B 一边行走一边接电话的镜头。B 从画面左侧入镜，停留片刻后从画面右侧出镜，镜头为固定镜头。时长 6 秒左右。
- 视频"商务 03"是一个女性 C 一边行走一边接电话的镜头。C 从画面左侧入镜，停留片刻，做出一个看表的动作后从右侧出镜，镜头稍微向上移动。时长 7 秒左右。
- 视频"商务 04"是男性 B 与另一个人一边交谈一边走的镜头。两个人从画面左侧入镜、右侧出镜，镜头从平移到固定到简短的跟镜头。时长 13 秒左右。

视频画面总体如图 9-64 所示。

图 9-64　对视频素材进行分析

STEP **4** 根据步骤 3 中的视频分析，我们对 4 段视频进行简单的梳理。

- A 打电话给 B；
- B 正在与人会面；
- B 接到 A 打来的电话；
- B 打电话给 C。

因此按照"商务 01""商务 04""商务 02"和"商务 03"的顺序将 4 段视频素材拖曳到时间线，拖曳【时间线】底部的缩放条滑块 ，将时间标尺缩放到适合的大小，如图 9-65 所示。

STEP **5** 现在进入视频的精剪，首先是对"商务 01"的剪辑。双击"商务 01"视频素材，使其在【源】面板中预览。播放视频，在"00:00:01:04"处，即女性 A 抬手的瞬间，单击 按钮设置入点，如图 9-66 所示。继续播放视频，在"00:00:04:06"处，即 A 开始说话前，单击 按钮设置出点，如图 9-67 所示。此时对应时间线上的"商务 01"视频素材已经剪辑完成，如图 9-68 所示。

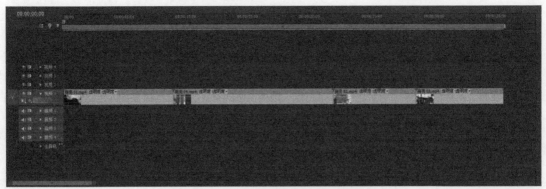

图 9-65　将 4 段视频按照顺序拖曳到时间线中

图 9-66　设置入点

图 9-67　设置出点

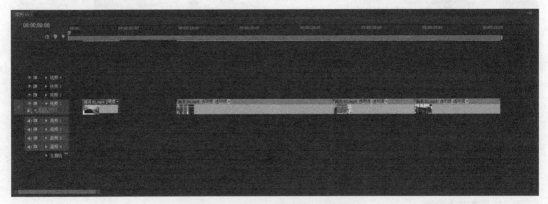

图 9-68　"商务 01"视频素材剪辑完成

STEP 6 继续进行对视频素材"商务 04"的剪辑。在【源】面板中预览，并在视频"00:00:00:13"处单击 按钮设置入点，继续播放视频，在"00:00:07:10"处单击 按钮设置出点，如图 9-69 所示。

STEP 7 单击视频素材"商务 01"与"商务 04"之间的空白区域，右键选择【波纹删除】，删除两个视频素材之间的空白区域，并将剪辑好的 2 段素材拖曳到视频轨道最左侧，如图 9-70 所示。

STEP 8 在【节目预览器】中预览剪辑好的视频内容，发现两段视频衔接没有问题，但第二段视频时长过于拖沓，影响整体节奏需要进行进一步的调整。

图 9-69 设置视频 "商务 04" 的出入点进行剪辑

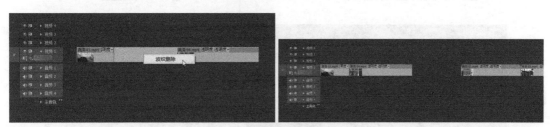

图 9-70 删除素材之间的空白区域

STEP 9 使用工具栏中的 🔪 工具，在 "商务 04" 波形段的中间位置单击，将视频素材分为两段，如图 9-71 所示。

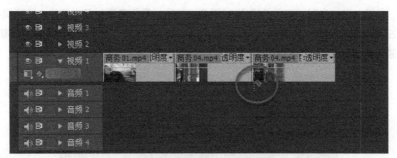

图 9-71 创建 "序列 02" 进行剪辑

STEP 10 选中前半段视频素材，右键选择【速度/持续时间】，如图 9-72 所示。在弹出的【素材速度/持续时间】对话框中将 "速度" 设置为 "200%"，勾选下方【波纹编辑，移动后面的素材】复选框，如图 9-73 所示，单击 确定 按钮退出。

STEP 11 修改后的视频素材如图 9-74 所示。在【节目预览器】中预览，视频节奏得到调整。

图 9-72　选择【速度/持续时间】　　　　　　　图 9-73　更改速度

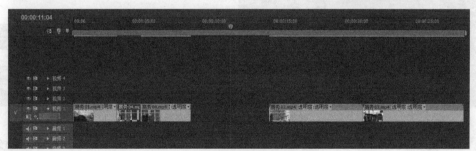

图 9-74　修改后的视频素材

STEP 12 进一步对"商务04"进行调整。将鼠标悬停在素材条右侧边上，当鼠标图标变为 时，单击鼠标左键向左拖曳到时间线"00:00:07:10"处，如图 9-75 所示，释放鼠标，视频条长度变短。预览视频，视频节奏调整完成。

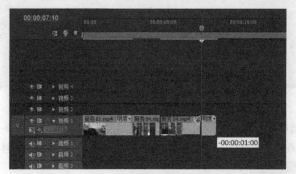

图 9-75　调整视频时间长度

STEP 13 接下来的剪辑需要我们再次回顾步骤 4 中对视频整体的梳理。为了更加清晰地表现人物之间的关系，我们可以将视频设计为 A 打电话给 B，B 接听电话后 A 挂机，这时 B 再打电话给 C，如图 9-76 所示。

图 9-76 对视频剧情进行统筹安排

STEP 14 首先对视频素材"商业 02"进行剪辑。"商业 02"是男性 B 打电话的镜头，因此我们需要将这一个镜头分割成两个部分，一是接到 A 的电话，一是打给 B。根据素材拍摄的运动规律，可在 B 在画面中央停留时进行镜头分割，如图 9-77 所示。

图 9-77 选择合适位置分割视频素材

STEP 15 从【视频素材】文件夹中找到视频素材"商务 01"，双击素材在【源】面板中显示，设置素材出入点，节选出女性 A 挂掉电话的镜头，如图 9-78 所示。

图 9-78　节选所需的镜头

STEP 16 在【源】面板中单击 ￼ 按钮，将选取的视频片段插入到已经分割为两段的"商务 02"视频中间，如图 9-79 所示。

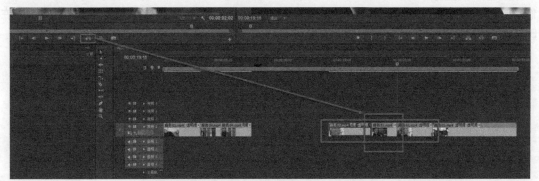

图 9-79　进行多机位剪辑

STEP 17 用鼠标右键单击视频素材"商务 04"与"商务 02"之间的空白，删除空白波形，如图 9-80 所示。

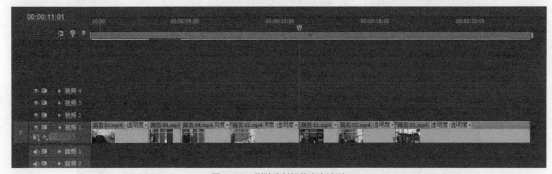

图 9-80　删除素材间的空白波形

STEP 18 渲染预览视频，在把握视频整体节奏的基础上，继续对视频长度进行细微调整，如图 9-81 所示。

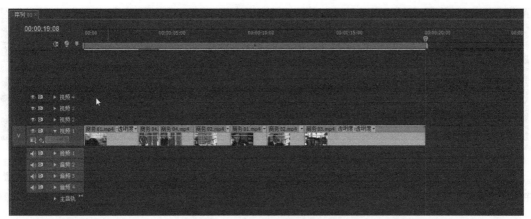

图9-81 对视频素材继续进行细微调整

STEP 〔19〕 视频剪辑部分基本完成，接下来我们在结尾处为视频制作一个简单的运动特效，使视频节奏更加紧凑、细腻。

STEP 〔20〕 拖动时间指针，使其停留在"00:00:11:08"处。拖动视频素材"商务03"到【视频2】轨道，并使其左前端位于指针停留位置，如图9-82所示。

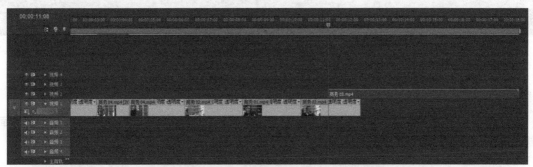

图9-82 将视频素材"商务03"放置于【视频2】轨道

STEP 〔21〕 为了方便观看效果，可先将【视频2】轨道上的输出关闭。单击轨道前方的 按钮，使【视频2】暂时处于隐藏状态，这样更加方便我们优先对【视频1】轨道上的视频进行处理，如图9-83所示。

图9-83 关闭【视频2】轨道的输出

STEP 〔22〕 选择视频素材"商务02"，进入【特效控制台】面板。将指针移动到"00:00:11:08"处，并单击【运动】标签页下【位置】选项前方的 按钮，为素材添加位置关键帧，如图9-84所示。

图 9-84　为素材添加位置关键帧

STEP　23 将指针拖至"00:00:12:11"处，单击 ◎ 按钮为素材设置第 2 个关键帧，并将【位置】中的 X 值设置为"2883.0"，如图 9-85 所示。

图 9-85　设置第 2 个关键帧

STEP　24 此时，我们为视频素材"商务 02"制作了一段从左到右移动的运动特效。

STEP　25 打开【视频 2】轨道前的 ◎ 按钮，使轨道上的视频显示输出。

STEP　26 保持时间指针在"00:00:12:11"处，单击视频素材"商务 03"，进入【特效控制台】面板，并单击【运动】标签页下【位置】选项前方的 ◎ 按钮，为素材添加第 1 个位置关键帧，如图 9-86 所示。

图 9-86　为视频素材"商务 03"设置第 1 个关键帧

STEP　27 移动指针到素材最左端，单击 ◎ 按钮为素材设置第 2 个关键帧，并将【位置】中的 X 值设置为"-960.0"，如图 9-87 所示。

STEP　28 此时我们同样为视频素材"商务 03"制作了一段从左到右移动的运动特效。渲染后进行视频预览，两个画面通过运动特效进行移动切换制作完成，如图 9-88 所示。至此，视频的基本剪辑完成。

图 9-87　为视频素材设置第 2 个关键帧

图 9-88　运动特效效果

STEP 29 制作片头，必然少不了制作字幕。字幕的效果同样可以通过运动特效制作完成。

STEP 30 在【项目】面板中单击鼠标右键，选择【新建分项】/【字幕】命令，如图 9-89 所示。在弹出的【新建字幕】对话框中设置相关参数，如图 9-90 所示，单击 确定 按钮退出对话框。

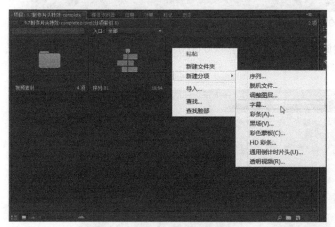

图 9-89　关闭【视频 2】轨道的输出

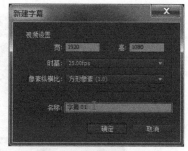

图 9-90　【新建字幕】对话框

STEP 31 将指针移动到 "00:00:02:11" 处作为字幕键入的参考，为画面添加第 1 个字幕，字幕设置如图 9-91 所示。

STEP 32 将制作完成的字幕从【项目】面板拖曳到时间线的【视频 2】轨道上，如图 9-92 所示。

图 9-91　设置字幕

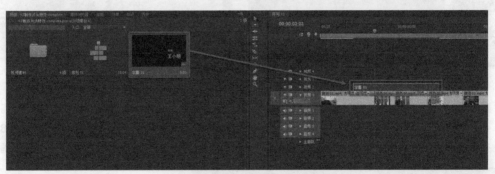

图 9-92　将字幕拖曳到【视频 2】轨道上

STEP　33 调整"字幕 01"时间长度，使其起始于"00:00:01:22"，并于"00:00:03:03"结束，如图 9-93 所示。

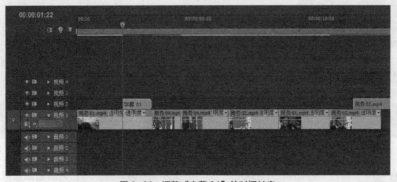

图 9-93　调整"字幕 01"的时间长度

STEP　34 下面为"字幕 01"添加一个运动特效。选中"字幕 01"，并打开【特效控制台】面板。由于字幕所在镜头是一个由下向上的移动镜头，因此可同样制作字幕由下向上运动。将指针移动到字幕最左侧，单击【运动】标签页下【位置】选项前方的 按钮，为其添加一个位置关键帧，如图9-94所示。

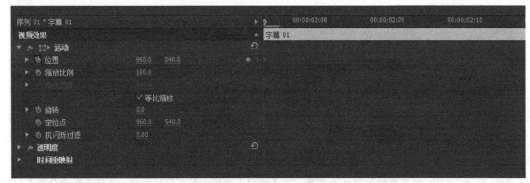

图9-94 为"字幕01"制作位置特效

STEP 35 在第1个关键帧处设置【位置】的 Y 值为"1136.0"。移动时间指针到字幕素材的前四分之一位置，设置第2个关键帧，并将 Y 值设置为"617.0"，如图9-95所示。

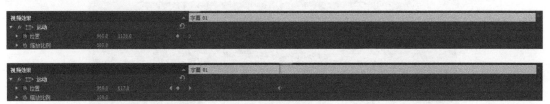

图9-95 添加位置关键帧

STEP 36 为了使字幕运动更加贴合镜头运动，更加自然契合，我们继续为其添加一个缩放特效。

STEP 37 将时间指针移动到字幕素材的最左侧，单击【运动】标签页下【缩放比例】选项前方的 按钮，为其添加一个缩放关键帧，并将【缩放比例】参数设置为"130"，如图9-96所示。

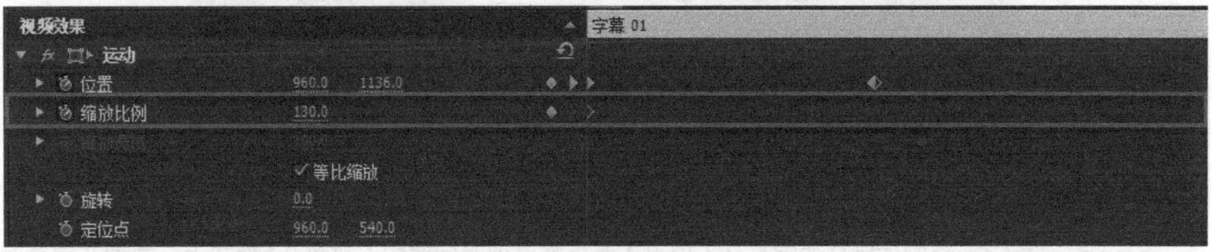

图9-96 添加缩放关键帧

STEP 38 将时间指针移动到【位置】的第2个关键帧处，单击【缩放比例】选项前方的 按钮，为其添加第2缩放关键帧，并将【缩放比例】参数设置为"100"，如图9-97所示。

图9-97 添加第二个缩放关键帧

STEP 39 渲染视频后进行预览，第 1 个字幕制作完毕，如图 9-98 所示。

图 9-98 字幕最终运动效果

STEP 40 接下来制作第 2 个字幕。在【项目】面板中单击鼠标右键，选择【新建分项】/【字幕】命令，新建"字幕 02"到素材库。

STEP 41 将指针移动到"00:00:07:22"处作为字幕键入位置的参考，如图 9-99 所示。

图 9-99 设置字幕

STEP 42 将制作完成的字幕从【项目】面板拖曳到时间线的【视频 2】轨道上，并调节字幕时间长度，如图 9-100 所示。

图 9-100 将字幕添加到时间线

STEP 43 下面为"字幕 02"添加一个运动特效。选中"字幕 02",打开【特效控制台】面板。由于此时画面中人物由左侧进入,因此可以制作字幕从画面右侧进入。将指针移动到字幕最左侧,单击【运动】标签页下【位置】选项前方的 按钮,为其添加一个位置关键帧,并将【位置】中的 X 值设置为"1648.0",如图 9-101 所示。

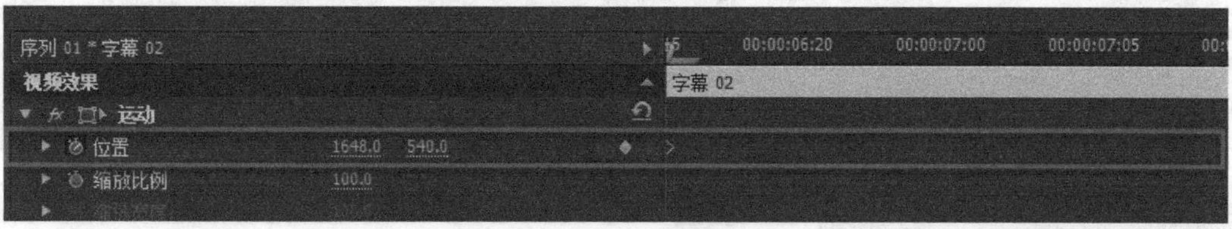

图 9-101　为"字幕 02"制作位置特效

STEP 44 移动时间指针到"00:00:07:07",添加第 2 个关键帧,并将 X 值设置为"960.0",如图 9-102 所示。

图 9-102　添加位置关键帧

STEP 45 此时,"字幕 02"的位置运动特效制作完成。为了进一步完善,使运动更加柔和,可在此基础上为字幕添加透明度特效。

STEP 46 将时间指针移动到字幕素材的最左侧,单击【透明度】标签页下【透明度】选项前方的 按钮,为其添加一个透明度关键帧,如图 9-103 所示。

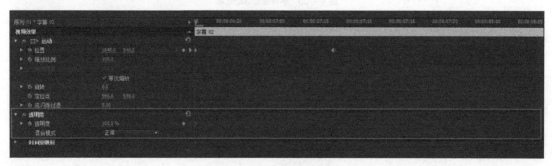

图 9-103　添加透明度关键帧

STEP 47 将第 1 个透明度关键帧的透明度参数设置为"0.0%"。移动时间指针到【位置】的第 2 个关键帧处,单击【透明度】选项前方的 按钮,为其添加第 2 缩放关键帧,并将【透明度】参数设置为"100.0%",如图 9-104 所示。

STEP 48 渲染视频后进行预览,第 2 个字幕制作完毕,如图 9-105 所示。

图 9-104　添加透明度关键帧

图 9-105　字幕最终运动效果

　　这个实例通过剪辑、制作运动效果和添加字幕，制作了一个简单的片头。通过这个综合实例我们可以发现 Adobe Premiere Pro CS6 中运动特效的应用十分广泛，不仅可以运用在视频与视频的衔接上，也可以用于字幕添加，这需要我们在不断的实践中总结经验，选择适合视频本身的效果添加。

9.8　小结

　　本章主要介绍了 Premiere Pro CS6 中视频素材共有的固定特效：运动、透明度和时间重映射。改变素材的运动、透明度是在后期制作中常用的编辑方法。时间重映射可以实现同一素材不同部分速度的分段变化，还可以创建平滑的过渡效果，并且易于控制。使用运动主要涉及运动路径的设置、运动速度的变化和运动状态的调整，本章的内容是视频特效的基础内容，掌握这部分内容比较容易，但要用好用活，还需要注意结合其他表现手法，不能孤立地使用运动，经常需要和后面章节的其他视频特效结合使用。

9.9　习题

1. 简答题

（1）改变素材在屏幕上的位置有哪两种方法？

（2）如果希望素材正好处于屏幕的左边缘外，应该如何定位运动参数？

（3）时间重映射有什么功能？

（4）在【时间线】面板中设置【时间重映射】特效，却无法添加关键帧，是什么原因？

2. 操作题

（1）素材从屏幕的左上角旋转着飞入画面，又继续旋转着从画面的右下角飞出，同时素材的尺寸由最小到满屏显示，又变为最小。

（2）通过【时间重映射】特效实现镜头在摇的过程中，速度先加快、后正常的效果。

（3）通过【时间重映射】特效实现在推镜头过程中，速度先正常、然后突然加快、最后又逐渐恢复为正常的效果。

Chapter

10

第 10 章
视频合成编辑

合成编辑是视频节目制作中非常重要的部分。Premiere Pro CS6 提供了各种合成功能，可以合成任意轨道数量的视频、图形或图像。在节目片头、片花制作中就经常采用这种方法，特别是多画面的合成。

学习目标

- 掌握使用【透明度】特效合成素材的方法。
- 掌握使用【混合】特效、【纹理】特效合成素材的方法。
- 掌握使用 Alpha 调节的方法。
- 掌握使用【色度键】、【颜色键】和【亮度键】特效抠像的方法。
- 掌握使用各种遮罩抠像的方法。

10.1 使用【透明度】特效

使用【透明度】特效是一种最简单的实现视频合成的方法，通过改变素材的透明程度，可以通过该层素材看到低层轨道上的视频。

【特效控制台】面板中的【视频效果】包括了一个【透明度】特效，使用它也可以对视频素材的不透明度进行设置。与【时间线】面板中进行的设置一样，它也是通过设置关键帧并使关键帧的数值产生变化，以实现不透明度的变化。而且对同一素材进行的设置，两者完全同步，也就是说在【时间线】面板设置线性后，在【特效控制台】面板中会同时出现相同显示；反之亦然。图 10-1 所示为【透明度】特效参数设置。

使用【透明度】特效

图 10-1 【透明度】特效

在【透明度】特效中，只有单击 按钮使其呈 显示，才能够增加关键帧，当单击动画开关使其呈 显示时，将删除全部关键帧。右侧时间线用来显示关键帧位置，可以用鼠标直接拖动关键帧进行位置调整，按 Delete 键可以将所选关键帧删除。单击 按钮，可以在编辑线位置增加一个关键帧。需要注意的是，如果拖动滑块或直接设置数值，也会在编辑线位置处增加一个关键帧。因此如果要调整已有关键帧的数值，必须使用 ▶ 和 ◀ 按钮使编辑线跳转到相应的关键帧位置，然后进行数值设置。用鼠标右键单击关键帧，会打开与图 10-2 类似的快捷菜单，主要增加了撤销上一步操作、剪切、复制、粘贴、清除和全选关键帧命令。

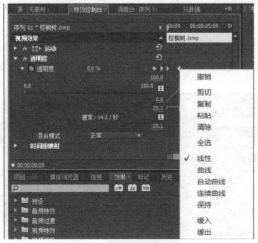

图 10-2 【透明度】特效关键帧命令

使用【透明度】特效进行合成的方法如下。

STEP 1 启动 Premiere Pro CS6，新建一个"t10"项目。定位到本地硬盘【素材】文件夹，导入视频素材"CDA103.avi""DE110H.avi"和"GRW116.avi"到【项目】面板中，如图 10-3 所示。

STEP 2 分别将"GRW116.avi"和"CDA103.avi"素材拖曳到【时间线】面板的【视频 1】轨道和【视频 2】轨道上。

STEP 3 选择【工具】面板中的 工具，将鼠标指针放置在素材"CDA103.avi"的右边缘，拖曳使其长度与【视频 1】轨道的"GRW116.avi"相同，如图 10-4 所示。

图 10-3 【项目】面板

图 10-4 改变"CDA103.avi"的长度

STEP 4 选择【工具】面板中的 工具，选择【视频 2】轨道上的"CDA103.avi"，打开【特效控制台】面板。单击【透明度】特效左侧的 图标，展开其参数面板。单击【节目】监视器视图下方的 按钮，将时间指针移动到素材的起始位置处，将【透明度】参数设置为"0"，按键盘上的 Enter 键，记录一个关键帧，如图 10-5 所示。

图 10-5 设置【透明度】起始帧参数

STEP 5 单击【节目】监视器视图下方的 按钮，系统将时间指针移动到素材的结束位置处，设置【透明度】参数为"60"，按键盘上的 Enter 键，再次记录一个关键帧，如图 10-6 所示。

图 10-6 设置【透明度】结束帧参数

STEP 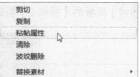6　按键盘上的空格键，播放素材，可以看到上层轨道素材
由无到有，逐渐出现的效果。

STEP 7　在【时间线】面板素材"CDA103.avi"上单击鼠标右键，
在弹出快捷菜单中选择【复制】命令，如图 10-7 所示，然后将其删除。

STEP 8　将【项目】面板中的"DE110H.avi"拖曳到【时间线】
面板中的【视频 2】轨道，选择【工具】面板中的 工具，拖曳其边缘使素材"DE110H.avi"的长度与
"GRW116.avi"相同，如图 10-8 所示。

STEP 9　在素材"DE110H.avi"上单击鼠标右键，在弹出的快捷菜单中选择【粘贴属性】命令，
把为"CDA103.avi"设置的透明度关键帧及参数应用到"DE110H.avi"上，如图 10-9 所示。

图 10-7　选择【复制】命令

图 10-8　改变"DE110H.avi"的长度

图 10-9　选择【粘贴属性】命令

 提示

通过【粘贴属性】命令，可以将应用到素材上的所有视频特效的关键帧及参数设置粘贴到另一个素
材上。

STEP 10　素材"DE110H.avi"起始帧、结束帧的关键帧设置及效果如图 10-10、图 10-11 所示。

图 10-10　"DE110H.avi"起始帧参数及效果

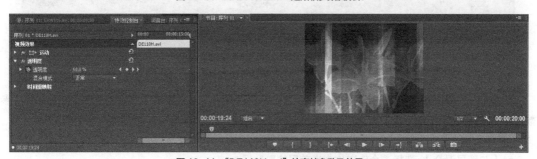

图 10-11　"DE110H.avi"结束帧参数及效果

10.2 使用多轨视频特效

多轨视频特效主要指【混合】特效和【纹理】特效。【混合】特效是指定当前【时间线】面板中一个轨道的素材、图形图像作为当前轨道素材的融合层，产生各种融合效果。【纹理】特效是在一个轨道素材上显示另一个轨道素材的纹理。通过【混合】特效和【纹理】特效，可以将不同视频轨道上的素材混合到一起，得到合成效果。

使用多轨视频特效

【混合】特效的使用方法如下。

STEP 1 新建一个"序列2"，在【项目】面板中双击，导入图片"标志1.png""老虎标志.jpg"和"马2.jpg"。

STEP 2 将"马2.jpg"拖曳到【时间线】面板的【视频1】轨道，将"标志1.png"拖曳到【时间线】面板的【视频2】轨道，如图10-12所示。

图10-12 【时间线】面板

STEP 3 在【效果】面板中选择【视频特效】/【通道】/【混合】特效，并将其拖曳到【时间线】面板【视频1】轨道的"马2.jpg"上，如图10-13所示。

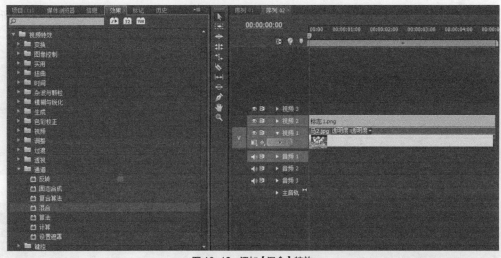

图10-13 添加【混合】特效

STEP 4 此时，【混合】特效出现在"马2.jpg"的【特效控制台】面板上。将【缩放比例】参数设置为"62"。单击【混合】特效左侧的 ▶ 图标，展开参数面板，如图10-14所示。

【混合】特效参数面板中的选项及参数功能介绍如下。

- 【与图层混合】：选择一个轨道作为当前层的融合层。

- 【模式】：用于设置不同层的融合方式，分为 5 种：【交叉渐隐】、【仅颜色】、【仅色调】、【仅变暗】
和【仅变亮】。
- 【与原始图像混合】：设置素材的融合程度。
- 【如果图层大小不同】：设置指定轨道中的素材尺寸与当前素材不匹配时的处理方式。选择【居中】
选项，将指定轨道的素材放在当前层的中心处；选择【伸展以适配】选项，将放大或者缩小指定层来适配
当前素材尺寸。

STEP 5 设置【与图层混合】为"视频2"，【原始图像混合】参数为"20%"，其余参数使用默
认设置，如图 10-15 所示。

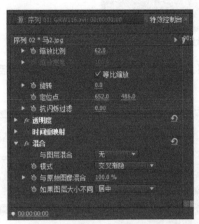

图 10-14 【混合】特效参数面板　　　　　　　　图 10-15 参数设置

STEP 6 在【节目】监视器视窗中仍然看不到混合效果。使用混合特效，如果指定层位于
当前层轨道的上方，需要将指定层轨道的显示关闭或者将指定素材的激活取消。单击【视频2】轨
道左侧的 图标，将指定层素材的显示关闭。采用这种方法，将这个轨道上所有素材的显示都关闭，
如图 10-16 所示。

STEP 7 再次单击【视频2】轨道左侧的 图标，将指定层素材的显示打开。在素材"标志1.png"
上单击鼠标右键，在弹出的快捷菜单中取消勾选【启用】命令，将激活关闭，如图 10-17 所示。

图 10-16 关闭【视频2】轨道的显示　　　　　　图 10-17 选择【启用】命令

STEP 8 这样只关闭【视频2】轨道上素材"标志1.png"的显示，不会影响到该轨道上的其
他素材。混合效果如图 10-18 所示。由于当前选择的【混合模式】是"交叉渐隐"，效果和使用【透明
度】特效效果相似。

材质特效的使用方法如下。

STEP 1 接上例。选择素材"马2.jpg"，在【效果控制】面板中将【混合】特效删除。

图 10-18　合成效果

STEP 2 在【效果】面板中选择【视频特效】/【风格化】/【材质】特效，并将其拖曳到【时间线】面板的"马2.jpg"上，如图10-19所示。

图 10-19　添加【材质】特效

STEP 3 【材质】特效出现在"马2.jpg"的【视频效果】面板上。单击特效左侧的 ▶ 图标，展开参数面板，如图10-20所示。

【材质】特效参数面板中的选项及参数功能介绍如下。

- 【纹理图层】：用于设置产生纹理图案的轨道。
- 【照明方向】：用于设置灯光的照射方向。
- 【纹理对比度】：用于设置产生纹理的对比度。
- 【纹理位置】：用于设置如何放置图案。选择【拼贴纹理】选项，重复纹理填充；选择【居中纹理】选项，将纹理放在当前层的中心处；选择【拉伸纹理以适配】选项，将放大或者缩小纹理图像来适配当前素材尺寸。

图 10-20　【材质】特效参数面板

STEP 4 将【纹理图层】设置为"视频2"，【纹理对比度】设置为"2"，【纹理位置】参数设置为"居中纹理"，其参数设置及合成效果如图10-21所示。

STEP 5 将【项目】面板中的"老虎标志.jpg"拖曳到【时间线】面板的【视频2】轨上，将"标志1.png"素材覆盖，如图10-22所示。

图 10-21 【材质】参数设置及合成效果

图 10-22 【时间线】面板

STEP 6 在"老虎标志.jpg"上单击鼠标右键，在弹出的快捷菜单中取消勾选【启用】命令，取消激活功能。效果如图 10-23 所示，左侧为纹理图，右侧为合成图。即使"老虎标志.jpg"这样没有纹理的图片，也能产生纹理效果。

图 10-23 "老虎标志.jpg"的纹理图和合成图

STEP 7 将【纹理位置】设置为"拼贴纹理"，效果如图 10-24 所示。"老虎标志.jpg"的尺寸比当前素材"马 2.jpg"的尺寸小，设置后产生了纹理重复的效果。

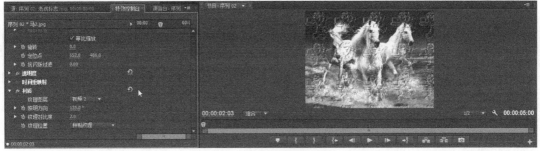

图 10-24 【拼贴纹理】效果

10.3 【键控】特效

键控又称为抠像，是使图像的某一部分透明，将所选颜色或亮度从画面中去除，去掉颜色的图像部分透明，显示出背景画面，没有去掉颜色的部分仍旧保留原有的图像，以达到画面合成的目的。通过这种方式，单独拍摄的画面经抠像后可以与各种景物叠加在一起。例如真人与三维角色、场景的结合以及一些科幻、魔幻电影特技的超炫画面等，这些合成特技，需要事先在蓝屏或绿屏前拍摄素材。通过抠像特效不仅使艺术创作的丰富程度大大增强，而且也为难以拍摄的镜头提供了替代解决方案，同时降低了拍摄成本。

【键控】特效 a

展开【效果】面板的【视频特效】/【键控】特效组，分类夹下共有 15 种特效用于实现素材合成编辑，每种键的功能与使用各不相同。对同一个素材选择不同的键，会产生不同的合成效果。各个键控的设置中有一些相同参数和选项，在下面的讲述中，对相同部分将不重复叙述。如图 10-25 所示，【键控】特效除【Alpha 调整】特效之外，其余特效基本可分为以下 3 类。

图 10-25 【键控】特效

- 色彩、色度类特效：包括【RGB 差异键】、【色度键】、【蓝屏键】、【非红色键】、【颜色键】和【极致键】。
- 亮度类特效：【亮度键】。
- 遮罩类特效：包括【16 点无用信号遮罩】、【4 点无用信号遮罩】、【8 点无用信号遮罩】、【图像遮罩键】、【差异遮罩】、【移除遮罩】和【轨道遮罩键】。

10.3.1　使用 Alpha 调整特效

【Alpha 调整】（Alpha 通道调整）键是针对素材的 Alpha 通道进行处理的一种键，有些静态或者序列图片本身含有 Alpha 通道，利用 Alpha 通道可以控制素材的透明关系，对应通道白色部分素材完全不透明，黑色部分完全透明，黑与白之间的灰色部分呈半透明。利用【效果】面板中的【Alpha 调整】特效可以调整通道的透明度、反转和输出等。

下面先讲述 Alpha 通道的含义。

Alpha 通道是数字图像基色通道之外，决定图像每一个像素透明度的一个通道。Alpha 通道使用灰度值表示透明度的大小，一般情况下，纯白为不透明，纯黑为完全透明，介于白黑之间的灰色表示部分透明。

和基色通道一样，Alpha 通道一般也是采用 8bit 量化，因而可以表示 256 级灰度变化，也就是说可以表现出 256 级的透明度变化范围。比如 RGB 通道值是 255 的白色圆，如果 Alpha 通道值是 128，在显示时就是"50%"透明度的灰色圆。

Alpha 通道也是可见的，如图 10-26 所示，左边的是原始图像，中间是 Alpha 通道，右边是利用 Alpha 通道合成后的图像。Alpha 通道的作用主要有以下 3 个。

图 10-26 带 Alpha 通道的图像

- 用于合成不同的图像，实现混合叠加。
- 用于选择图像的某一区域，方便修改、处理。
- 利用 Alpha 通道对基色通道的影响，制作丰富多彩的视觉效果。

Alpha 通道可与基色通道一起组成一个文件，在存储时一般可以进行选择。

应用 Alpha 通道抠像，方法如下。

STEP 1 新建一个"序列 3"。在【项目】面板上双击鼠标左键，导入"大雁.tga""风光 7.jpg"素材文件。

STEP 2 将"风光 7.jpg"拖曳到【时间线】面板的【视频 1】轨道，将"大雁.tga"拖曳到【时间线】面板的【视频 2】轨道，如图 10-27 所示。

图 10-27 【时间线】面板

STEP 3 在【时间线】面板中分别选择【视频 2】轨道上的"大雁.tga"与【视频 1】轨道上"风光 7.jpg"，在【视频效果】面板中，单击【运动】左边的▶按钮，将"大雁.tga"与"风光 7.jpg"两个素材的【缩放比例】参数分别设置为"24"和"159"，将素材缩放到合适大小。

STEP 4 由于"大雁.tga"自身含有 Alpha 通道，透明信息已经包含在素材中，Premiere 在序列中自动显示为透明。如图 10-28 所示，左侧是含有 Alpha 通道的图像，中间是它的 Alpha 通道，右侧为合成效果。

图 10-28 含有 Alpha 通道图像的合成效果

STEP 在【效果】面板中选择【视频特效】/【键控】/【Alpha 调整】特效，并将其拖曳到【时间线】面板的"大雁.tga"上，【Alpha 调整】特效出现在"大雁.tga"的【视频效果】面板上。单击特效左侧的 ▶ 图标，展开参数面板，如图 10-29 所示。

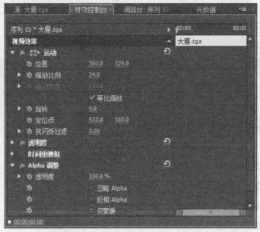

图 10-29 【Alpha 调整】特效参数面板

在 Premiere 中生成的字幕文件都带 Alpha 通道，当一个带 Alpha 通道的素材被放到除【视频 1】轨以外的视轨上，将自动使用 Alpha 通道与下面视轨中的素材产生叠加效果。而使用【Alpha 调整】键就可以对素材的 Alpha 通道进行处理。【Alpha 调整】键有如下 3 项设置。

- 【透明度】：用于调节 Alpha 通道的不透明程度。
- 【忽略 Alpha】：勾选该项，将忽略素材中的 Alpha 通道，素材将整体覆盖下面视轨的素材，如图 10-30 所示。
- 【反相 Alpha】：勾选该项，将反转素材中的 Alpha 通道，就是使 Alpha 通道中黑白反转，原来显示的区域变成不显示，原来不显示的区域变成显示，如图 10-31 所示。
- 【仅蒙版】：勾选该项，将使素材仅显示它的遮罩，是一个灰度图，如图 10-32 所示。

图 10-30 【忽略 Alpha】效果

图 10-31 【反相 Alpha】效果

图 10-32 【仅蒙版】效果

一个素材是否带有 Alpha 通道，可以通过查看文件属性来获知。值得注意的是，并非所有的图像文件都能包括 Alpha 通道，像*.jpg、*.gif 等文件，肯定没有包括 Alpha 通道。要存储带 Alpha 通道的图像，一般常用*.tga、*.tif、*.png 文件格式。

在【Alpha 调整】键中虽然也可以设置关键帧，但除了其中的【透明度】项外，其他 3 项设置关键帧的实际意义不大，因为这 3 项没有数值设置，因此在它们的右侧没有 ◀ ◇ ▶ 按钮可以利用。其他键中也有类似情况，凡是应用关键帧实际意义不大的项目，其右侧都没有 ◀ ◇ ▶ 按钮。

10.3.2 使用色彩、色度类特效抠像

使用色彩、色度键抠像的原理是为素材选择一种颜色，使其变为透明，然后再通过调节其余参数确定色彩选择的范围。

1. 色彩、色度类特效

（1）【RGB 差异键】：是【色度键】特效的"简化版"，可以选择一种色彩或色彩范围来进行透明，还可以为键控对象设置阴影，参数设置如图 10-33 所示。

（2）【色度键】：使用【色度键】，可以选择素材中的某一种颜色进行透明处理。它的参数设置如图 10-34 所示。各参数、选项的含义如下。

图 10-33 【RGB 差异键】参数设置面板

图 10-34 【色度键】参数设置面板

- 【颜色】：选择要抠掉的颜色。单击□按钮打开【颜色拾取】对话框，从中选择将要透明的颜色；单击✎工具后按住左键拖动鼠标，可以在屏幕上选择将要透明的颜色，一般是在节目监视器视窗中选择素材的某种颜色。
- 【相似性】：以所选颜色为基础调节颜色的选择范围、增减透明区域。
- 【混合】：将叠加的区域与下层素材混合，值越大，混合的程度越高。
- 【阈值】：设置透明区域阴影的数量。数值越高，阴影量越大。
- 【屏蔽度】：加暗或加亮阴影。向右拖动可以加暗阴影，但不要超过【阈值】滑条的值，如果超过，会反转像素的灰度和透明度。
- 【平滑】：用于设置透明与不透明区域之间的光滑度，其下拉列表内有【无】【低】和【高】3 个选项。
- 【仅遮罩】：将透明与不透明区域以黑白遮罩的形式显示，类似于显示 Alpha 通道。

（3）【蓝屏键】：用在以纯蓝色为背景的画面上。创建透明时，素材上的纯蓝色变得透明。如图 10-35 所示，左侧为原始画面，右侧为抠像后的画面。

图 10-35 【蓝屏键】特效

参数设置面板如图 10-36 所示，面板中的选项及功能介绍如下。

- 【阈值】：缺省设置是"100"，向左拖动可在较大的颜色范围内产生透明。

- 【屏蔽度】：缺省设置是"0"，向右拖动可以增加不透明区域。此值如果超过【阈值】滑条的值，可使透明与不透明区域反转。
- 【平滑】和【仅蒙版】：与【色度键】特效的参数功能相同。

（4）【非红色键】：可以在素材的蓝色和绿色背景创建透明区域。当【蓝屏键】特效抠像不能取得满意的效果时，可以尝试该方式，参数设置如图 10-37 所示。

图 10-36 【蓝屏键】参数设置面板

图 10-37 【非红色键】参数设置面板

【非红色键】特效参数面板中的选项及参数功能介绍如下。

- 【阈值】：向左拖曳滑杆，直至蓝色、绿色部分产生透明。
- 【屏蔽度】：向右拖曳，增加由【界限】参数产生的不透明区域的不透明度。
- 【去边】：从素材不透明区域的边缘移除剩余的蓝色或者绿色。选择【无】不启用该项功能，选择【绿色】、【蓝色】分别针对绿色或者蓝色背景素材。
- 【平滑】、【仅蒙版】：与【色度键】特效的参数功能相同。

（5）【颜色键】：可以使与指定颜色接近的颜色区域变得透明，显示下层轨道的画面，参数设置如图 10-38 所示。

图 10-38 【颜色键】参数设置面板

- 【主要颜色】：选择要抠掉的颜色。单击色块可以在打开的颜色拾取器中选择颜色，通过 ✎ 工具可以在屏幕中选择任意颜色。
- 【颜色宽容度】：设置与抠掉颜色的相似度。数值越高，与指定颜色相近的颜色被透明的越多，反之被透明的颜色越少。
- 【薄化边缘】：设置不透明区域的边缘宽度。数值越大，不透明区域边缘越薄。
- 【羽化边缘】：设置不透明区域边缘的羽化程度。数值越高，边缘过渡越柔和。

（6）【极致键】：该特效通过制定某种颜色，在选项中调整差值能参数，来显示素材的透明度。如图 10-39 所示，左侧为原始画面，中间是背景画面，右侧为运用特效后的画面。

图 10-39 【极致键】参数设置面板

参数设置面板如图 10-40 所示，面板中的选项及功能介绍如下。

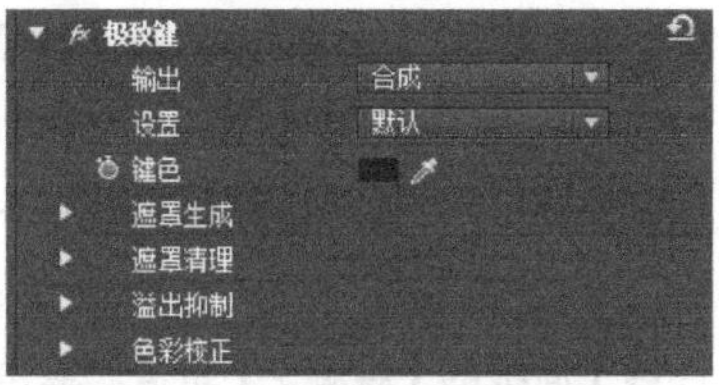

图 10-40 【极致键】参数设置面板

- 【输出】：允许您在节目监视器中查看调整的最终结果，有【合成】、【Alpha 通道】和【颜色通道】3 个选项。
- 【设置】：允许您在节目监视器中查看设置的最终结果，有【默认】、【散漫】、【活跃】和【定制】4 个选项。
- 【键色】：单击 框打开【颜色拾取】对话框。然后选择主要颜色，并单击 确定 按钮。或单击拾色器，并选择主要颜色。
- 【遮罩生成】：通过指定一种特定的颜色将其在素材中遮罩起来，然后通过设置其【透明度】、【高光】、【阴影】、【宽容度】和【基准】等选项的参数进行合成。

【透明度】：在背景上抠像源后，控制源的透明度。值的范围为 0~100，"100"表示完全透明，"0"表示不透明，默认值为"45"。

【高光】：增加源图像的亮区的不透明度。可以使用"高光"提取细节，如透明物体上的镜面高光。值的范围为 0~100，默认值为"10"，"0"不影响图像。

【阴影】：增加源图像的暗区的不透明度。可以使用【阴影】来校正由于颜色溢出而变透明的黑暗元素，值的范围为 0~100，默认值为"50"，"0"不影响图像。

【宽容度】：从背景中滤出前景图像中的颜色。增加了偏离主要颜色的容差。可以使用【容差】移除由色偏所引起的伪像。也可以使用【容差】控制肤色和暗区上的溢出，值的范围为 0~100，默认值为"50"，"0"不影响图像。

【基准】：从 Alpha 通道中滤出通常由粒状或低光素材所引起的杂色。值的范围为 0~100。默认值为"10"，"0"不影响图像，源图像的质量越高，【基值】可以设置得越低。

- 【遮罩清理】：可从以彩色预先正片叠底的素材中删除色边。该选项的参数如下。

【抑制】：缩小 Alpha 通道遮罩的大小。执行形态侵蚀（部分内核大小）。阻塞级别值的范围为 0~100，"100"表示"9×9"内核，"0"不影响图像。默认值为"0"。

【柔和】：使 Alpha 通道遮罩的边缘变模糊。执行盒形模糊滤镜（部分内核大小），模糊级别值的范围为 0~100，"0"不影响图像，默认值为"0"，"100"表示"9×9"内核。

【对比度】：调整 Alpha 通道的对比度。值的范围为 0~100，"0"不影响图像，默认值为"0"。

【中间点】：选择对比度值的平衡点。值的范围为 0~100，"0"不影响图像，默认值为"50"。

- 【溢出抑制】：可去除用于颜色抠像的彩色背景中的前景主题颜色溢出。该选项的参数如下。

【降低饱和度】：控制颜色通道背景颜色的饱和度。降低接近完全透明的颜色的饱和度。值的范围为 0~50，"0"不影响图像，默认值为"25"。

【范围】：控制校正的溢出的量。值的范围为 0~100，"0"不影响图像，默认值为"50"。

【溢出】：调整溢出补偿的量。值的范围为 0~100。"0"不影响图像，默认值为"50"。

【明度】：与 Alpha 通道结合使用可恢复源的原始明亮度。值的范围为 0~100，"0"不影响图像，默认值为"50"。

- 【色彩校正】：控制前景源的饱和度、色相和明亮度。该选项的参数如下。

【饱和度】：控制前景源的饱和度。值的范围为 0~200，设置为"0"将会移除所有色度，默认值为"100"。

【色相位】：控制色相。值的范围为–180°~+180°，默认值为"0°"。

【亮度】：控制前景源的明亮度。值的范围为 0~200，"0"表示黑色，默认值为"100"。

2. 利用【蓝屏键】特效抠像

STEP 1 新建一个"序列 04"。在【项目】面板中双击鼠标左键，导入视频文件"流动的云.avi"和"跳伞.avi"两个视频文件和一个图像"风光 11.jpg"文件。

STEP 2 将"流动的云.avi"拖曳到【时间线】面板的【视频 1】轨道，"跳伞.avi"拖曳到【时间线】面板的【视频 2】轨道。单击【工具】面板的 工具，将鼠标指针放置在素材"跳伞.avi"的右边缘拖曳，使其长度与【视频 1】轨道的"流动的云.avi"相同，如图 10-41 所示。

图 10-41 【时间线】面板

STEP 3 在【效果】面板中选择【视频特效】/【键控】/【蓝屏键】特效，并将其拖曳到【时间线】面板的素材"跳伞.avi"上，如图 10-42 所示。

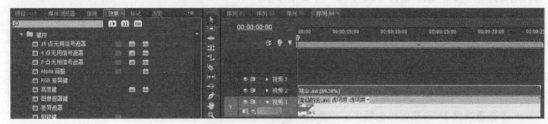

图 10-42 添加【蓝屏键】特效

STEP 4 在【视频效果】面板中，单击【蓝屏键】特效左侧的 图标，展开参数面板。将鼠标指针放在【阈值】属性右侧的数字上，拖曳鼠标将数值设置为"43%"，同样将【屏蔽度】属性数值设置为"33%"，如图 10-43 所示。效果如图 10-44 所示，左侧是抠像素材，中间是背景素材，右侧是合成效果。

图 10-43 参数面板设置

图 10-44 【蓝屏键】特效合成效果

STEP 5 单击【视频 2】轨道左侧的 图标，关闭该轨道的显示。将【项目】面板的"风光.jpg"拖曳到【时间线】面板的【视频 3】轨道，如图 10-45 所示。

STEP 6 在【效果】面板中选择【视频特效】/【键控】/【色度键】特效，并将其拖曳到【时间线】面板的图片"风光 11.jpg"上，如图 10-46 所示。

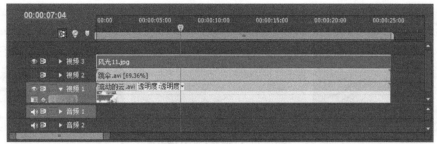

图 10-45　【时间线】面板

图 10-46　添加【色度键】特效

STEP 7 在【视频效果】面板中，展开【色度键】参数面板。单击【颜色】右侧的【吸管】工具，将鼠标指针放在【节目】监视器视图的蓝色背景上，单击鼠标左键，选中要抠掉的颜色，如图 10-47 所示。

图 10-47　选中要抠掉的颜色

STEP 8 继续调节各项参数。设置【相似性】为"17"，【阈值】参数为"33"，【屏蔽度】参数为"10"，参数面板设置如图 10-48 所示。效果如图 10-49 所示，左侧是抠像素材，中间是背景素材，右侧是合成效果。

图 10-48　参数面板设置

图 10-49 【色度键】特效合成效果

在抠像过程中，如果使用一种方法抠像效果不理想，可以尝试其他的方法。

10.3.3 使用【亮度键】特效

【亮度键】是根据素材的亮度值创建透明效果，亮度值较低的区域变为透明，而亮度值较高的区域得以保留。对于高反差的素材，使用该键能够产生较好的效果。

应用【亮度键】抠像的方法如下。

STEP 1 新建一个"序列 05"。导入本地硬盘【素材】文件夹中的素材"MA103.avi"和"ES113.avi"，将"ES113.avi"拖曳到【时间线】面板的【视频 1】轨道，将"MA103.avi"拖曳到【时间线】面板的【视频 2】轨道。

STEP 2 单击【工具】面板的 工具，将鼠标放置在素材"ES113.avi"右边缘，拖曳使其长度与【视频 2】轨道的"MA103.avi"相同，如图 10-50 所示。

图 10-50 【时间线】面板

STEP 3 在【效果】面板中选择【视频特效】/【键控】/【亮度键】特效，并将其拖曳到【时间线】面板的图片"MA103.avi"上，如图 10-51 所示。

STEP 4 【亮度键】特效出现在"MA103.avi"的【视频效果】面板中。展开【亮度键】参数面板，如图 10-52 所示。

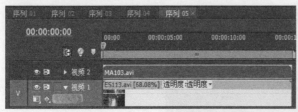

图 10-51 添加【亮度键】特效

图 10-52 【亮度键】参数面板

它的各参数、选项含义如下。

● 【阈值】：设置变为透明的亮度值范围，较高的数值设置较大的透明范围。

● 【屏蔽度】：配合【阈值】设置，较高的数值设置较大的透明度。

STEP 5 设置【阈值】参数为"47"，【屏蔽度】参数不变。参数设置及合成效果如图 10-53 所示。

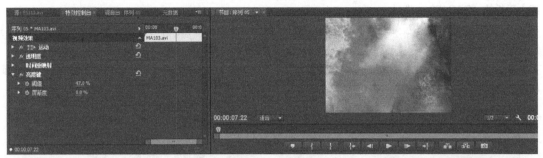

图 10-53 合成效果

STEP 6 选择【视频特效】/【键控】/【Alpha 调整】特效，并将其拖曳到【时间线】面板的 "MA103.avi"上。在【特效控制台】面板中单击【Alpha 调整】左侧的 ▶ 图标，展开参数面板，勾选【反相 Alpha】复选框，将 Alpha 通道反转，如图 10-54 所示。

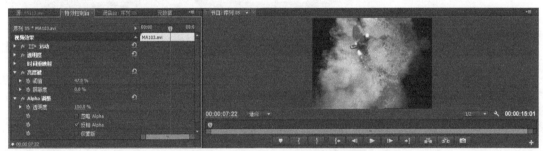

图 10-54 添加【Alpha 调整】特效并设置参数

10.4 遮罩类特效

遮罩抠像是在素材上开个窗，使另一个素材的一部分显示出来。遮罩抠像可以使用自定义的遮罩图形来确定使素材的哪些区域变为透明，哪些区域变为不透明。

10.4.1 无用信号遮罩特效

利用色度、色彩、亮度可以将不需要的画面抠掉，透出背景画面。但是有时候，由于实拍场景的条件限制，当主要对象完全抠出时，还剩余一些不需要的对象，这时可以使用遮罩扫除特效将这些对象抠掉。按照控制点数量的不同，Premiere 提供了【4 点无用信号遮罩】、【8 点无用信号遮罩】和【16 点无用信号遮罩】键控特效，分别对应 4、8、16 个控制点。控制点越多，创建的遮罩形状越复杂。可以针对不同的情况选择不同的无用信号遮罩特效，还可以通过叠加多个无用信号遮罩创建更多的点。

遮罩类特效

【16 点无用信号遮罩】特效使用方法如下。

STEP 1 新建一个"序列 06"。在【项目】面板中双击鼠标左键，导入视频素材"BAB135.avi" "DR108.avi"。

STEP 2 将"DR108.avi"拖曳到【时间线】面板的【视频1】轨道，"BAB135.avi"拖曳到【时间线】面板的【视频2】轨道。使用【工具】面板的工具，将鼠标放置在素材"DR108.avi"右边缘，拖曳使其长度与【视频2】轨道的"BAB135.avi"相同，如图10-55所示。

STEP 3 在【效果】面板中选择【视频特效】/【键控】/【颜色键】特效，并将其拖曳到【时间线】面板的"BAB135.avi"上。

STEP 4 在【视频效果】面板中，展开【颜色键】参数面板。单击【主要颜色】右侧的【吸管】工具，将鼠标指针放在【节目】监视器视图的粉色背景上，单击鼠标左键，选中要抠掉的颜色。

STEP 5 设置【颜色宽容度】值为"11"，【薄化边缘】值为"-5"，【羽化边缘】值为"21"，参数面板设置如图10-56所示。合成效果如图10-57所示，左侧是抠像剪辑，中间是背景剪辑，右侧是合成效果。

图10-55 【时间线】面板　　　　　　　　　　　　图10-56 【颜色键】参数设置

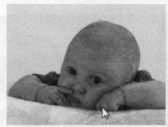

图10-57 【颜色键】特效合成效果

STEP 6 观察合成效果图，可以发现仍有部分边缘未被除掉。现在使用遮罩特效继续调整。

STEP 7 选择【键控】/【16点无用信号遮罩】特效，并将其拖曳到【时间线】面板的"BAB135.avi"上。

STEP 8 单击【视频效果】面板内该特效左侧的按钮，在【节目】监视器视图上突出显示16个十字形目标手柄，如图10-58所示。

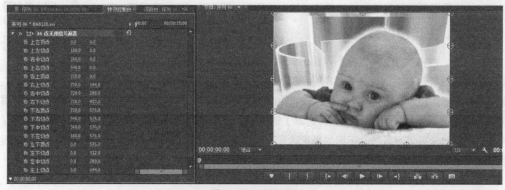

图10-58 目标手柄

STEP 9 分别拖曳各个手柄，效果如图10-59所示，可以看到边缘部分已经被抠掉。

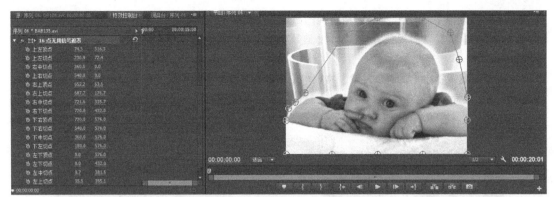

图 10-59 【16 点无用信号特效】特效参数面板

STEP 10 在【16 点无用信号遮罩】特效的参数面板中，各个点对应着【节目】监视器视图中不同位置的手柄。也可以调节各个点的位置参数同样可以改变手柄的位置，从而改变透明区域。

STEP 11 如果感觉画面的效果不够理想，可以继续添加其他的视频特效，直到画面满意为止。

10.4.2　使用遮罩类特效

遮罩类特效有 4 种抠像特效，首先对它们进行简要的介绍。

（1）【差异遮罩】：首先将指定素材与素材按对应像素对比，然后使素材中与指定素材匹配的像素透明，不匹配的像素留下显示。利用该键可以有效去除运动物体后面的背景，然后将运动物体叠加到其他素材上。参数设置面板如图 10-60 所示。

- 【视图】：指定观察对象。包含【最终输出】、【仅限源】和【仅限遮罩】3 个选择。
- 【差异图层】：选择与当前素材进行比较的素材所在的轨道。
- 【如果图层大小不同】：指定如何放置素材。选择【居中】，将指定素材放在当前素材的中心处；选择【伸展以适配】，将放大或者缩小指定素材图像来适配当前素材尺寸。
- 【匹配宽容度】：设置与抠掉颜色的相似度。数值越高，与指定颜色相近的颜色被透明的越多，反之被透明的颜色越少。
- 【匹配柔和度】：设置抠像后素材边缘的柔和程度。
- 【差异前模糊】：用模糊背景来消除颗粒。

（2）【图像遮罩键】：以载入静态图像的 Alpha 通道或者亮度信息决定透明区域。对应白色部分完全不透明，对应黑色部分完全透明，而黑白之间的过渡部分则为半透明。单击右上角的按钮，引入要作为遮罩的图像。这是一种静态特效，使用方法有限，参数设置如图 10-61 所示。

图 10-60 【差异遮罩】参数面板

图 10-61 【图像遮罩键】参数面板

- 【合成使用】：选择使用图像的何种属性合成。可以通过【遮罩 Luma】或者【遮罩 Alpha】抠像。
- 【反向】：反转遮罩的黑白关系，从而反转透明区域。

（3）【移除遮罩】：如果在抠像时边缘周围出现细小光晕的图形，可以使用移除遮罩删除它。设置【遮罩类型】为【黑】，去掉黑色背景；设置【遮罩类型】为【白】，去掉白色背景，参数设置如图10-62所示。

（4）【轨道遮罩键】：【轨道遮罩键】特效与【图像遮罩键】特效相似，都是利用灰度图像控制素材的透明区域。不同之处在于【轨道遮罩键】特效的灰度图像是放在一个独立的视频轨道上，而不是直接运用到素材上。使用【轨道遮罩键】特效一个突出的优点是可以对遮罩设置动画，参数设置如图10-63所示。

图 10-62 【移除遮罩】参数面板　　　　　　图 10-63 【轨道遮罩键】参数面板

- 【遮罩】：设置欲作为遮罩的素材所在的轨道。
- 【合成方式】：选择使用素材的何种属性合成。选择【Alpha 遮罩】，使用遮罩图像的 Alpha 通道作为合成素材的遮罩；选择【Luma 遮罩】，使用遮罩图像的亮度信息作为合成素材的遮罩。

【轨道遮罩键】有着广泛的应用，使用方法如下。

STEP 1 新建一个"序列 07"。在【项目】面板中将"BAB135.avi"重新拖曳到【时间线】面板的【视频 1】轨道上。

STEP 2 在【时间线】面板中选择"BAB135.avi"，单击鼠标右键，在弹出的快捷菜单中选择【复制】命令。单击【视频 2】轨道，轨道变成亮灰色显示，说明轨道被激活。将时间指针移动到序列的起始位置，选择【编辑】/【粘贴】命令，复制视频，如图 10-64 所示。

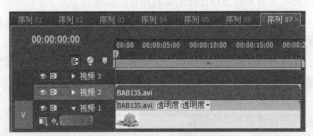

图 10-64　复制视频

STEP 3 选择【视频特效】/【图像控制】/【黑白】特效，并将其拖曳到【时间线】面板【视频 1】轨道的素材"BAB135.avi"上，将彩色图像转换为灰度图像作为背景图片，如图 10-65 所示。

图 10-65　添加【黑白】特效

STEP 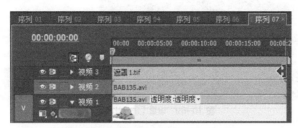 在【项目】面板双击鼠标，导入素材作为遮罩的素材"遮罩1.tif"并放置到【视频 3】轨道上，并调整其时间长度与"BAB135.avi"素材对齐，如图 10-66 所示。

图 10-66　调整轨道中的"遮罩1.tif"素材

STEP 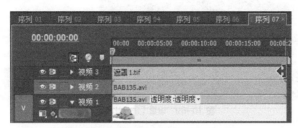 选择【视频特效】/【键控】/【轨道遮罩键】特效，并将其拖曳到【时间线】面板【视频 2】轨道的素材"BAB135.avi"上，如图 10-67 所示。

图 10-67　添加【轨道遮罩键】特效

STEP 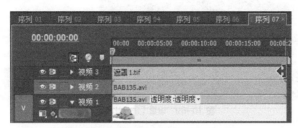 在【视频效果】面板中，单击【轨道遮罩键】左侧的 ▶ 图标，在【遮罩】中选择"视频 3"作为遮罩，设置【合成方式】为"Luma 遮罩"，使用遮罩图像的亮度信息作为合成素材的遮罩，如图 10-68 所示。

图 10-68　设置【轨道遮罩键】参数

STEP 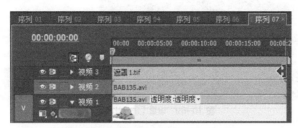 在【时间线】面板上选择"遮罩1.tif"，移动时间指针到序列的起始位置。单击【运动】特效左侧的 ▶ 图标，展开参数面板。设置【缩放比例】值为"0"，单击左侧的 ⏱ 按钮，记录一个关键帧，如图 10-69 所示。

图 10-69　设置【缩放比例】值

STEP　8　按【节目】监视器视图下方的 ▣➡ 按钮，将时间指针移动到序列的结束帧。改变【缩放比例】参数，将其设置为"288"，系统自动记录关键帧，如图 10-70 所示。

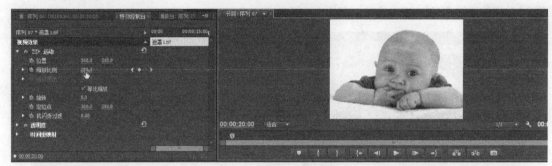

图 10-70　设置【比例】参数

STEP　9　按键盘上的空格键播放，可以看到图片由黑白逐渐转成彩色的合成效果，如图 10-71 所示。

图 10-71　合成效果

10.5　小结

　　本章的知识点主要涉及【透明度】特效、多轨视频特效以及键控特效组。叠加的使用是丰富画面制作的基本手段，许多看似神奇的画面效果，都利用了多画面合成方法来实现的。在理解其工作原理的基础上，熟练掌握这些技巧并巧妙地在实际中加以运用，对今后的影视编辑创作非常重要。这些技巧只有在创造性的综合运用时才能发挥出其强大的功能，读者在实际工作中，一定要注意多实验，要在平时多加练习和实践才能够做到活学活用。可以选择不同的键、设置不同的参数，尝试各种叠加效果，不断丰富自己的实践经验。

10.6　习题

1．简答题

（1）请说出 3 种混合两个全屏素材的方法。

（2）制作抠像的视频特效可以分为哪几大类？

（3）键控特效中的【图像遮罩键】特效和【轨道遮罩键】特效有什么区别？

（4）在【色度键】中，【相似性】、【混合】、【阈值】、【屏蔽度】参数各有什么作用？

2．操作题

（1）利用字幕设计窗口，制作一个标志，并在一段素材上显示这个标志的纹理。

（2）搜集素材，创作一段尺寸为 PAL 制式 720 像素×576 像素大小的抠像视频作品。

Chapter

11

Premiere Pro CS6

第 11 章
使用视频特效

Premiere 的视频特效是视频后期处理的重要工具，其作用和 Photoshop 中的滤镜一样。Premiere Pro CS6 提供了丰富的视频特效，通过对素材添加视频特效，能够产生各种神奇效果，如改变图像的颜色、曝光度，使图像产生模糊、变形等丰富多彩的视觉效果。添加视频特效之后，可以在【特效控制台】面板中调整特效的各项参数，大多数参数都可以设置关键帧，为特效制作动画效果。

学习目标

● 掌握查找视频特效的方法。
● 掌握为素材添加、删除视频特效的方法。
● 掌握为特效调整参数的方法。
● 掌握为特效设置关键帧制作动画的方法。
● 了解各种视频特效的功能。

11.1 视频特效简介

Premiere Pro CS6 提供了 140 多种视频特效，可以为素材添加视觉效果或纠正拍摄的技术问题。这些视频特效分门别类的放置在【效果】面板的【视频特效】16 个文件夹中，如图 11-1 所示。单击每个文件夹左侧的  图标，可以将其展开，显示该类别中的视频特效，如图 11-2 所示。在这 16 类特效中，【键控】类特效已经在第 10 章中做了具体的介绍，其余的特效将在本章介绍。

视频特效简介及
应用和设置视频特效

图 11-1 【视频特效】面板中的特效分类

图 11-2 展开的分类特效

为素材添加视频特效的方法十分简单。只要选中【效果】面板中的视频特效，将其拖曳到【时间线】面板的一段素材上即可。在一段素材上可以应用多种特效，以创建丰富多彩的视觉效果。

为素材添加视频特效以后，选中该素材，打开【特效控制台】面板，可以调整特效的各项参数。大多数参数可以设置关键帧，制作特效动画。如图 11-3 所示，左侧是【特效控制台】面板的参数区，用于调整各项参数，创建和删除关键帧；右侧是该素材特效的时间线区域，用于显示、移动和调节关键帧。

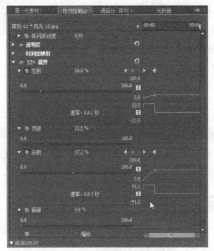

图 11-3 【特效控制台】面板

11.2 应用和设置视频特效

视频特效都放在【效果】对话框的【视频特效】分类夹下，而前一章讲述的各种键控，也作为视频特效的一种放在其下的【键控】分类夹中。

从前一章的讲述中可以知道，为素材应用特效主要采用以下两种方法。

- 从【效果】面板中选择特效，将其拖放到【时间线】面板中的素材上。
- 从【效果】面板中选择特效，将其拖放到【视频效果】面板中，此时面板上方显示哪个素材的名称，哪个素材就应用了特效。

删除特效主要采用以下两种方法。

- 从【视频效果】面板中选择特效，按 Delete 键将其删除。
- 从【视频效果】面板中选择特效，单击对话框右侧的 按钮，从打开的快捷菜单中选择【移除效果】命令，将删除所有的特效。如果选择【移除所选定效果】命令，将只删除选择的特效。

当素材被应用了多个特效时，可以调整各个特效之间的位置关系。在特效名称处单击鼠标并按住鼠标左键将其拖动到另一个特效名称的下方，此时另一个特效名称的下方会出现一条黑色横线，松开鼠标左键后，所选特效就被放到了新位置。特效应用顺序很重要，不同的顺序往往会产生大相径庭的效果。

与【键控】的参数选项和【透明度】设置一样，其他特效也采用了设置关键帧的方法，使特效产生随时间变化而变化的动态效果。

11.2.1 快速查找视频特效

本例为一段素材添加闪电的视频特效，首先通过查找特效的方法，将该特效找到。

STEP 1 启动 Premiere，新建项目文件"t11"。选择【文件】/【导入】命令，定位到本地硬盘的【素材】文件夹，导入素材"CF367.avi"。

STEP 2 将【项目】面板中的素材"CF367.avi"拖曳到【时间线】面板中的【视频1】轨道上，和轨道左端对齐。

STEP 3 打开【效果】面板，在【包含】输入框中输入文字"闪电"，此时将展开特效列表中的【生成】文件夹，显示要查找的【闪电】特效，如图 11-4 所示。

图 11-4 查找到的特效

记住特效名称，使用查找特效的方法，可以快速将需要的视频特效定位查出。使用查找特效后，要在【效果】面板中通过展开文件夹的方式寻找其他特效，需要先将【包含】输入框中的文字清除。

11.2.2 添加视频特效

STEP 1 接上例。在【时间线】面板中选中素材，选中【效果】面板中的【闪电】特效，按住鼠标左键直接将该特效拖曳到素材上，如图 11-5 所示。

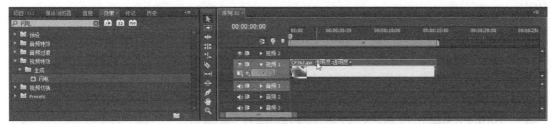

图 11-5　为素材添加【闪电】特效

STEP 为素材添加视频特效后，自动打开【特效控制台】面板，【闪电】特效各项控制参数将显示在面板中，如图 11-6 所示。

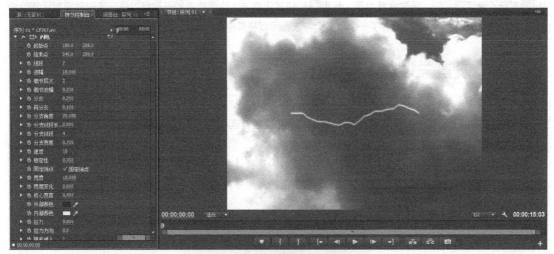

图 11-6　展开【闪电】特效参数

STEP 在【效果】面板中，删除【包含】输入框中的文字。展开【视频特效】/【变换】/【水平翻转】特效，按住鼠标左键直接将其拖曳到【视频效果】面板上。

STEP 将多个特效应用到同一段素材上，所有被添加的特效按顺序显示在【特效控制台】面板中，如图 11-7 所示。

图 11-7　多个特效按加入顺序显示

提 示

Premiere Pro CS6 在渲染特效时，总是以特效在【特效控制台】面板中的排列顺序依次渲染，在本例中，会先渲染【闪电】特效，再渲染【水平翻转】特效，结果是素材的图像和镜头光晕都发生了水平翻转。如果先添加【水平翻转】特效，再添加【闪电】特效，那么只有素材的图像产生翻转。添加特效的顺序不同，最后渲染的效果也不同，添加多个视频特效时，一定要注意添加的顺序。如果要改变渲染顺序，可以在【特效控制台】面板中选中该特效向上或者向下拖曳。

　　对添加了【闪电】特效之后的效果进行预览。按键盘上的 Home 键，使【时间线】面板中的时间指针和轨道左端对齐，按空格键，或者单击【节目】监视器视图下方的 ▶ 按钮，在【节目】监视器视图中预览添加特效后的效果。单击【闪电】特效左侧的 *fx* 按钮，使其变为 图标，关闭效果显示，【闪电】特效消失。再次单击 图标，激活 *fx* 按钮，特效恢复显示。利用 *fx* 按钮是观察特效作用效果的一种好方法，通过预览对比特效添加前后的不同。当对一段素材添加了一个或多个特效，可以将其中的一个或几个特效关闭，只显示另外的特效。

11.3 设置关键帧和特效参数

　　【特效控制台】面板中的各项参数，不但可以调整数值和选项，大多数的参数还可以设置关键帧，创建动画效果。下面介绍具体操作方法。

设置关键帧和特效
参数

　　STEP 1 接上例。在【效果控制台】面板中选择【水平翻转】特效，单击鼠标右键，在弹出的快捷菜单中选择【清除】命令，将其删除，如图 11-8 所示。

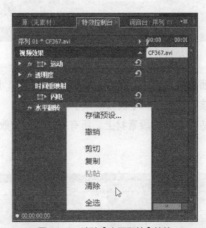

图 11-8　清除【水平翻转】特效

　　STEP 2 单击【节目】监视器视图下方的 按钮，将时间指针移动到素材的起始位置处。
　　STEP 3 分别单击【闪电】特效【起始点】与【结束点】左侧的动画记录器 ，使其呈 状态显示，在右侧的时间线区域各设置一个关键帧，其参数设置不变。
　　STEP 4 在【时间线】面板中将时间指针移至 "00:00:05:14" 处，将【起始点】的参数坐标设置为 "73" 和 "432"，将【结束点】参数坐标设置 "540" "514"，分别在右侧的时间线区域各增加第 2 个新的关键帧，如图 11-9 所示。

STEP 5 将【时间线】面板中的时间指针移至"00:00:09:14"处，将【起始点】的参数坐标设置为"–7"和"605"，将【结束点】参数坐标设置"505"和"681"，分别在右侧的时间线区域各增加第3个新的关键帧，如图 11-10 所示。

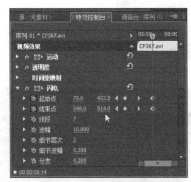
图 11-9　设置关键帧参数

图 11-10　设置关键帧参数

STEP 6 单击【节目】监视器视图下方的 ▐◀ 按钮，将时间指针移动到素材的起始位置处。按键盘上的空格键，预览效果。在【节目】监视器视图中可以看到闪电效果，随着云的运动闪电慢慢下移出画面，如图 11-11 所示。

图 11-11　设置的【闪电】特效效果

11.4 视频特效概览

Premiere Pro CS6 将视频特效按不同的性质分别放在 16 个分类夹中。许多特效都有一些相同的参数设置，为了避免重复，只在第一次遇到时进行讲解。下面将对各种特效的用法进行分类概述。

视频特效概览 1

11.4.1 【变换】类特效

【变换】类特效主要通过对图像的位置、方向和距离等进行调节，产生某种变形处理，从而制作出画面视角变化效果。其中包含 7 种不同的特效，如图 11-12 所示。

1.【垂直保持】与【水平保持】

【垂直保持】特效把素材连续向上滚动，其效果与调整电视机的垂直同步相类似。【水平保持】特效可在水平方向上进行向左或者向右倾斜处理素材，相当于调整电视机的水平同步。如图 11-13 所示，左图为原始画面，中图是应用【垂直保持】特效后的效果，右图是应用【水平保持】特效后的效果。

图 11-12 【变换】类特效

图 11-13 原图与应用【垂直保持】、【水平保持】特效后的对比效果

2.【垂直翻转】与【水平翻转】

【垂直翻转】特效把素材从上向下反转，相当于倒看素材。【水平翻转】特效在水平方向上反转素材，相当于从反面看素材。但这并不影响素材的播放方向，翻转后仍按正常顺序播放。如图 11-14 所示，左图是原始画面，中图是应用【垂直翻转】特效后的效果，右图是应用【水平翻转】特效后的效果。

图 11-14 原图与应用【垂直翻转】、【水平翻转】特效后的对比效果

3.【摄像机视图】

该特效可以模拟摄像机从不同的角度拍摄画面，产生画面的透视效果。单击【设置】 → 按钮，打开【摄像机视图设置】对话框，如图 11-15 所示，在该对话框中可以对摄像机视图参数进行调整。

图 11-15 设置【摄像机视图】特效参数

4.【羽化边缘】

通过调整【数量】参数，在素材画面的四周创建柔化的黑色边缘，对画面进行羽化。如图 11-16 所示，左图是原始画面，右图是应用【边缘羽化】特效后的效果。

图 11-16　原图与应用【边缘羽化】特效后的效果

5.【裁剪】

可以剔除素材边缘的像素，如图 11-17 所示，左图是原始画面，右图是应用【裁剪】特效后的效果。

图 11-17　原图与应用【裁剪】特效后的效果

11.4.2　【图像控制】类特效

【图像控制】包括 5 个特效，主要用于改变素材的色彩值，如图 11-18 所示。

图 11-18　【图像控制】类特效

1.【灰度系数（Gamma）校正】

这一特效通过改变中间色的灰度级，加亮或减暗素材，它不影响暗部和高光区域。其效果如图 11-19 所示。左图是原始画面，中图与右图是调整不同【灰度系数（Gamma）校正】参数后的效果。

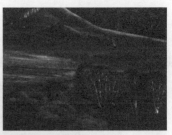

图 11-19　原图与调整不同【灰度系数（Gamma）校正】参数后的对比效果

2.【色彩传递】

这一特效只保留一种颜色，而将其他的颜色滤除仅保留灰度。单击【设置】 按钮，打开【色彩传递设置】对话框，其参数设置与效果如图 11-20 所示，在该对话框中可以通过对【相似性】参数进行调整。

图 11-20　【色彩传递设置】特效的参数设置及效果

这一特效包括如下选项。

- 【素材示例】视图：用于显示原始素材。将鼠标光标放在对话框中某处单击，就可以直接选取此处的颜色予以保留。
- 【颜色】：显示保留颜色，也可在颜色样本上单击鼠标左键打开【颜色拾取】对话框从中选择颜色。
- 【相似性】：拖动滑块可以设置与保留颜色相似的颜色范围。该数值为 0 时，没有任何颜色保留；为 100 时没有任何颜色滤除。
- 【反向】：反转处理结果，仅仅把所选的颜色变成灰色。
- 【输出示例】视图：用于显示处理后的情况。

3.【色彩平衡（RGB）】

这一特效按 RGB 颜色模式调节素材的颜色，达到校色的目的，如图 11-21 所示。

图 11-21　调整【色彩平衡（RGB）】特效参数

4.【颜色替换】

这一特效可以用一种新颜色取代所选择的颜色。单击【设置】→▤按钮，打开【颜色替换设置】对话框，其参数设置与效果如图 11-22 所示，在该对话框中可以通过对【相似性】参数进行调整。

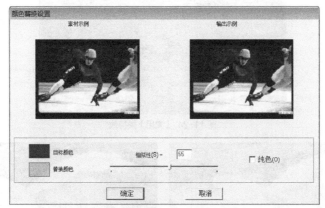

图 11-22　【颜色对换设置设置】特效的参数设置及效果

这一特效包括如下选项。

- 【素材示例】视窗：与该对话框在【色彩传递】特效中的功能一样。
- 【目标颜色】：选择要被取代的颜色，可直接在【素材示例】视图中选择或打开【颜色拾取】对话框从中选择。
- 【替换颜色】：选定取代的颜色，可打开【颜色拾取】对话框从中选择。
- 【纯色】：产生不透明的取代颜色。

5.【黑白】

这一特效可以使彩色素材转变成灰度素材。如图 11-23 所示，左图是原始画面，右图是应用【黑白】特效后的效果。

图 11-23　原图与应用【黑白】特效后的效果

11.4.3 【实用】类特效

【实用】类特效只有 1 种【Cineon 转换】特效，如图 11-24 所示。

【Cineon 转换】特效提供一个 Cineon 转换器，对由胶片扫描而来的 10 位的 Cineon 画面进行颜色转换，以适应 8 位的非线性软件的色彩。Cineon 是用于数字电影制作的文件格式，支持 10 位的色彩位深，可以匹配胶片的色彩特性。如图 11-25 所示，左图是原始画面，右图是应用【Cineon 转换】特效后的效果。

图 11-24 【实用】类特效

图 11-25 原图与应用【Cineon 转换】特效后的效果

11.4.4 【扭曲】类特效

【扭曲】类特效可以创建各种变形效果，主要用于素材的几何变形，其中包含 13 种不同的特效，如图 11-26 所示。

图 11-26 【扭曲】类特效

视频特效概览 2
（扭曲）

1.【偏移】

【偏移】特效推移屏幕中的素材，推出屏幕的画面会从相反的一面进入屏幕，如图 11-27 所示。

图 11-27 原图与应用【偏移】特效后的效果

2.【变形稳定器】

可使用【变形稳定器】效果稳定运动。它可消除因摄像机移动造成的抖动，从而可将摇晃的手持素材转变为稳定、流畅的拍摄内容。Premiere Pro CS6 中的变形稳定器效果要求素材尺寸与序列设置相匹配。如果剪辑与序列设置不匹配，可以嵌套剪辑，然后对嵌套应用变形稳定器效果。其参数设置与效果如图 11-28 所示。

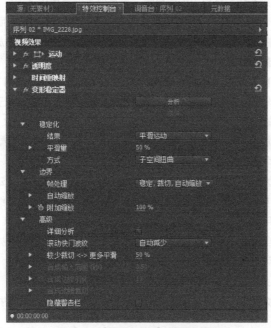

图 11-28 【变形稳定器】特效参数面板

这一特效包括如下选项。

- 【分析】：在首次应用变形稳定器时无需按下该按钮，会自动为您按下该按钮。在发生某些更改之前，平滑运动 按钮将保持灰暗状态。
- 【取消】：取消正在进行的分析。在分析期间，状态信息显示在【取消】按钮旁边。
- 【稳定化】：利用【稳定化】设置，可调整稳定过程。
- 【结果】：控制素材的预期效果（【平滑运动】或【不运动】）。

　【平滑运动】（默认）：保持原始摄像机的移动，但使其更平滑。在选中后，会启用【平滑度】来控制摄像机移动的平滑程度。

【不运动】：尝试消除拍摄中的所有摄像机运动。在选中后，将在【高级】部分中禁用【更少裁切更多平滑】功能。该设置用于主要拍摄对象至少有一部分保持在正在分析的整个范围的帧中的素材。

- 【平滑量】：选择稳定摄像机原运动的程度。值越低越接近摄像机原来的运动，值越高越平滑。如果值在"100"以上，则需要对图像进行更多裁切。在【结果】设置为【平滑运动】时启用。

- 【方式】：指定变形稳定器为稳定素材而对其执行的最复杂的操作。

【位置】：稳定仅基于位置数据，且这是稳定素材的最基本方式。

【位置】、【缩放】、【旋转】：稳定基于位置、缩放以及旋转数据。如果没有足够的区域用于跟踪，变形稳定器将选择上个类型（位置）。

【透视】：使用将整个帧边角有效固定的稳定类型。如果没有足够的区域用于跟踪，变形稳定器将选择上个类型（位置、缩放、旋转）。

【子空间扭曲】（默认）：尝试以不同的方式将帧的各个部分变形以稳定整个帧。如果没有足够的区域用于跟踪，变形稳定器将选择上个类型（透视）。在任何给定帧上使用该方法时，根据跟踪的精度，剪辑中会发生一系列相应的变化。

- 【边界】：边界设置调整为被稳定的素材处理边界（移动的边缘）的方式。

- 【帧处理】：控制边缘在稳定结果中如何显示。可将取景设置为以下内容之一。

【仅稳定】：显示整个帧，包括运动的边缘。【仅稳定】显示为稳定图像而需要完成的工作量。使用【仅稳定化】将允许您使用其他方法裁剪素材。选择此选项后，【自动缩放】部分和【更少裁切更多平滑】属性将处于禁用状态。

【稳定、裁剪】：裁剪运动的边缘而不缩放。【稳定、裁剪】等同于使用【稳定、裁剪、自动缩放】并将【最大缩放】设置为100%。启用此选项后，【自动缩放】部分将处于禁用状态，但【更少裁切更多平滑】属性仍处于启用状态。

【稳定、裁剪、自动缩放】（默认）：裁剪运动的边缘，并扩大图像以重新填充帧。自动缩放由【自动缩放】部分的各个属性控制。

【稳定、人工合成边缘】：使用时间上稍早或稍晚的帧中的内容填充由运动边缘创建的空白区域（通过【高级】部分的【合成输入范围】进行控制）。选择此选项后，【自动缩放】部分和【更少裁切更多平滑】将处于禁用状态。

- 【自动缩放】：显示当前的自动缩放量，并允许用户对自动缩放量设置限制。通过将取景设为【稳定、裁剪、自动缩放】可启用自动缩放。

【最大缩放】：限制为实现稳定而按比例增加剪辑的最大量。

【动作安全边距】：如果为非零值，则会在预计不可见的图像的边缘周围指定边界。因此，自动缩放不会试图填充它。

- 【附加缩放】：使用与在【变换】下使用【缩放】属性相同的结果放大剪辑，但是避免对图像进行额外的重新取样。

- 【高级】：更高级的变形稳定设置。

- 【详细分析】：当设置为开启时，会让下一个分析阶段执行额外的工作来查找要跟踪的元素。启用该选项时，生成的数据（作为效果的一部分存储在项目中）会更大且速度慢。

- 【滚动快门波纹】：稳定器会自动消除与被稳定的滚动效应素材相关的波纹。【自动减小】是默认值。如果素材包含更大的波纹，请使用【增强减小】。要使用任一方法，请将【方法】设置为【子空间变形】或【透明】。

- 【更少裁切 <-> 更多平滑】：在裁切时，控制当裁切矩形在被稳定的图像上方移动时该裁切矩形的平滑度与缩放之间的折中。但是，较低值可实现平滑，并且可以查看图像的更多区域。设置为"100%"时，结果与用于手动裁剪的【仅稳定】选项相同。
- 【合成输入范围（秒）】：由【稳定、人工合成边缘】取景使用，控制合成进程在时间上向后或向前走多远来填充任何缺少的像素。
- 【合成边缘羽化】：为合成的片段选择羽化量。仅在使用【稳定、人工合成边缘】取景时，才会启用该选项。使用羽化控制可平滑合成像素与原始帧连接在一起的边缘。
- 【合成边缘裁切】：当使用【稳定、人工合成边缘】取景选项时，在将每个帧用来与其他帧进行组合之前对其边缘进行修剪。使用裁剪控制可剪掉在模拟视频捕获或低质量光学镜头中常见的多余边缘。默认情况下，所有边缘均设为零像素。
- 【隐藏警告栏】：如果即使有警告横幅指出必须对素材进行重新分析时，你也不希望对其进行重新分析，则使用此选项。

3.【变换】

【变换】特效使画面产生二维几何变换，与【特效控制台】面板中的固定特效的功能相似，其参数设置与效果如图 11-29 所示。

4.【弯曲】

【弯曲】特效在画面中创建水平和垂直方向的波纹，产生扭曲效果。使用该特效可以产生不同波形和运动速率的波纹。单击【设置】■■按钮，打开【弯曲设置】对话框，其参数设置与效果如图 11-30 所示，设置对话框分为左边的水平设置和右边的垂直设置。

图 11-29 【变换】特效参数面板

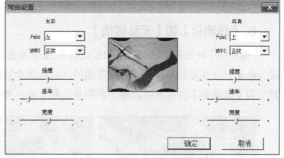

图 11-30 【弯曲设置】对话框

这一特效包括如下选项。

- 【方向】：可设置 4 种运动方向。对于水平设置有左、右、入、出之分，对于垂直设置有上、下、入、出之分。入的含义是波形向素材中心运动，而出的含义正好相反。
- 【波形】：可设置正弦、圆形、三角或方形 4 种运动波形。
- 【强度】、【速率】和【宽度】：分别设置波形强度、速率和宽度。

5.【放大】和【旋转扭曲】

【放大】特效可以放大画面的局部或全部，好像一个放大镜放置在画面上。【扭曲】特效沿画面中心旋转图像，越靠近中心旋转程度越大，创建类似于漩涡的效果。如图 11-31 所示，左图是原始画面，中图是应用【放大】特效后的效果，右图是应用【旋转扭曲】特效后的效果。

图 11-31 【放大】和【旋转扭曲】特效效果

6.【波形弯曲】

【波形弯曲】特效创建水波流过画面的效果。应用这种特效后的效果如图 11-32 所示。

图 11-32 【波形弯曲】特效效果

7.【滚动快门修复】

【滚动快门修复】特效有助于消除滚动快门伪影，其参数设置如图 11-33 所示。

8.【球面化】和【紊乱置换】

【球面化】特效在画面上产生球面化效果。【紊乱置换】特效使用噪 图 11-33 【滚动快门修复】特效参数面板
波为画面创建变形效果，可以模拟流动的水或者飘动的旗帜等。如图 11-34 所示，左图是原始画面，中图是应用【球面化】特效后的效果，右图是应用【紊乱置换】特效后的效果。

图 11-34 【球面化】和【紊乱置换】特效效果

9.【边角固定】

【边角固定】特效通过改变画面左上、右上、左下、右下 4 个角的坐标值对图像进行变形，产生图像拉伸、收缩和扭曲效果，也可以产生画面的透视效果。其参数面板如图 11-35 所示。

10.【镜像】

【镜像】特效沿着一条线将图像分割为两部分画面，并根据这条线对画面进行镜像复制，就好像在素材的某个位置放了一面镜子。如图 11-36 所示，左图是原始画面，右图是应用【镜像】特效后的效果。

图 11-35 【边角固定】特效参数面板　　　　　　　　　　图 11-36 【镜像】特效效果

11.【镜头扭曲】

这一特效模拟变形透镜效果，使素材产生三维空间的扭曲。单击【设置】按钮，打开【弯曲设置】对话框，其参数设置与效果如图 11-37 所示，设置对话框分为左边的水平设置和右边的垂直设置。

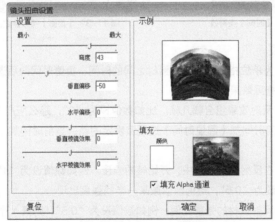

图 11-37 【镜头扭曲设置】参数设置及效果

这一特效包括如下选项。

- 【弯度】：改变透镜的曲率。负值使素材凹下去，正值使素材凸出来。
- 【垂直偏移】和【水平偏移】：在垂直和水平方向改变透镜的焦点，产生素材弯曲和混合的效果。在设置的最大值和最小值处素材自己包裹自己。
- 【垂直棱镜效果】和【水平棱镜效果】：与选择【垂直偏移】和【水平偏移】选项的效果相似，但在设置的最大值和最小值处素材自己不能包裹自己。
- 【填充】：可单击【颜色】下方的色块，打开【颜色拾取】对话框，从中选择颜色填充变形后留下的空白。将鼠标光标移到旁边的缩略图中，光标会自动变成吸管形状，单击鼠标左键就可以将吸管位置处的颜色作为填充色。
- 【填充 Alpha 通道】：勾选该项，可将 Alpha 通道也用所选颜色填充。

11.4.5 【时间】类特效

【时间】类特效主要是从时间轴上对素材进行处理，生成某种特殊效果，包括 2 个特效，主要用来控制素材的时间特性，并以素材的时间作为基准。如果素材已应用了其他特效，那么应用这类特效后，前面的所有特效都失效，如图 11-38 所示。

1.【抽帧】

该特效可以设定新的帧速率，产生抽帧效果。这一特效可使素材锁定到一个指定的帧率，以抽帧播放产生动画效果。如果设置帧率"5"，如果素材的帧率是"25"，时间基准也是"25"，那么在播放 1~5 帧时只使用第 1 帧，播放 6~10 帧时只使用第 6 帧，以此类推。

2.【重影】

该特效可以将素材中不同时刻的帧进行合成，实现重影的效果。这一特效从素材的各个不同时间来组合帧，以实现各种效果，从简单的视觉反射效果到条纹和拖尾效果等。只有素材中存在运动的物体，这一特效才能看出来。其参数设置如图 11-39 所示。

图 11-38 【时间】类特效

图 11-39 【重影】特效参数面板

这一特效包括如下选项。

- 【回显时间】：以秒为单位指定两个反射素材之间的时间，负值时间向后退，正值时间向前移，因此负值产生的是一种拖尾效果。
- 【重影数量】：设置反射效果组合哪几帧。比如数值设为"2"，那么所产生的新图像就由 3 帧合成，它们是当前帧、当前时间加【回显时间】选项值确定的帧、当前时间加 2×【回显时间】选项值确定的帧。
- 【起始强度】：指定在反射素材序列中，开始帧的强度。例如数值设为"1"，开始帧也就是当前帧完全出现。例如数值设为"0.5"，当前帧以原来一半的强度出现。
- 【衰减】：设置后续反射素材的强度比例。例如数值设为"0.5"，则第 1 个反射素材的强度是开始帧强度的"50%"，第 2 个反射素材的强度又是第 1 个反射素材强度的"50%"。
- 【重影运算符】：设置采用什么方式将反射素材合成到一起。其下拉选项中，【添加】可以反射素材的像素值相加，在这种情况下如果开始帧的强度较高，就容易产生白色条纹；【最大】是仅取所有反射素材中像素的最大值；【最小】是仅取所有反射素材中像素的最小值；【滤色】类似【添加】选项，但不容易过载，是反射素材都可见的叠加显示；【从后至前组合】使用反射素材的 Alpha 通道，从后向前叠加；【从前至后组合】选项是使用反射素材的 Alpha 通道，从前向后叠加。

11.4.6 【杂波与颗粒】类特效

【杂波与颗粒】类特效用于添加、去除或者控制画面中的噪点或噪波。其中包括 6 种不同的效果，如图 11-40 所示。

1.【中值】

视频特效概览 3
（杂波与颗粒）

图 11-40 【杂波与颗粒】类特效

【中值】特效能将每个像素替换为相邻像素的平均值，使画面变得较柔和。如果半径数值设置较低，可以去除画面噪点；如果半径数值设置较高，可以产生绘画效果。如图 11-41 所示，左图是原始画面，右图是应用【中值】特效后的效果。

图 11-41 【中值】特效效果

2.【杂波】和【杂波 Alpha】

【杂波】特效在画面上随机改变像素值，以产生噪波效果。【杂波 Alpha】特效可以为画面的 Alpha 通道添加噪波，对画面进行干扰，如果素材没有 Alpha 通道，将对整个素材添加噪波如图 11-42 所示，左图是原始画面，中图是应用【杂波】特效后的效果，右图是应用【杂波 Alpha】特效后的效果。

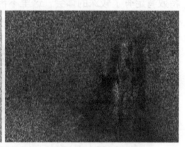

图 11-42 【杂波】和【杂波 Alpha】特效效果

3.【杂波 HLS】、【自动杂波 HLS】和【灰尘与划痕】

【杂波 HLS】和【自动杂波 HLS】这两个特效都可以通过色相、亮度、饱和度创建干扰。不同之处在于【杂波 HLS】特效可以在画面中产生静态噪波，而【自动杂波 HLS】特效创建动态噪波。【灰尘与划痕】特效通过消除与周围像素不同的点的方式减少噪点。如图 11-43 所示，左图是原始画面，中图是应用【杂波 HLS】特效后的效果，右图是应用【灰尘与划痕】特效后的效果。

图 11-43 【杂波 HLS】和【灰尘与划痕】特效效果

11.4.7 【模糊与锐化】类特效

【模糊与锐化】类特效可以使画面模糊或者清晰化。它对图像的相邻像素进行计算，产生某种效果。其中包含 10 种不同的特效，如图 11-44 所示。

图 11-44 【模糊与锐化】类特效

1.【快速模糊】、【摄像机模糊】和【方向模糊】

【快速模糊】特效的处理速度更快，可以将模糊方向设置为【垂直】、【水平】和【水平与垂直】3种。【摄像机模糊】这一特效可以产生因图像离开摄像机焦点而出现的模糊效果。通过前面的学习，读者对这一特效肯定有了较深的体会，这里不再详述。【方向模糊】这一特效可以对素材产生方向虚化，使素材产生运动的效果，也可以设置方向与模糊长度。对图像应用这3种特效后的效果如图11-45所示。

【快速模糊】　　　　　　　　　　【高斯模糊】　　　　　　　　　　【摄像机模糊】

图 11-45 【快速模糊】、【高斯模糊】、【摄像机模糊】特效效果

2.【残像】和【消除锯齿】

【残像】特效可以使影片运动物体后面跟着一串阴影一起移动。【消除锯齿】这一特效没有参数设置，它能够平滑高反差色彩区域的边缘，创造出中间色调，达到颜色过渡自然柔和的目的。

3.【混合模糊】

【混合模糊】特效根据模糊控制层的亮度信息，对画面进行模糊处理。默认设置下，画面中亮度越大的区域，模糊效果越明显，反之效果越不明显。如图11-46所示，左图为原始画面，右图为应用【混合模糊】特效后的效果。

 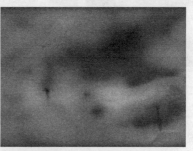

图 11-46 【混合模糊】特效效果

4.【通道模糊】和【高斯模糊】

【通道模糊】特效分别对画面中的红色模糊度、绿色模糊度、蓝色模糊度和 Alpha 模糊度进行模糊处理。可以将模糊方向设置为【水平】、【垂直】或者【水平与垂直】。【高斯模糊】特效可以对画面进行模糊和柔化，并去除噪点，也可以设置模糊度与模糊方向。如图 11–47 所示，左图是原始画面，中图是应用【通道模糊】后的效果，右图是应用【高斯模糊】后的效果。

图 11–47　【通道模糊】和【高斯模糊】特效效果

5.【锐化】和【非锐化遮罩】

【锐化】特效会查找图像边缘并提高对比度，以产生锐化效果。【非锐化遮罩】特效在定义边缘颜色的范围之间增加对比度，锐化效果更明显。如图 11–48 所示，左图是原始画面，中图是应用【锐化】特效后的效果，右图是应用【非锐化遮罩】特效之后的效果。

图 11–48　【锐化】和【非锐化遮罩】特效效果

11.4.8　【生成】类特效

【生成】类特效可以在画面上创建具有特色的图形或者渐变颜色等，与画面进行合成。其中包括 12 种不同的效果，如图 11–49 所示。

图 11–49　【生成】类特效

1.【书写】

【书写】特效在画面中产生一个圆形的笔触点，设置笔触点的大小、硬度和透明度等，并不断调整笔触的位置记录关键帧，可以在画面中模拟书写效果。应用书写特效的动画效果如图 11–50 所示。

图 11–50　【书写】特效

2.【吸色管填充】

【吸色管填充】特效采集画面中某一点的颜色，用采样点的颜色填充整个画面。

3.【四色渐变】和【圆】

【四色渐变】特效在画面上产生 4 色渐变的效果。每种颜色通过独立的控制点，设置位置及颜色，并且可以记录动画。使用该效果，可以模拟霓虹灯、流光溢彩等奇幻效果。【圆】特效可以创建一个实心圆或圆环，通过设置混合模式与原画面叠加，如图 11-51 所示，左图是原始画面，中图是应用【四色渐变】特效后的效果，右图是应用【圆】特效后的效果。

图 11-51 【四色渐变】和【圆】特效画面

4.【棋盘】和【椭圆】

【棋盘】特效在画面上创建棋盘格的图案，它有一半的图案是透明的，参数设置和【栅格】特效相似。【椭圆】特效可以在画面上创建椭圆，用作遮罩，也可以直接与画面合成。如图 11-52 所示，左图是原始画面，中图是应用【棋盘】特效后的效果，右图是应用【椭圆】特效后的效果。

图 11-52 【棋盘】和【椭圆】特效画面

5.【油漆桶】和【渐变】

【油漆桶】特效将填充点附近颜色相近的图像填充指定的颜色，效果与 Photoshop 中的油漆桶填充类似。【渐变】特效产生一个线性或者放射状颜色渐变，可以控制与原画面混合的程度。如图 11-53 所示，左图是原始画面，中图是应用【油漆桶】特效后的效果，右图是应用【渐变】特效后的效果。

图 11-53 【油漆桶】和【渐变】特效画面

6.【网格】和【蜂巢图案】

【网格】特效在画面上创建一组自定义的栅格。可以设置栅格边缘的大小和羽化程度，也可作为蒙板应用于原素材上，该特效能在画面上产生设计元素。【蜂巢图案】特效可以创建各种类型的蜂巢图案，可以产生各种静态或者运动的背景纹理和图案，这些图案可作为其他视频特效、转场特效的遮罩图。如图 11-54 所示，左图是原始画面，中图是应用【网格】特效后的效果，右图是应用【蜂巢图案】特效后的效果。

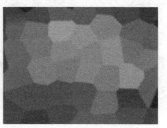

图 11-54　【网格】和【蜂巢图案】特效画面

7.【镜头光晕】和【闪电】

【镜头光晕】可以模拟摄像机的镜头光晕效果，可以设置光晕的中心、亮度、镜头类型及与原画面的混合程度。【闪电】在画面上产生一种随机的闪电，不需要设置关键帧就可以自动产生动画，如图 11-55 所示，左图是原始画面，中图是应用【镜头光晕】特效后的效果，右图是应用【闪电】特效后的效果。

图 11-55　【镜头光晕】和【闪电】特效画面

11.4.9 【色彩校正】类特效

尽管 Premiere Pro CS6 中其他相关视频特效也能起到校色的作用，但是【色彩校正】类特效的多数调色效果是为专业调色而设计的，主要完成过去高端软件才具有的颜色校正功能。这些特效对于色彩的控制更为细致、精准，能够完成要求较高的调色任务。这一特效比较复杂，能够对黑白平衡和颜色进行调整，限制色度和亮度信号的幅度。其中包括 17 种不同的效果，有些特效功能相似。其参数面板如图 11-56 所示，下面我们将按照调整方式来分类进行讲解。

视频特效概览 4
（色彩校正）

1.【RGB 曲线】和【亮度曲线】

这两个特效使用曲线的方式来调整图像的亮度和色彩，其参数面板如图 11-57 所示。曲线的水平坐标代表像素亮度的原始数值，垂直坐标代表调整后的输出数值。单击曲线可以增加控制点，可以移动曲线上的控制点来编辑曲线。曲线上弯增加图像亮度，曲线下弯则减少图像亮度。【RGB 曲线】特效包含【主通道】及【红色】、【绿色】、【蓝色】通道的曲线，可以对 3 个通道单独调整。而【亮度曲线】特效中只有一个【亮度波形】曲线。

曲线的调整方法类似于 Photoshop 中的曲线调节。这两个特效都可以通过【附属色彩校正】选项来进行自定义调节。

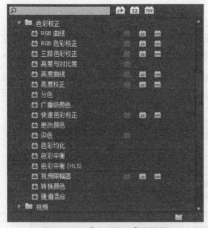

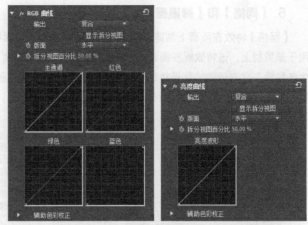

图 11-56 【色彩校正】类特效　　　　　　　　图 11-57 【RGB 曲线】和【亮度曲线】特效参数面板

2. 【RGB 色彩校正】、【亮度与对比度】和【亮度校正】

这 3 种特效用于对图像的亮度、对比度进行调整，参数面板如图 11-58 所示。

- 【RGB 色彩校正】特效功能更为强大，除了可以对图像的总体、高光区、阴影区和中间调来分别调整，还可以对红、绿、蓝 3 个通道分别进行调整。
- 【亮度与对比度】特效可以调整图像整体的亮度、对比度，并同时调节所有素材的亮部、暗部和中间色。
- 【亮度校正】特效也可以调整图像的亮度和对比度，不同的是它可以选择图像的总体、高光区、阴影区和中间调区来分别调整。对每一部分进行调整时，可以进一步细分，使用【Gamma】选项调整中间亮度，使用【基准】调整暗区，使用【增益】调整亮区。

【RGB 色彩校正】和【亮度校正】特效还可以利用【附属色彩校正】功能自定义调节的区域。

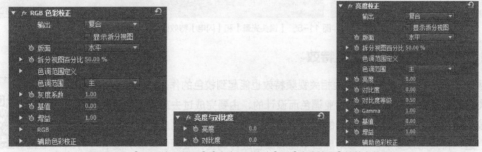

图 11-58 【RGB 色彩校正】、【亮度与对比度】和【亮度校正】特效参数面板

3. 【三路色彩校正】和【快速色彩校正】

这两个特效可以使用色轮的方式来调节图像的色调和饱和度。图 11-59 所示是【三路色彩校正】特效、【快速色彩校正】特效的参数面板和色轮的分析图。

- 【色相角度】：色轮的外环角度，旋转时改变图像整体颜色。顺时针方向移动外环会使整体颜色偏红，逆时针移动会使整体偏绿。
- 【平衡数量级】：控制颜色改变的强度。将圆向外移动会增加颜色改变的强度。
- 【平衡增益】：设置平衡幅度和平衡角度调整的精细程度。将垂直手柄向外移动会使调整更加明显，反之向中心移动会使调整变得更精细。

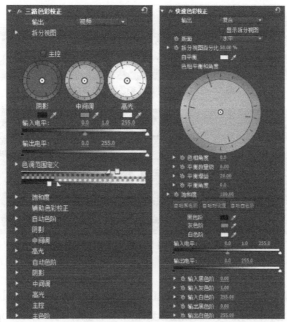

图 11-59 【三路色彩校正】和【快速色彩校正】特效参数面板

- 【平衡角度】：也可通过转动色轮内环调整，使视频颜色偏向目标颜色。

【三路色彩校正】特效使用 3 个色轮分别用于调整图像的暗区、中间调和高光部分，还可以利用【附属色彩校正】功能自定义调整区域。而【快速色彩校正】特效中的色轮对图像整体进行调节。

4.【色彩平衡】和【色彩平衡（HLS）】

【色彩平衡】特效则把图像分为阴影、中间调和高光 3 个部分，对每一部分进行红、绿及蓝色增减调节，调整更为细致。【色彩平衡（HLS）】特效可以对图像的色相、亮度和饱和度直接调整。这两个特效的参数面板如图 11-60 所示。

图 11-60 【色彩平衡】和【色彩平衡（HLS）】特效参数面板

5.【分色】、【染色】、【更改颜色】和【转换颜色】

这 4 种特效分别对图像中的局部色彩进行调整，或者改变图像原有的色彩关系，创建新的色彩效果。

【分色】特效只保留画面中被选中的颜色，其他部分的图像则变为黑白色调。【染色】特效将原图像中的色彩信息去掉，只保留黑白亮度关系，将图像中的黑色、白色像素分别映射到两种指定的颜色。其参数面板如图 11-61 所示。

【更改颜色】特效指定图像中的一种颜色，对其进行色相、亮度和饱和度的改变。【转换颜色】特效将图像中所指定的一种颜色替换成另一种颜色。这两种特效的参数面板如图 11-62 所示。

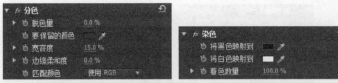

图 11-61 【分色】和【染色】特效参数面板

图 11-62 【更改颜色】和【转换颜色】特效参数面板

6.【色彩均化】

　　【色彩均化】特效重新分布图像中像素的亮度值，以便更均匀地呈现所有范围的亮度级别，它使最亮值变为白色，最暗值变为黑色，同时加大相近颜色像素之间的对比度，与 Photoshop 中的【色彩均化】命令相似。如图 11-63 所示，是对图像使用该特效前后的效果，使用特效后图像的对比度增加，层次感增强。

图 11-63 【色彩均化】特效

7.【通道混合】

　　这一特效可以使用当前颜色通道的混合值来修改另一个颜色通道，以产生其他色彩调整工具难以实现的效果。其参数设置与效果如图 11-64 所示。调整前后的效果如图 11-65 所示。

图 11-64 【通道混合】特效参数面板

图 11-65 【通道混合】特效效果

　　在参数设置中，以"红色-"开头表示最终效果的红色通道，以"绿色-"开头表示最终效果的绿色通道，以"蓝色-"开头表示最终效果的蓝色通道。下面我们仅分析以"红色-"开头的红色通道，其他与此类似。

- 【红色–红色】：设置原始红色通道的数值有百分之几用于最终效果的红色通道中。
- 【红色–绿色】：设置原始绿色通道的数值有百分之几用于最终效果的红色通道中。
- 【红色–蓝色】：设置原始蓝色通道的数值有百分之几用于最终效果的红色通道中。
- 【红色–恒量】：设置一个常数，决定各原始通道的数值以相同的百分比加到最终效果的红色通道中。最终效果的红色通道就是这 4 项设置计算结果的和。
- 【单色】：主要用于产生灰度图。将其勾选后，仅上面介绍的 4 个选项有效，而且每个选项的调整数值都同时作用于最终效果的 3 个通道。

8.【广播级颜色】和【视频限幅器】

这两个特效用于控制影片作为电视信号的安全，可以将超出允许范围的图像信号控制在安全范围内。电视能够显示的颜色范围比计算机显示器的颜色范围要小，所以使用后期非线性编辑过的影片都要经过调整，确保作为电视信号的安全，才能有效传输和播出。这两个特效的参数面板如图 11-66 所示。

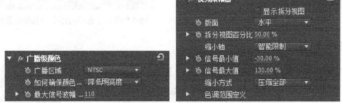

图 11-66　【广播级颜色】和【视频限幅器】特效参数面板

从图 11-66 中可以看出，【广播级颜色】特效参数较为简单，但是比较直接，能够确保将信号调整到安全范围内。而【视频限幅器】特效参数较为复杂，它可以保持与广播电视标准一致的同时，对视频的亮度和颜色信息进行更加精确地控制，以最大程度地保证原来的视频质量。

视频特效概览 5
（视频、调整、过渡）

11.4.10　【视频】类特效

【视频】类特效中只有 1 个【时间码】特效。【时间码】特效可以在画面上添加一个时间码显示，以精确显示当前时间，如图 11-67 所示。

图 11-67　【时间码】特效

11.4.11　【调整】类特效

【调整】类特效主要是对素材画面的色彩、亮度进行调整。其中包含 9 种不同的特效，如图 11-68 所示。

1.【卷积内核】

该特效使用"卷积积分"数学运算方法，改变画面中每个像素的亮度值，如图 11-69 所示。调整矩阵值和【偏移】和【缩放】参数，可修改矩阵中像素的亮度增效水平，可以做出模糊、锐化边缘、查找边缘和浮雕等很多效果。

图 11-68 【调整】类特效　　　　　　　　　　图 11-69 【卷积内核】特效参数面板

2.【基本信号控制】

这一特效与硬件设备的视频调节放大器类似，从【亮度】【对比度】、【色相】和【饱和度】这 4 个方面对素材进行调节，如图 11-70 所示。

这一特效包括的选项有些很好理解，下面仅将容易引起混乱的介绍如下。

图 11-70 【基本信号控制】特效参数面板

- 【色相】：色相以一个圆形的色轮图表示，因此不同的角度代表了不同的颜色。这里的数值设置有两个。第 1 个数值代表几个周期，当使用了关键帧设置，表示从一个关键帧变化到另一个关键帧要经过几个 360° 的周期变化，如果没有关键帧设置，则此数值没有意义；第 2 个数值为具体的色度值。
- 【拆分屏幕】：勾选该项，则将节目视窗分割显示，一部分将保持原貌以便对比调整。分割显示不会对最终结果造成影响，只是为了方便调整。
- 【拆分百分比】：可以调整分割显示所占的比例。

3.【提取】

这一特效能从视频素材中提取颜色，从而创造带有纹理的灰度显示，也能够较好地创造蒙版。如图 11-71 所示，左图是该特效的参数面板，右图是【提取设置】对话框。

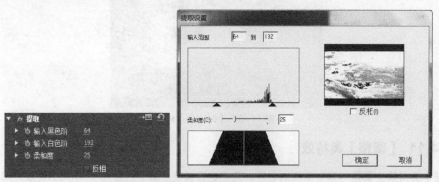

图 11-71 【提取】特效参数面板和【提取设置】对话框

这一特效包括如下选项。

- 【输入范围】：可以决定提取范围。调整两个黑三角滑块，它们之间的像素被变成白色，其他的像素都变成黑色。
- 【柔和度】：可以调整灰度级。数值越大，灰度级越高。
- 【反相】：可将上述结果反转。

对话框下部的图显示映射功能，表明该功能已用于素材并生成了一个蒙版。直方图表示当前帧在每一个亮度值上对应的像素数目。

4.【照明效果】

在画面上最多可以添加 5 盏灯光创建灯光特效。该效果可以控制灯光的很多属性，比如灯光类型、角度、强度、颜色、灯光中心和照射范围等，还可以控制表面光泽和质感等，其参数面板如图 11-72 所示。应用了【照明效果】特效后的图像效果如图 11-73 所示。

图 11-72 【照明效果】特效参数面板

图 11-73 【照明效果】特效

5.【自动对比度】、【自动色阶】和【自动颜色】

这 3 种特效都可以对画面整体进行快速地调节。【自动对比度】特效自动调整素材中颜色的总体对比度和混合，不会减少颜色或增加颜色。【自动色阶】特效自动调整素材中的黑和白，由于单独调整每个颜色通道，所以可能会移去颜色或引入颜色。【自动颜色】这一特效通过重新确定素材的黑、中间色和白，以调整素材的对比度和颜色。

对一段素材分别应用这 3 种特效时，效果略有不同，但都可以使原来的图像效果得到改善，必要时可对一段素材同时添加这 3 种特效，图 11-74 所示是 3 种自动特效的参数面板。

图 11-74 【自动对比度】、【自动色阶】和【自动颜色】特效的参数面板

【自动颜色】特效包括如下选项。

- 【瞬间平滑】：确定调整某一帧时，需要综合分析的范围，单位是秒。比如设置为 "1"，那么当前帧前面 1 秒以内的帧，都将被分析以确定当前帧颜色的校正数值，这样调整可使素材的颜色很柔和地产生变化。如果此值为 "0"，那就是对每一帧单独进行分析。

- 【场景绘制】：勾选该项，将考虑场景变化因素，可得到更加准确的调整。
- 【减少黑色像素】和【减少白色像素】：缺省值为"0.10%"，就是与素材最白和最黑像素相差"0.10%"数值内的像素，都变成白和黑像素。
- 【对齐中性中间调】：勾选该项，将自动查找素材中平均接近中间色的颜色，使这部分颜色成为中间色，也就是 RGB 数值均为 128 的灰色。
- 【与原始图像混合】：将调整后的素材与原始素材混合。"0"对应调整后的素材，"100"对应原始素材。

6.【色阶】

这一特效可以对素材的颜色级别范围进行调整，它的功能相当于将【颜色平衡】、【Gamma 校正】、【亮度和对比度】和【反相】特效结合起来。如图 11-75 所示，左图是该特效的参数面板，右图是【色阶设置】对话框，【色阶设置】对话框左边显示了当前画面的柱状图，水平方向代表亮度值，垂直方向代表对应亮度值的像素总数。

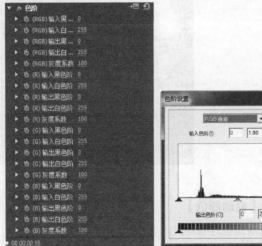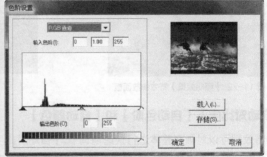

图 11-75 【色阶】特效参数面板和【色阶设置】对话框

这一特效包括如下选项。

- 通道列表：从下拉列表中可以选择所要调整的通道。
- 【输入色阶】：拖动直方图下的滑块或在文本框内输入数字可以调整对比度。X 轴表示亮度值，从最左边的最暗"0"到最右边的最亮"255"。Y 轴表示某个数值下的像素数量。要增加暗部，可以把黑色三角形向右拖动；要增加亮度，可以把白色三角形向左拖动；要调整中间色，则拖动灰色三角形。
- 【输出色阶】：拖动控制滑块或在文本框内输入数字可以调整素材的亮度。向右拖动黑色三角形可在素材中消除最暗的值，向左拖动白色三角形可以消除素材中最亮的值。
- 载入(L)... 按钮：单击该按钮，可以调用存储效果。
- 存储(S)... 按钮：单击该按钮，可以存储自己设置的效果。

7.【阴影/高光】

这一特效可以提高素材暗部的亮度或者减少高光的亮度，并不是整体调整素材的亮度，其缺省设置可以有效解决逆光拍摄所出现的问题。其参数面板如图 11-76 所示。

图 11-76 【阴影/高光】特效参数面板

这一特效包括如下选项。

- 【自动数量】：勾选该项，将自动分析校正暗调和高光，有效解决逆光拍摄所出现的问题。
- 【阴影数量】和【高光数量】：如果前一项不勾选，就可以分别设置提高暗部亮度和减少高光亮度的数值。
- 【更多选项】：将其展开可以看到 8 个参数设置。其中【阴影色调宽度】和【高光色调宽度】确定多大亮度范围内的暗调和高光被调整；【阴影半径】和【高光半径】确定一个半径，在这个范围内的像素被调整；【色彩校正】确定调整过程中颜色被影响的程度；【中间调对比度】确定对中间色对比度的影响程度。

11.4.12 【过渡】类特效

【过渡】类特效至少需要两个轨道放置有叠加部分的素材片段，可以通过设置关键帧的方式完成过渡效果。其中包含 5 种不同的特效，如图 11-77 所示。

1.【块溶解】和【百叶窗】

【块溶解】特效使画面以随机块的形式逐渐消失。块的高度和宽度可以自定义。【百叶窗】特效使画面以百叶窗开合的形式逐渐消失。对两个轨道的图像应用【块溶解】、【百叶窗】特效后的效果如图 11-78 所示。

图 11-77 【过渡】类特效　　　　　　图 11-78 【块溶解】和【百叶窗】特效效果

2.【径向擦除】、【渐变擦除】和【线性擦除】

【径向擦除】特效以一个指定的点为中心对素材进行旋转擦除。【渐变擦除】特效是依据两个层的亮度值进行擦除。【线性擦除】特效在指定的方向上为画面添加简单的线性擦除。对图像应用【径向擦除】、【渐变擦除】和【线性擦除】特效后的效果如图 11-79 所示。

图 11-79 【径向擦除】、【渐变擦除】和【线性擦除】特效效果

11.4.13 【透视】类特效

【透视】类特效用于调整素材在虚拟三维空间中的位置，或为素材添加深度，产生一个可调整的倾斜轴。其中包含 5 种不同的特效，如图 11-80 所示。

视频特效概览 6
（透视、通道）

1.【基本 3D】

这一特效应用在一个虚拟三维的空间中调整素材。可以沿水平和垂直坐标轴旋转素材，调整素材的远近距离；还可以设置高光，以制作旋转素材表面产生的光反射。光源一般在素材左上方的后侧，因此素材向后倾斜或向左倾斜就可以得到高光效果，这对于增强三维空间的真实感很有帮助。对图像应用【基本 3D】特效后的效果如图 11-81 所示。

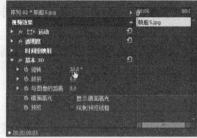

图 11-80 【透视】类特效　　　　　　　　　　图 11-81 【基本 3D】特效参数设置与效果

这一特效包括如下选项。

- 【旋转】：用于控制水平方向的旋转，数值设置有两个。第 1 个数值代表几个周期；第 2 个数值是旋转角度，当数值超过正、负 90°时，可以从后面观察素材，也就是原始素材的水平镜像。
- 【倾斜】：用于控制垂直方向的旋转。第 1 个数值代表几个周期；第 2 个数值是旋转角度，当数值超过正、负 90°时，就是原始素材的垂直镜像。
- 【与图像的距离】：调整素材和观察者的距离，数值越大，距离越远，素材越小。
- 【镜面高光】：勾选【显示镜面高光】可以显示一束高光。
- 【预览】：勾选【绘制预览线框】，预演中仅显示素材三维图形的线框轮廓。由于在三维空间中调整素材特别耗时，因此采用线框轮廓渲染能够加快显示速度。

2.【径向阴影】和【投影】

这两个特效都可以通过图像的 Alpha 通道边缘产生投影，不同的是【径向阴影】特效以画面上方的点光源形成投影效果，而【投影】特效由平行光光源形成投影，投影还可以出现在图像的边缘。图 11-82 和图 11-83 所示，分别是应用【径向阴影】、【投影】特效的参数设置与效果。

图 11-82 【径向投影】特效的参数设置与效果

图 11-83　【投影】特效的参数设置与效果

　　由于产生阴影要依赖 Alpha 通道，因此在使用其他软件制作素材时，应特别注意 Alpha 通道的制作。以【投影】为例，这一特效包括如下选项。

- 【阴影颜色】：设置阴影颜色。可以选择吸管工具在图像上直接选择，也可以通过单击【颜色选择】对话框进行设置。
- 【透明度】：设置阴影的透明度。"0%"是完全透明，"100%"是完全不透明。
- 【方向】：设置阴影的投射方向。第 1 个数值代表几个周期，第 2 个数值是投射方向。
- 【距离】：设置阴影与投射对象的距离。需要注意的是，数值如果很大，阴影有可能投射到素材的边界外，因此看不到阴影。
- 【柔和度】：设置阴影的虚化程度，以增加阴影的真实感。

3.【斜角边】

　　【斜角边】特效可以在素材的边缘产生凿刻状和明亮化外观，也就是倒角效果。素材的边缘是由它的 Alpha 通道决定的，对没有 Alpha 通道的素材，就在素材的四周产生倒角效果。与【斜面 Alpha】特效不同，这一特效总是产生矩形倒角效果，因此如果 Alpha 通道的形状不是矩形，所产生的效果就不理想。其参数设置与效果如图 11-84 所示。

图 11-84　【斜角边】特效的参数设置与效果

　　其各项参数设置与【斜面 Alpha】特效的相同，只是【边缘厚度】的取值范围为 0 ~ 0.5。

4.【斜面 Alpha】

　　这一特效可以在 Alpha 通道的边缘产生凿刻状和明亮化外观，也就是倒角效果，使二维的元素呈现出三维的外观。它特别适合处理带 Alpha 通道的素材。其参数设置与效果如图 11-85 所示。

图 11-85 【斜面 Alpha】特效的参数设置与效果

这一特效包括如下选项。

- 【边缘厚度】：确定倒角的厚度，有效数值范围为 0～200。
- 【照明角度】：数值设置有两个。第 1 个数值代表几个周期；第 2 个数值是灯光角度，确定哪些倒角边是亮的，哪些倒角边是暗的。
- 【照明颜色】：确定灯光颜色，也就是倒角边的基本颜色。可以用鼠标单击 工具然后拖动到素材上选择，也可以打开【颜色拾取】对话框进行设置。
- 【照明强度】：确定灯光强度。该选项的数值越大，越能强化倒角边与素材其他部分的区别。

如果没有 Alpha 通道的素材采用这一特效，则素材的四周会产生倒角效果，但和上面讲的【斜角边】特效相比，其效果较弱。

11.4.14 【通道】类特效

【通道】类特效通过对画面各个通道的处理，如红、绿和蓝通道，色调、饱和度和亮度通道等，将它们与原素材以不同方式混合，实现各种效果。其中包括 7 种不同的特效，如图 11-86 所示。

图 11-86 【通道】类特效

1.【反转】

【反转】特效可以把素材指定通道的颜色改变成相应的补色。其参数设置与效果如图 11-87 所示。

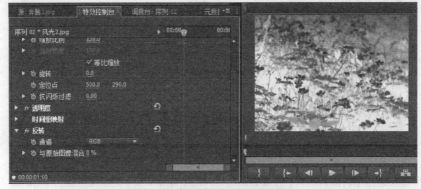

图 11-87 【反转】特效参数设置与效果

该特效包括的【通道】选项，用于指定哪一个或几个通道反转。对 RGB 颜色模式而言，【RGB】选项是指 R、G、B 3 个通道同时反转，【红色】选项是仅反转 R 通道的颜色，其他类推。HLS 颜色模式包括色相、明度和饱和度。YIQ 是 NTSC 制视频的颜色模式，Y 是明亮度，I 是相内彩色度，Q 是求积彩色度。Alpha 是指 Alpha 通道，它不包含色彩信息，只包含透明度信息。

2. 【固态合成】

该特效提供了一种快捷的方式，使画面和一种单色混合从而改变画面的颜色。利用该特效可以调节画面和颜色的透明度，并设置它们的混合方式，其参数面板与效果如图 11-88 所示。

图 11-88 【固态合成】特效参数设置与效果

3. 【复合算法】、【混合】和【计算】

【复合算法】特效根据不同的数学算法，来制作两个轨道画面的合成效果。该特效通常与 After Effects 效果一起使用。使用复合算法特效将两个素材进行混合，如图 11-89 所示，左图和中图分别为两个轨道的素材，右图为合成后的效果。

  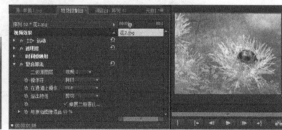

图 11-89 【复合算法】特效参数设置与效果

【混合】特效这一特效可以将素材与指定视轨上的另一个素材以一定的方式相混合。其参数设置与效果如图 11-90 所示，效果与【复合算法】特效类似。

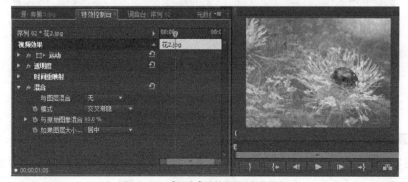

图 11-90 【混合】特效参数设置与效果

这一特效包括如下选项。

- 【与图层混合】：指定与某一个视轨上的素材相混合。
- 【模式】：其下拉列表中有 5 种状态可以选择。【交叉渐隐】选项是指两个素材之间叠化；【仅颜色】选项是按另一个素材每个像素的颜色来修改这个素材；【仅色调】选项与【仅颜色】选项相似，但仅对原始素材中的彩色像素起作用，对只有灰度值的像素不起作用；【仅变暗】选项将素材的每个像素与指定素材的对应像素相比较，如果前者比后者亮，就变暗；【仅变亮】选项与【仅变暗】选项相反，如果前者比后者暗，就变亮。
- 【与原始图像混合】：可以将调整后的素材与原始素材混合。"0"对应调整后的素材，"100"对应原始素材。
- 【如果图层大小】：如果两个素材的大小不一样，可以在其下拉选项中选择【居中】保持两者中心对齐，选择【伸展以适配】则伸展对齐。

【计算】特效将一个画面的通道与另一个画面的通道混合在一起。其参数设置与效果如图 11-91 所示，其效果与【复合算法】特效、【混合】特效类似。

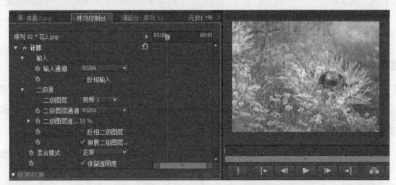

图 11-91 【计算】特效参数设置与效果

4.【算法】

该特效可对画面中的红、绿、蓝通道与原图像进行不同的简单数学运算，其参数设置与效果如图 11-92 所示。

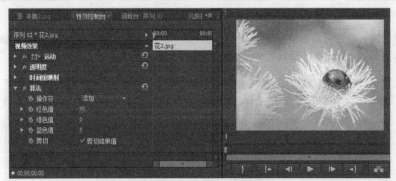

图 11-92 【算法】特效参数设置与效果

5.【设置遮罩】

该特效可将其他层上画面的通道设置为本层的遮罩，通常用来创建运动遮罩效果，其参数设置与效果如图 11-93 所示。

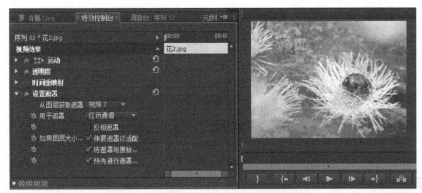

图 11-93 【设置遮罩】特效参数设置与效果

11.4.15 【键控】类特效

【键控】类特效请参考第 10 章 10.3 节键控特效章节，这里不再重复赘述。

11.4.16 【风格化】类特效

使用【风格化】类特效可以模仿各种绘画的风格，其中包括 13 种不同的特效，如图 11-94 所示。

视频特效概览 7
（风格化）

图 11-94 【风格化】类特效

1.【Alpha 辉光】

这一特效可以在 Alpha 通道确定的区域边缘，产生一种颜色逐渐衰减或向另一种颜色过渡的效果。其参数设置及效果如图 11-95 所示。

图 11-95 【Alpha 辉光】特效参数设置与效果

这一特效包括如下选项。

- 【发光】：设置辉光从 Alpha 通道的边缘向外延伸的大小。
- 【亮度】：设置辉光的强度，也就是辉光的亮度。
- 【起始颜色】和【结束颜色】：设置辉光的开始和结束颜色。
- 【淡出】：决定单一颜色是否逐渐衰减，或者【起始颜色】和【结束颜色】之间是否柔和过渡。

2.【复制】

这一特效可把屏幕分成若干块，在每一块中显示整个素材，可以设置分块数目。如图 11-96 所示，左图是原始图像，右图是应用【复制】特效后的效果。

图 11-96 【复制】特效

3.【彩色浮雕】和【浮雕】

【彩色浮雕】特效这一特效通过勾画素材中物体的轮廓产生彩色浮雕效果，并可设置光源方向决定加亮浮雕的哪条边。其参数设置及效果如图 11-97 所示。

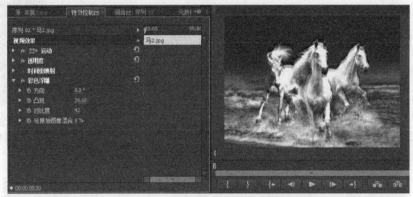

图 11-97 【彩色浮雕】特效参数设置与效果

这一特效包括如下选项。

- 【方向】：设置光源的投射方向。第 1 个数值代表几个周期，第 2 个数值是投射方向。
- 【凸现】：设置浮雕凸起的高度。
- 【对比度】：设置浮雕效果的锐利程度，较低的值仅使素材中明显的边产生浮雕效果。
- 【与原始图像混合】：设置产生浮雕效果后的素材与原始素材的混合程度。

【浮雕】特效产生的效果与【彩色浮雕】特效相似，除了没有色彩。它们的各项参数设置也完全相同。

4.【曝光过度】

这一特效产生一个正负像之间的混合，相当于照相底片显影过程中的曝光效果。可以改变阈值，调整正像和负像之间的混合度。如图 11-98 所示，左图是原始画面，右图是应用【曝光过度】特效后的效果。

图 11-98 【曝光过度】特效

5.【材质】

这一特效能够在一个素材上显示另一个素材的纹理。要产生这一效果，必须在两个轨道上同时有素材，并在时间上有重合部分，最终效果也仅在重合部分出现。其参数设置与效果如图 11-99 所示。

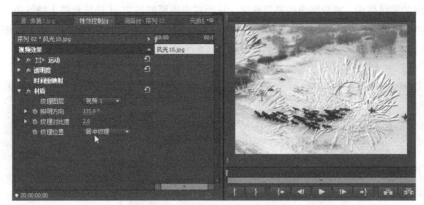

图 11-99 【材质】特效的参数设置与效果

这一特效包括如下选项。

- 【纹理图层】：选择哪个视轨用于产生纹理图案。如果选择【视频 1】选项，也就是当前视轨，将使应用此特效的素材产生浮雕效果。
- 【照明方向】：第 1 个数值代表几个周期，第 2 个数值设置灯光方向。
- 【纹理对比度】：设置纹理效果的强度。
- 【纹理位置】：指定如何应用纹理图案。其中【拼贴纹理】选项是重复纹理图案；【居中纹理】选项是把纹理图案的中心定位在应用此特效的素材中心，纹理图案的大小不变；【拉伸纹理以适配】选项是调整变形纹理图案的大小，使其与应用此特效的素材大小一致。

在纹理图案与应用此特效的素材大小一致时，【纹理位置】选项不管如何设置，纹理图案的中心与应用此特效的素材中心都是重合的。

6.【查找边缘】

这一特效确定素材中色彩变化较大的区域，并强化其边缘。这些边缘可以在白背景上用黑线勾画或在黑背景上用彩色线勾画，从而产生原始素材的素描或底片效果。其中【反相】选项为反转效果。例如在白色背景上用黑色线勾画的效果，在勾选这一选项后，将产生在黑色背景上用白线勾画的效果。【与原始图像混合】选项与前面介绍的一样。如图 11-100 所示，左图为原始画面，右图为应用【查找边缘】特效后的效果。

图 11-100 【查找边缘】特效

7.【笔触】、【色调分离】和【边缘粗糙】

【笔触】特效为画面添加粗糙的笔刷绘画的效果，可以自由设置笔刷的长度和宽度。【色调分离】特效通过对电平等级进行调整减少画面的色彩层次，产生类似海报的效果。电平是图像中像素的亮度等级，通过设置电平值的等级数量，减少图像的亮度等级，从而减少画面的层次。【边缘粗糙】特效通过计算使画面Alpha 通道的边缘产生粗糙效果，可以选择粗糙类型，如切割、尖刺、腐蚀和影印等。分别对图像应用【笔触】、【色调分离】和【边缘粗糙】特效后的效果如图 11-101 所示。

图 11-101　应用【笔触】、【色调分离】、【边缘粗糙】特效后的效果

8.【闪光灯】

这一特效能够以周期性或者随机性的时间间隔执行某种数学运算，从而产生频闪效果。例如，每 5 秒的时间出现一次持续时间 1/10 秒的完全白色显示，或者在随机的时间间隔中，将素材颜色反转。其参数设置如图 11-102 所示。

这一特效包括如下选项。

图 11-102　【闪光灯】特效参数面板

- 【明暗闪动颜色】：设置频闪时显示的颜色。
- 【与原始图像混合】：设置所产生的效果与原始素材的混合比例。
- 【明暗闪动持续】：以秒为单位，设置频闪效果的持续时间。
- 【明暗闪动间隔】：以秒为单位，设置频闪效果出现的时间间隔，它从相邻的两个频闪效果的开始时间算起。因此，【明暗闪动间隔】选项的数值应该比【明暗闪动持续】选项的大，这样才会出现频闪效果。
- 【随机明暗闪动】：设置素材中每一帧产生频闪效果的概率。
- 【闪光】：确定频闪效果的不同类型。【仅对颜色操作】选项可在所有的颜色通道中完成频闪效果；【使图层透明】选项使素材产生透明，与下面层的素材叠加，此时【明暗闪动颜色】中设置的颜色不起作用。
- 【闪光运算符】：当【仅对颜色操作】选项被选择时，可以在这一项的下拉菜单中选择不同的运算符，也就是选择不同的显示形式。

9.【阈值】

将画面转换成黑、白两种色彩。通过调整色阶值来决定黑色和白色区域的分界，当值为"0"时画面为白色，当值为"255"时画面为黑色。对图像应用【阈值】特效后的效果如图 11-103 所示。

10.【马赛克】

这一特效应用方形颜色块填充素材，以产生马赛克效果，其参数设置与效果如图 11-104 所示。

图 11-103 应用【阈值】特效后的效果

图 11-104 【马赛克】特效的参数设置与效果

这一特效包括如下选项。

- 【水平块】和【垂直块】：调整水平和垂直方向上马赛克的数量。
- 【锐化颜色】：勾选该选项，将用每个方形中心的像素颜色表示整个方形的颜色，否则使用每个方形中所有像素颜色的平均值表示整个方形的颜色。

马赛克数量的有效范围很大，但数值的设置如果超过素材的分辨率，就没有任何意义。

11.4.17 特效技巧应用实例

掌握视频特效的设置并不是目的，用好、用活它才最为重要。但要真正用好特效，产生令人赏心悦目的效果，并不是件容易的事。这一节所要讲的技巧，仅是沧海一粟，希望能抛砖引玉，启迪读者的思维。

特效技巧应用实例

1. 虚幻背景制作一

在节目制作中会经常用到一些虚幻背景，以烘托气氛。下面讲解制作虚幻背景。

STEP 1 新建一个"序列 02"。输入本地硬盘【素材】中的"CF367.avi"文件，并将其视频部分拖入【时间线】面板的视频 1 轨。

STEP 2 打开【效果】面板，从【视频特效】\【变换】分类夹下选择【摄像机视图】特效，将其拖放到【时间线】面板中的"CF367.avi"上。

STEP 3 在【特效控制台】面板中，单击【摄像机视图】特效右侧的 ➡️▣【设置】按钮，打开【摄像机视图设置】对话框。

STEP 在【摄像机视图设置】对话框中，将【经度】数值设为"8"，【焦距】数值设为"1"，将【颜色】设置成天蓝色，如图 11-105 所示。

提示

加天蓝色是因为调整后，可以看出画面中色彩不够丰富，缺乏蓝色。

STEP 关闭【摄像机视图设置】对话框，在【特效控制台】面板中分别单击前 3 个参数前的 ⏱ 按钮使其呈 显示，在编辑线处相应增加一个关键帧，如图 11-106 所示。

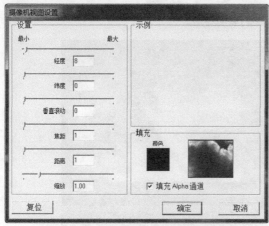

图 11-105　设置【摄像机视图设置】特效参数

图 11-106　设置关键帧

STEP 在【特效控制台】面板中将编辑线调整到素材结束处，单击 →▣ 按钮再次打开【摄像机视图设置】对话框。

STEP 在【摄像机视图设置】对话框中，将【经度】数值设为"20"，【维度】数值设为"23"，【垂直滚动】数值设为"360"，如图 11-107 所示。

STEP 单击　确定　按钮，关闭【摄像机视图设置】对话框。在节目监视器视窗中从开始处预演，就可以看到原始图像中的内容已经无法看出，视频显示出了神奇的变幻，如图 11-108 所示。

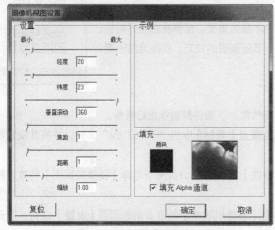

图 11-107　设置【摄像机视图设置】特效参数

图 11-108　【摄像机视图设置】特效效果

STEP 9 选择【文件】/【存储】命令，将项目文件以原名保存。

2. 虚幻背景制作二

STEP 1 新建一个"序列 03"。选择【文件】/【新建】/

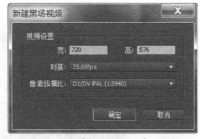

图 11-109 【新建黑场视频】对话框

【黑场】命令，打开【新建黑场视频】对话框，如图 11-109 所示。

STEP 2 单击 确定 按钮退出对话框。【项目】面
板中出现了一个名称为"黑场"的素材文件。将"黑场"拖入【时
间线】面板的视频 1 轨。

STEP 3 打开【效果】面板，从【视频特效】\【杂波与
颗粒】分类夹下选择【杂波】特效，将其拖放到【时间线】面板中
的"黑场"视频上。

STEP 4 打开【特效控制台】面板，展开【杂波】特效，确信编辑线在素材开始处，将【杂波
数量】调整为"25.0%"，取消对【使用杂波】和【剪切结果值】的勾选，如图 11-110 所示，使原来黑色
的图像产生白色噪点。

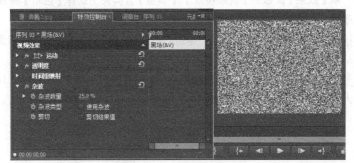

图 11-110 设置【杂波】特效

STEP 5 从【效果】面板的【视频特效】\【模糊与锐化】分类夹下选择【方向模糊】特效，将
其直接拖放到【特效控制台】面板中。将【模糊长度】设置为"100"，如图 11-111 所示。

STEP 6 新建一个"序列 04"，在【项目】对话框中，将"序列 03"拖入【时间线】面板的视
频 1 轨，使其成为"序列 04"序列中的一个素材，如图 11-112 所示。

图 11-111 【方向模糊】特效参数设置

图 11-112 放置素材

STEP 7 打开【效果】面板，从【视频特效】\【图像控制】分类夹下选择【颜色平衡（RGB）】
特效，将其拖放到【时间线】面板中的"序列 03"上。

STEP 8 在【效果控制台】面板中将【红色】和【绿色】都调到"70%"，【蓝色】调到"170%"，如图 11-113 所示。

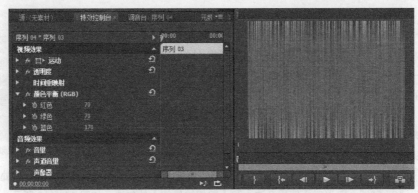

图 11-113 【颜色平衡（RGB）】特效参数设置

STEP 9 从【效果】面板的【视频特效】\【调整】分类夹下选择【色阶】特效，将其拖放到【时间线】面板中的"序列 03"上。

STEP 10 在【特效控制台】面板中，单击【色阶】特效名称右侧的 → 【设置】按钮，打开【色阶设置】对话框。从【色阶设置】对话框中可以看出，像素分布没有充分拉开层次。

STEP 11 将直方图下的白色三角形向左拖动，使【输入色阶】数值为"210"；将黑色三角形向右拖动，使【输入色阶】数值为"50"，如图 11-114 所示。

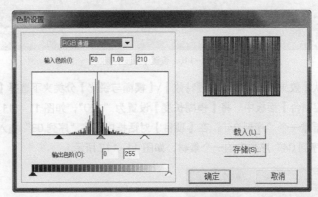

图 11-114 【色阶】特效参数设置

STEP 12 按 确定 按钮退出对话框，在节目视窗中从开始处预演，就可以看到原来的黑色图像不断放射出蓝色的色彩。

11.5 小结

本章介绍了如何为一段素材添加视频特效以及添加后如何设置关键帧制作特效动画的方法，并对【效果】面板中的大部分视频特效进行了简要介绍。通过视频特效的使用，可以为影视作品添加各种丰富多彩的视觉艺术效果，必要时可为一段素材添加多个视频特效。通过本章的学习，读者应该掌握各种常见特效的使用方法，能够根据影片主题表达和视觉审美要求，灵活使用各种视频特效。

11.6 习题

1. 简答题

（1）为素材添加视频特效可以用哪两种方法?

（2）在哪个面板为添加的视频特效调整参数?

（3）如何为视频特效制作关键帧动画?

2. 操作题

（1）利用【Alpha 辉光】特效，为文字制作辉光特效动画。

（2）利用【马赛克】特效，实现两个素材之间的切换。

（3）利用【摄像机模糊】特效，实现镜头慢慢聚焦的动画。

Premiere Pro cs6

Chapter

12

第 12 章
视频编辑增强

在进行后期编辑时，往往会发现原始素材不完全符合影片的要求，比如在拍摄过程中出现了技术失误，或者需要对影片色彩添加特殊创意效果，还要保证影片能够作为电视信号进行正常传输和播出，这就需要对原始素材进行色彩和亮度调整。

学习目标

- 掌握使用特效为素材添加艺术影调的方法。
- 掌握使用特效纠正素材缺陷的方法。
- 了解电视信号安全的标准。
- 掌握示波器的使用方法。

12.1 视听元素组合技巧

视听元素组合技巧与
图像信号安全控制

影片语言视觉元素与听觉元素是相辅相成、互相补充的。运用艺术的手法技巧将视听元素融合为有机的整体，不仅能增强影片的真实感、感染力，而且能扩大影片的艺术表现力。影片语言是以视觉元素为主、视听结合的语言，视觉元素组合的手法较之听觉元素更加复杂多变，也是视听元素组合中的关键内容。

视听元素的组合技巧，是指在影片制作过程中，将各个镜头按照一定的逻辑、一定的原则组接起来，说明一个原理、叙述一件事情、阐述一个主题的"遣词造句"的基本方法。它包括单个镜头内部多种视听元素的有机结合，对不同镜头进行组接，对全片进行启承转合的连贯与分隔等技巧。

影片作为一种技术性、艺术性较强的视听作品，要求视听元素组合技巧的运用，一方面，必须依据电视设备内在的技术性能和客观的技术条件，另一方面，也要依据编导者的艺术追求。编导者的艺术追求，是运用视听元素组合技巧的主观方面的依据。编导者在创作影片时，为了更好地表现影片的主题思想和内容，使影片诸方面更符合观众学习的生理、心理特点，总是在影片的结构形式、感情色彩、美学倾向和创作风格等方面，形成某种完整统一的艺术追求。这些艺术追求，贯穿于影片创作的全过程，任何创作技巧的运用都要有利于这种艺术追求的实现，而不能违背这种艺术追求。视听元素组合技巧的运用，也必须以编导者的艺术追求为依据。

12.2 图像信号安全控制

在非线性编辑过程中，编辑好的影片要保证能够作为电视信号进行正常的传输和播出。然而，电视信号传输和播出系统对节目质量具有一定要求，图像的亮度范围和饱和度都要符合相应的标准。制作完成的影片有可能会因为某些原因超标，使得影片中的某些部分不能正常播出。

视频信号超标的原因主要有以下几点。

- 在调色过程中，由于亮度和饱和度的提高往往会造成超标。
- 摄像机参数设置不对，或者拍摄时没有进行适当的控制。
- 使用了计算机软件生成的图像素材和动画素材，采用纯色的饱和度超标。
- 字幕与背景使用了高饱和度的颜色，比如使用纯黑或纯白的颜色。

由此可以看出，非线性编辑过程中，应随时打开 YC 波形示波器或矢量示波器对视频信号进行实时检测。

12.2.1　视频示波器

我国 PAL/D 制电视技术标准对视频信号有一定的要求：全电视信号幅度的标准值是 1.0V（ p-p 值 ），以消隐电平为零基准电平，其中同步脉冲幅度为向下的−0.3V，图像信号峰值白电平为向上 0.7V（ 即 100% ），允许突破但不能大于 0.8V（ 更准确地说，亮度信号的瞬间峰值电平≤0.77V，全电视信号的最高峰值电平≤0.8V ）。如果不符合这一技术标准，电视机接受调制信号后，会产生解调失真，使画面及声音出现干扰。如果图像的全电视信号波形幅度已经超出了 1.1V，或者亮度信号的幅度也超出了 1V。该图像的信号在电视信号的传输和播出过程中，有些色彩信息将不能被正确还原。超出的部分会造成白限幅，损失亮部图像细节，影响画面的层次感。图像的亮度信号中，黑电平在 0.3V 以下，比正常标准偏低。黑电平过低时，虽可以突出图像的亮部细节，但对于暗淡的画面，会出现图像偏暗或缺少层次、彩色不清晰自然及肤色失真等现象。

监测信号波形幅度是否超标要使用 YC 波形示波器，图 12-1 所示为 Premiere 自带的 YC 波形示波器，YC 波形示波器从左到右的显示，等于一帧图像从左到右的亮度分布。在垂直方向上是电视信号的电平值，单位是"伏特"（V）。

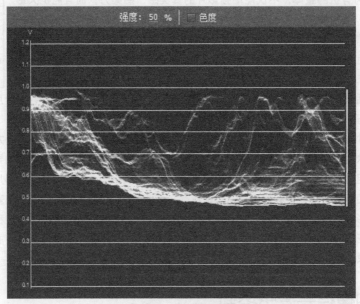

图 12-1　YC 波形示波器

Premiere 自带的波形示 YC 器与硬件示波器不同，其中消隐电平（即黑电平）显示为 0.3V，因此只要波形幅度保持在 1.0V 以内，最大不超过 1.1V，就符合标准。在波形示波器面板上方有【色度】复选框，将其勾选就可以叠加色度信息，以监测全电视信号波形幅度。另外，当预设项目文件是 NTSC 制，波形示波器采用 IRE 单位定标，面板上方还会出现针对不同的 NTSC 制信号标准而设置的【Setup（7.5 IRE）】复选框。

视频信号由亮度信号和色差信号编码而成，因此对色彩饱和度也有一定要求。监测信号的色度和饱和度要采用矢量示波器，图 12-2 所示为 Premiere 自带的矢量示波器与我国电视标准彩条（100/0/75/0）颜色的对应关系。矢量示波图中，距中心的距离代表饱和度，圆心位置表明色度为 0，因此黑色、白色和灰色都在圆心处，离圆心越远饱和度越高。沿着圆形的一周，代表色相的变化。标准彩条颜色都落在相应"田"字的中心，用一个绿色的点表示。此点越小，表明其颜色越纯。如果饱和度向外超出相应"田"字的中心，就表示饱和度超标，必须进行调整。对于其他颜色来讲，只要色彩饱和度不超过由这些"田"字围成的区域，就无须调整。在标准彩条颜色对应"田"字的外面，都还有一个"田"字，它们表示各个纯色（100% 的饱和度）的位置，比如纯红（R：255、G：0、B：0）会落在如图 12-3 所示的"田"字中。由此也可以看出，在电视后期制作中要避免使用纯色，以免超标。

另外，在 Premiere Pro CS6 中还有 YCbCr 检视和 RGB 检视示波器，前者分别显示亮度、Cb 色差、Cr 色差通道的信号幅度，后者分别显示红、绿和蓝通道的信号幅度，它们都采用 IRE 单位。所有的示波器还能够组合显示以方便调整，如图 12-4 所示，就是两种组合显示。左右两图的下方分别是"矢量/YC 波形/YCbCr 检视"和"矢量/YC 波形/RGB 检视"。

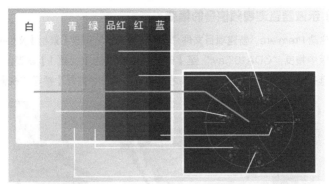

图 12-2　矢量示波器与标准彩条的对应关系

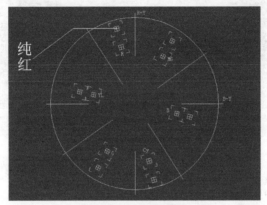

图 12-3　纯红对应的显示

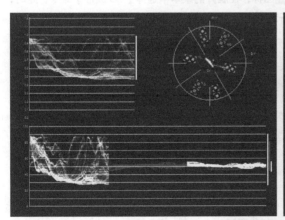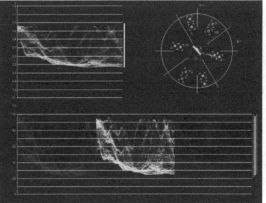

图 12-4　示波器组合显示

在 Premiere 中，单击【节目】监视器视图下方的设置🔧按钮，或者监视器视图右上方的▤图标，在弹出的菜单中选择需要的监测器类型。图 12-5 所示为其显示波形对应【时间线】面板中播放头所处的帧。比较常用的是【矢量示波器】和【YC 波形】示波器。

一般来说，常使用【矢量示波器】监测视频信号的饱和度是否符合标准，而使用【YC 波形】示波器监测视频信号的幅度是否符合标准，下面通过实例介绍。

● 合成视频
　Alpha
　全部范围
　矢量示波器
　YC 波形
　YCbCr 检视
　RGB 检视
　矢量/YC 波形/YCbCr 检视
　矢量/YC 波形/RGB 检视

图 12-5　选择示波器类型

1.【YC 波形】示波器监测视频信号的幅度

STEP  启动 Premiere，新建项目文件"t12"。导入本地硬盘【素材】文件夹下的"CDA103.avi"
文件。在【项目】面板中拖曳"CDA103.avi"至【时间线】面板的【视频1】轨道。

STEP 选择菜单栏中的【窗口】/【参考监视器】命令，打开【参考监视器】，如图 12-6 所示。

图 12-6 【参考监视器】视图

一般来说，通常使用【节目监视器】和【参考监视器】配合监测图像波形。在【节目监视器】中显示
图像，在【参考监视器】中显示波形。

STEP 单击【参考监视器】右上方的 图标，在展开的菜单中选择【YC 波形】命令，此时，
【参考监视器】视图中显示 YC 波形图，如图 12-7 所示，此时，波形图显示的是图像的亮度信号。

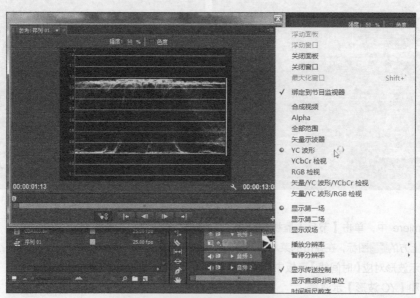

图 12-7 【参考监视器】视图中显示 YC 波形图

STEP 单击波形图上方的【色度】复选框，将其勾选。此时，显示的是亮度信号和色度信号
叠加后的全电视信号，如图 12-8 所示。

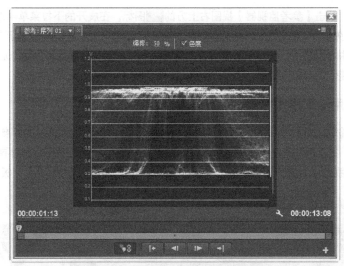

图 12-8　勾选【色度】复选框后的 YC 波形

提 示

在 Premiere Pro CS6 中，单击【节目监视器】下方的 ▶ 按钮，【参考监视器】中的波形图并不动，当
播放停止时，【参考监视器】显示当前帧的波形。如果要看到波形图的动态变化，可以将二者互换，
在【参考监视器】中显示图像，在【节目监视器】中显示波形。

2. 利用【矢量示波器】监测视频信号的色度

　　视频信号由亮度信号和色差信号编码而成，电视信号对色彩饱和度也有一定要求。监测信号的色度和
饱和度要采用【矢量示波器】。

　　STEP 接上例。单击【参考监视器】右上方的 图标，在其下拉菜单中选择【矢量示波器】
命令，此时，【参考监视器】视图中显示矢量波形图，如图 12-9 所示。

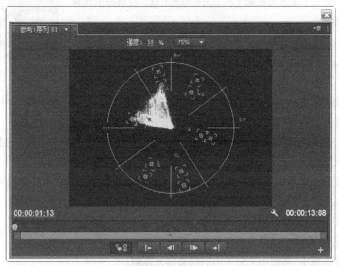

图 12-9　矢量波形图

STEP 2 单击【参考监视器】视图右上方的▓图标，在展开的下拉菜单中选择【矢量/YC 波形/YCbCr 检视】或【矢量/YC 波形/RGB 检视】命令，此时，【参考监视器】中同时显示 3 种波形。

从前边的操作中可以看出，使用示波器可以监测图像信号是否符合电视播出的标准，但是要对图像信号进行校正，还需要使用视频特效进行调整。下面对刚才的素材进行调整。

12.2.2 使用【广播级色彩】控制信号安全

下面使用【广播级色彩】特效，对刚才的素材进行调整，使其符合电视信号的标准。

STEP 1 接上例。选择菜单【窗口】/【工作区】/【色彩校正】命令，此时界面变为如图 12-10所示状态。【节目监视器】视图下方出现了【参考监视器】，左边为【特效控制台】面板和【效果】面板。

图 12-10 【色彩校正】模式下的工作区

STEP 2 单击【参考监视器】右上方的▓图标，在展开的菜单中选择【YC 波形】命令。

STEP 3 在【效果】面板中，找到【视频特效】/【色彩校正】/【广播级色彩】特效，按鼠标左键将其拖曳到【时间线】面板的素材上。打开【特效控制台】面板，如图 12-11 所示。

图 12-11 【广播级色彩】特效

该特效的主要功能是将一段素材的信号幅度限制在广播级信号要求的安全范围之内，有 3 个参数调节，下面介绍如何调整。

STEP 4 在【广播区域】下拉列表中有【NTSC】和【PAL】2 个选项。选择【PAL】选项，我国广播电视使用 PAL 制式。

在【如何确保颜色安全】下拉列表中，有【降低明亮度】、【降低饱和度】、【抠出不安全区域】、【抠出安全区域】4 个选项。其含义如下。

- 【降低明亮度】：会缩减亮度信号的幅度，超出安全范围的部分变暗。
- 【降低饱和度】：会缩减色度信号的强度，降低超出安全范围的色彩饱和度。
- 【抠出不安全区域】：将超出安全范围的画面部分抠掉。

- 【抠出安全区域】：将没有超出安全范围的画面部分抠掉，只留下超出要求的部分。

【抠出不安全区域】【抠出安全区域】可以帮助确定当前画面中的哪一部分超出了标准要求，观察 YC 波形的输出情况，从而确定缩减亮度还是色度。

STEP 5 选择【抠出安全区域】选项，此时【节目监视器】视图中的图像效果如图 12-12 所示，图中显示的是超出电视信号允许范围的部分图像。

图 12-12　选择【抠出安全区域】选项后的效果

STEP 6 单击【参考监视器】右上方的 图标，在展开的下拉菜单中选择【YC 波形】和【矢量图】命令，查看超出允许范围图像的波形，如图 12-13 所示。

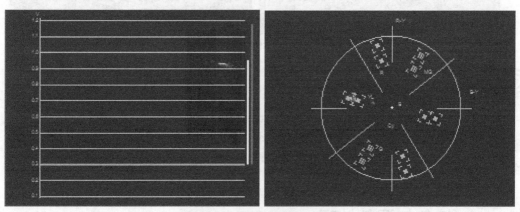

图 12-13　超出允许范围部分的波形

从图 12-13 中可以看出，在超出允许范围的图像部分，YC 波形中蓝色的全电视信号部分超标，其中叠加有色度信息。而矢量图波形中，色度严重超标，所以该图像主要是色度超标。所以，应该选择降低饱和度的方式对该素材的信号进行缩减。

STEP 7 在【抠出安全区域】下拉列表中，选择【降低饱和度】选项，再次执行步骤 6 的操作，查看此时的波形，效果如图 12-14 所示。

从图中可以看出，图像的亮度信号基本符合要求，但色度仍然有少数部分超标。

STEP 8 在【广播级色彩】参数面板中，将【最大信号波幅】选项的数值调整为"102"。再次执行步骤 7 的操作，查看此时的波形，效果如图 12-15 所示。从图中可以看出，图像的信号范围再一次得到缩减，饱和度得到控制。

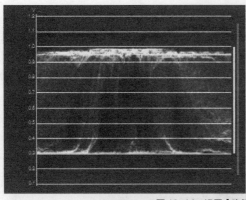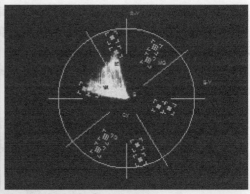

图 12-14 设置【降低饱和度】选项后的波形

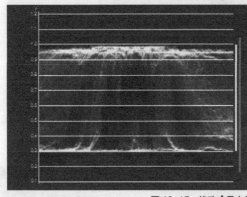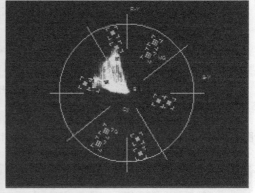

图 12-15 修改【最大信号波幅】选项后的波形

 提示

在使用【广播级色彩】特效来控制图像信号的安全时，图像的质量会受到一定损失。因此，要根据不同的图像质量情况选择适当的方式缩减信号，在保证图像质量受损最小的情况下保证信号安全。另外，也可以尝试使用视频特效中的一些其他色彩校正特效，也能有效控制信号安全。

12.3 校色与调色技巧

校色的目的是保证素材颜色还原正常，真实地反映所拍摄的物体。而调色的目的是让素材颜色更加和谐，达到某种艺术效果。校色是调色的基础，但两者在实际应用中并没有严格的区分，往往交融在一起进行。因此在下面的讲述中，并不刻意区分两者而统称为调色。

校色与调色技巧

12.3.1 一般调色方法

在拍摄过程中，摄像机的白平衡没有调整好，就会产生素材偏色，这在家用 DV 摄像机上表现特别明显。因为使用 DV 摄像机一般都采用自动白平衡调整，这样会出现一定的偏差，而且许多人往往在自动调整期间就开始拍摄。另外，由于电视的表现力以及天气等原因，许多素材都存在表现层次不够、画面发灰等缺陷。因此，对于高质量的节目制作，需要对这些素材进行调色处理。

下面介绍如何使用使用【色阶】特效。

STEP 1 接上例。选择【时间线】面板的【视频 1】轨道上的"CDA103.avi"素材。按键盘上的 Delete 键将其删除。

STEP 2 输入本地硬盘【素材】中的"VMS105.avi"文件。从【项目】面板中将"VMS105.avi"拖入【时间线】面板的【视频 1】轨。

STEP 3 打开【效果】面板，从【视频特效】\【调整】分类夹下选择【色阶】特效，将其拖放到【时间线】面板中的"VMS105.avi"上。

STEP 4 打开【特效控制台】面板，将编辑线调整到节目开始处，单击【色阶】特效名称右侧的 按钮，打开【色阶设置】对话框。

STEP 5 在【色阶设置】对话框中，如图 12-16 所示调整【输入色阶】数值，解决像素分布缺乏暗部、中间色调偏暗的问题。

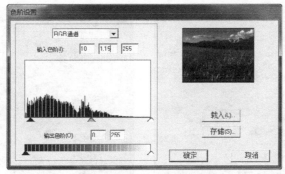

图 12-16　调整【RGB 通道】数值

STEP 6 在下拉列表中选择【绿色通道】，对绿色通道单独调整，如图 12-17 所示。

STEP 7 在下拉列表中选择【蓝色通道】，对蓝色通道单独调整，如图 12-18 所示。

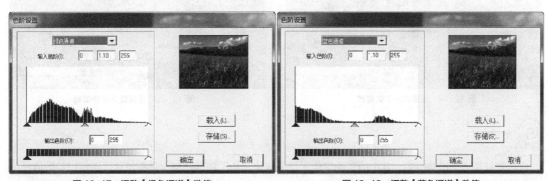

图 12-17　调整【绿色通道】数值　　　　　　　图 12-18　调整【蓝色通道】数值

 提示

对绿、蓝色通道单独调整，是为了解决画面偏红问题。

STEP 8 单击 确定 按钮，退出【色阶设置】对话框，调整播放头到"02:20"处，展开

【色阶】特效，分别单击已调整参数左侧的 按钮使其呈 显示，在编辑线处相应增加一个关键帧，如图 12-19 所示。

提示

> 这一时间位置是镜头开始拉出的起始位置，画面中的内容从此会有变化。

STEP 9 在【特效控制台】面板中将播放头调整到 "5:00" 处，单击→按钮打开【色阶设置】面板。

STEP 10 对【RGB 通道】，将【输入色阶】数值调为 "5"，【灰度系数】数值调为 "1.2"。把【绿色通道】和【蓝色通道】的【灰度系数】数值均调为 "1"。

STEP 11 关闭【色阶设置】面板，在【特效控制台】面板中就会看到新增关键帧及其数值设置，如图 12-20 所示。

图 12-19 设置第一个关键帧

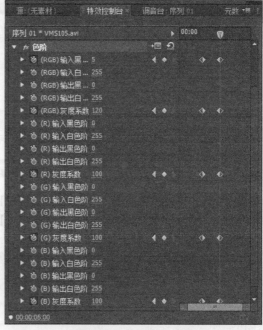

图 12-20 设置第 2 个关键帧

提示

> 由于素材是一个运动镜头，其中的景物发生了很多变化。为了精确调整，只有设置关键帧以使数值产生动态变化。

STEP 12 在节目视窗中从开始处预演，就可以看到调整后的图像显示效果。图 12-21 所示为素材第 1 帧的效果对比。

STEP 13 选择【文件】/【存储】命令，将项目文件以原名保存。

调色依据的主要标准是：将素材中应该是白色的物体调成白色，白色准了，其他颜色也就还原正常了。除了应用【色阶】特效，还可以采用【色彩平衡（HLS）】等特效进行直观的色彩调整。

图 12-21　效果对比

12.3.2　高级调色方法

电视与电影相比，在色彩饱和度和颗粒细腻度上存在不小差距。因此如何模仿或是逼真电影胶片效果，成为了调色的重要内容。

STEP 1 新建一个"序列 02"。输入本地硬盘【素材】中的"VMS102.avi"文件。

STEP 2 从【项目】面板中，将"VMS102.avi"拖入【时间线】面板的【视频 1】轨。

STEP 3 打开【效果】面板，从【视频特效】\【色彩校正】分类夹下选择【RGB 曲线】特效，将其拖放到【时间线】面板中的"VMS102.avi"上。

STEP 4 在【特效控制台】面板中，展开【RGB 曲线】特效，将【主通道】曲线调整为"S"形，如图 12-22 所示。此时，画面的红色饱和度增加了，而且暗部加重。

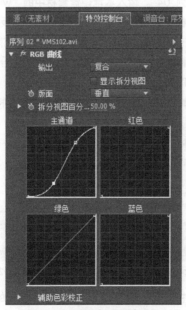

图 12-22　调整【主通道】曲线

提示

电影胶片的伽玛曲线是一个长"S"形。

STEP 在【效果】面板中，从【视频特效】\【模糊与锐化】分类夹下选择【快速模糊】特效，将其拖放到【时间线】面板中的"VMS102.avi"上。

STEP 6 在【特效控制台】面板中，将【快速模糊】特效【模糊量】数值调整为"2"，如图 12-23 所示。

图 12-23 调整【模糊量】数值

STEP 7 新建一个"序列 03"。将"序列 02"拖入【时间线】面板的【视频 2】轨。再将"VMS102.avi"拖入【时间线】面板的【视频 1】轨，如图 12-24 所示。

STEP 8 在【效果】面板中，从【视频特效】\【键控】分类夹下选择【亮度键】特效，将其拖放到【时间线】面板中的"序列 02"上。此时从【节目】视窗中能够明显看到色彩鲜艳的变化，如图 12-25 所示。

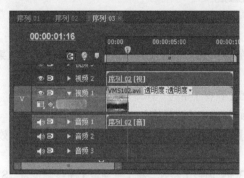

图 12-24 放置素材

图 12-25 应用【亮度键】的效果

STEP 9 新建一个"序列 04"。输入本地硬盘素材中的"windows.jpg"文件。

STEP 10 从【项目】面板中将"序列 03"拖入【时间线】面板的【视频 1】轨。再将"windows.jpg"拖入【时间线】面板的【视频 2】轨，调整其长度与"序列 03"相等，取消【视频 2】显示，如图 12-26 所示。

STEP 11 在【效果】面板中，从【视频特效】\【键控】分类夹下选择【轨道遮罩键】特效，将其拖放到【时间线】面板中的"序列 03"上。

STEP 12 在【特效控制台】面板中，展开【轨道遮罩键】特效，如图 12-27 所示，进行设置。

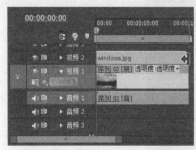

图 12-26 调整"windows.jpg"长度

图 12-27 设置【轨道遮罩键】特效

STEP 13 在节目视窗中从开始处预演，就可以看到调整后的图像显示效果。如图 12-28 所示，是素材第 1 帧的效果对比。

STEP 14 选择【文件】/【存储】命令，将项目文件以原名保存。

此例中采用"windows.jpg"为素材加了一个"窗"，将素材的四周压暗，这样整个画面更加柔和生动，主体也更加突出。这一技巧在模仿电影胶片效果时非常有用。"windows.jpg"的具体制作，可以在 Photoshop 中完成，详情可以参看相关书籍。

图 12-28 效果对比

12.4 "完美风暴"节目片头

这是一个相对简单的节目片头，主要利用运动形成强烈的字幕冲击效果。整个制作分为以下 3 个部分。

"完美风暴"节目片头

1. 输入素材并制作字幕

STEP 1 新建一个"序列 05"。输入本地硬盘中的【素材】文件夹中的"乐器.tga"文件。

STEP 2 选择【文件】/【新建】/【字幕】命令，打开【新建字幕】对话框。单击 确定 按钮，进入字幕设计面板。

STEP 3 选择 T 工具，先在字幕显示区域单击鼠标左键。然后在【属性】参数夹的【字体】下拉选项中选择【FZShuTi】，将【字体大小】选项设置为"120.0"。将【填充】参数夹的【颜色】选项设为"蓝色"。勾选【阴影】项，将其下的【颜色】选项设为"黄色"，【透明度】选项设置为"80"，【大小】选项设置为"70.0"，【扩散】选项设置为"70.0"，如图 12-29 所示。

提示

【填充】的颜色与【阴影】的颜色互为补色，能够产生鲜明对比。

STEP 4 启动汉字输入法，在左侧输入文字"完"。在【属性】栏中，将【旋转】选项的数值设置为"30.0"，使字符旋转，如图 12-30 所示。

图 12-29 设置字幕属性

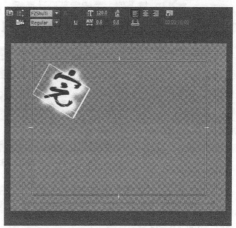

图 12-30 旋转文字

STEP **5** 分别输入文字"美"、"风"和"暴"。

STEP **6** 选择文字"美"，将【属性】参数夹中的【倾斜】选项设置为"25.0"，使字符倾斜，其文字颜色改为"紫色"，阴影颜色改为"绿色"。

STEP **7** 选择文字"风"，将其文字颜色改为"红色"，阴影颜色改为"青色"，【变换】栏中的【旋转】选项设置为"335.0"。

STEP **8** 选择文字"暴"，将【倾斜】选项设置为"-25.0"，其文字颜色改为"绿色"，阴影颜色改为"紫色"。最终效果如图 12-31 所示。

STEP **9** 选择 工具，按住 Shift 键的同时分别单击字符"美"和"暴"，使它们同时被选择。

STEP **10** 单击 按钮，使字符"美"和"暴"上对齐，然后按 ↑ 键向上移动这两个字符。

STEP **11** 再同时选择字符"完"和"风"，单击 按钮，让它们下对齐并向下移动，最终效果如图 12-32 所示。

图 12-31 文字效果

图 12-32 调整文字位置

STEP **12** 在空白处按住鼠标左键拖出一个包含"完美风暴"字符的方框，使这 4 个字符同时被选择。单击 按钮，使 4 个字符以中心为准均匀分布。

STEP **13** 单击字幕设计面板上方的 按钮，分别基于当前字幕新建将 4 个字符单独新建为"字幕 02""字幕 03""字幕 04"和"字幕 05"，将 4 个字单独保存。

 提示

可以采用先将不需要的字符剪切，保存该字后再恢复的方法完成各个字符的保存。

2. 制作背景效果

STEP **1** 接上例。关闭字幕设计面板。从【项目】面板中，将"CDA103.avi"文件分别拖入【时间线】面板的【视频 1】轨和【视频 2】轨，调整【视频 2】轨中"CDA103.avi"的入点，如图 12-33 所示。

图 12-33 调整素材长度

STEP **2** 选择【视频 2】轨中的"CDA103.avi"，打开【特效控制台】面板。展开【透明度】特效，在素材开始处设置关键帧，将透明度设置为"0"。在"00:00:02:12"处设置关键帧，将透明度设置为"100"，如图 12-34 所示。

STEP  打开【效果】面板，选择【视频特效】\【图像控制】分类夹中的【颜色平衡（RGB）】特效，将其拖放到【特效控制台】面板中。

STEP  在【特效控制台】面板中，如图 12-35 所示，进行设置【颜色平衡（RGB）】特效。

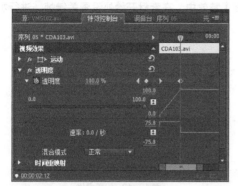

图 12-34　设置关键帧

图 12-35　设置特效参数

STEP  用鼠标右键单击【颜色平衡（RGB）】特效，从打开的快捷菜单中选择【复制】命令。

STEP  在【时间线】面板中，选择【视频 1】轨中后一个"CDA103.avi"。在【特效控制台】面板中，用鼠标右键在空白处单击，从打开的快捷菜单中选择【粘贴属性】命令将拷贝的特效粘贴。

STEP  从【项目】面板中，将"乐器.tga"拖入【时间线】面板的【视频 3】轨，并调整其时间长度，如图 12-36 所示。

图 12-36　调整素材长度

STEP  在【时间线】面板中，选择"乐器.tga"。在【特效控制台】面板中，展开【运动】特效，如图 12-37 所示进行设置，调整乐器的比例和位置。

STEP  将编辑线放在"00:00:03:12"处，选择 工具，如图 12-38 所示在编辑线处单击，分割出一个新的"乐器.tga"。

图 12-37　调整乐器的比例和位置

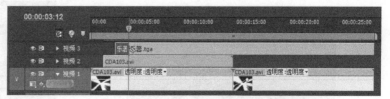

图 12-38　分割素材

STEP  在【时间线】面板中，选择第 1 个"乐器.tga"。在【特效控制台】面板中，展开【运动】特效，将编辑线调整到素材结束处，单击【位置】前的 按钮使其呈 显示，在编辑线处增加一个关键帧。

STEP 11 将编辑线调整到素材开始处，如图 12-39 所示设置坐标位置，使乐器从左向右移入屏幕。

STEP 12 在【效果】面板中，从【视频特效】\【模糊与锐化】分类夹下选择【快速模糊】特效，将其拖放到【特效控制台】面板中。

STEP 13 在【特效控制台】面板【快速模糊】特效中。在素材开始处设置关键帧，进行水平虚化，数值为"50"，如图 12-40 所示。

图 12-39 设置关键帧

图 12-40 设置虚化

STEP 14 将编辑线拖到素材结束处，单击 ◇ 按钮增加一个关键帧，其数值设为"0"。这样设置，使乐器移入时由虚化逐步变实，产生真实的运动模糊效果。

3. 制作字幕运动效果

STEP 1 接上例。在【时间线】面板中增加 4 个视轨，从【项目】面板中将"字幕 02"、"字幕 03"、"字幕 04"和"字幕 05"文件分别拖入不同的视轨，调整入点位置依次后退 12 帧，然后调整时间长度，如图 12-41 所示。

图 12-41 调整字幕

STEP 2 在【时间线】面板中选择"字幕 02"，在【特效控制台】面板中，调整编辑线处于"00:00:03:24"处，如图 12-42 所示进行关键帧设置。

STEP 3 调整编辑线处于"00:00:03:12"处，如图 12-43 所示进行设置，使字符"完"位于萨克斯喇叭口处。

图 12-42 设置关键帧

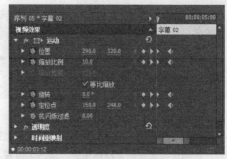

图 12-43 设置第 1 个关键帧

STEP 4 调整编辑线处于"00:00:03:18"处，如图 12-44 所示进行设置，使字符"完"从萨克斯喇叭口处旋转飞出。

STEP 5 用鼠标右键单击【运动】特效名称，从打开的快捷菜单中选择【复制】命令，将【运动】特效拷贝。

STEP 6 在【时间线】面板中选择"字幕 03"，在【特效控制台】面板中，单击鼠标右键，从打开的快捷菜单中选择【粘贴属性】命令，将【运动】特效粘贴。

STEP 7 分别在【时间线】面板中选择"字幕 04"和"字幕 05"，然后同样粘贴【运动】特效。

STEP 8 在【时间线】面板中选择"字幕 03"。在【特效控制台】面板中，将【定位点】参数的第 1 个关键帧删除，修改第 2 个关键帧数值，如图 12-45 所示，使旋转中心位于"美"字的中心。

图 12-44　设置运动参数

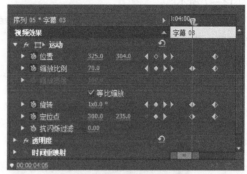
图 12-45　修改【定位点】参数

STEP 9 同样修改"字幕 04"的【定位点】参数，删除第 1 个关键帧，调整第 2 个关键帧的数值，使旋转中心位于"风"字的中心。

STEP 10 再修改"字幕 05"的【定位点】参数，删除第 1 个关键帧，调整第 2 个关键帧的数值，使旋转中心位于"暴"字的中心。

STEP 11 在节目视窗中预演，就会看到如图 12-46 所示的最终效果。

图 12-46　最终效果

STEP 12 选择【文件】/【存储】命令，将项目文件以原名保存。

此例中用到的特效拷贝、粘贴技巧和设置关键帧的多种方法等，都有很强的针对性，在特效控制时经常用到。另外，从上面介绍的制作方法中可以看出，将单个文字分别存储，然后分别进行处理，这是制作动感字幕的关键。借鉴这一制作思路，还可以制作出许多赏心悦目的动感字幕效果。

12.5 制作模板

许多应用软件中都有模板，它能够让用户直接套用一些现成的格式，方便工作，提高效率。在 Premiere 中也可以制作这样的模板，像上面的片头制作完成后，就可以存成模板，以便以后再次使用。许多网站也发售这样的模板，这样的模板实际上就是项目文件，当用户调用时，再指定自己所要使用的素材，这样就形成了用户自己的节目。

制作模板

STEP 1 接上例。在【项目】面板中，将其中的视频与图像素材全部选择，如图 12-47 所示。

STEP 2 选择【项目】/【造成脱机】命令，打开【造成脱机】对话框，如图 12-48 所示。使用缺省设置，单击 确定 按钮退出。

图 12-47 选择素材

图 12-48 【造成脱机】对话框

STEP 3 【项目】面板中所有被选择素材都变成了离线文件，【时间线】面板中相应的素材也变成了离线文件。

STEP 4 选择【文件】/【存储为】命令，将这个项目另存为"模板.prproj"。

STEP 5 退出 Premiere Pro CS6，然后再次启动并打开"模板.prproj"。

STEP 6 在【项目】面板中，将其中的离线文件全部选择。

STEP 7 选择【项目】/【链接媒体】命令，从打开的面板中依次选择各离线文件所要连接的素材，单击 选择 按钮退出。

STEP 8 在节目视窗中预演，就会看到更换视频素材后的片头。

模板制作中，请注意以下几个问题。

- 模板在提供给别人使用时，仅有模板文件是不够的，还应该带有那些不需要用户替换的素材文件。比如上例制作的模板在提供给用户时，应该是图像、字幕和视频文件一起提供。

- 明确模板生成的目标，也就是模板是用于 DVD、网络视频还是电视制作等。为了保险起见，最好首先输出分辨率为 720 像素×576 像素的 mpeg2 视频，播放满意后再刻录成数据光盘或 VCD、DVD，以避免不必要的变换带来的质量下降和时间损耗。

- 模板最好带有一个*.txt 或*.doc 的说明文件，让用户明确模板的正确使用方法，对一些要点进行必要的说明。比如字幕在模板中采用的是什么字体，用户如果没有安装相应字体可以用什么替代，以达到完美的效果等。

12.6　小结

　　这一章主要讲解一些重点、难点内容，这对于读者充实实践技能，开拓创作思路很有帮助。Premiere 的模板制作不复杂，同时它能够使好的创意得以保留，方便自己或别人使用。因此，读者在实践中应该对模板加以重视，并注意搜集。但也应该看到，模板虽好，但不要让它束缚手脚。在创作中要勇于探索创新，切忌千篇一律。

12.7　习题

1. 简答题

（1）使用哪些特效可以提高素材的对比度？

（2）如何将一个素材调整为蓝色调？

（3）示波器的作用是什么？

（4）如何控制影片使其符合电视信号的要求？

2. 操作题

（1）利用视频特效，为一个发生蓝色色偏的素材进行色彩校正。

（2）利用视频特效，将一个素材调整为橙红色调。

（3）利用视频特效，增加一个素材的饱和度。

Chapter

13

Premiere Pro CS6

第 13 章
导出影片

在编辑影片的过程中，经常要播放影片的部分或全部内容观看编辑效果，这就是预演。预演的目的主要是查看各素材的组接是否合理，赋予素材的运动、特效和转换等效果是否成功等。当影片通过预演检查满意后，就可以针对相应的用途生成影片，然后发布到合适的媒介或回录到录像带中。导出影片是影视制作过程中的最后一个环节，Premiere Pro CS6 提供了多种导出方式。

学习目标

- 了解各种导出选项。
- 掌握将序列导出到磁带、制作单帧的方法。
- 掌握影片的导出设置方法。
- 掌握如何导出音频。
- 熟悉 Adobe Media Encoder 的使用方法。

13.1 预演方式

预演是视频编辑过程中对编辑效果进行检查的重要手段，也属于编辑工作的一部分，预演主要分两种方式：实时预演和生成预演。

预演方式

13.1.1 实时预演

实时预演是指不需要等待时间，直接按项目文件的初始设定看到影片编辑效果的方式。Premiere 的实时预演，支持转换、叠加、特效、运动和字幕等所有的设置处理，实时预演质量的高低依赖以下两个方面。

- 影片处理的复杂程度。当影片仅是单轨的视频和音频素材，并且使用切换没有其他的设置处理时，实时预演能够以项目设定的帧率播放高质量的画面。如果影片中使用的特效、转换等比较多，实时预演会自动降低帧率或画面质量。
- 计算机的配置。计算机的配置越高，计算速度越快，实时预演的质量就越高。

在【时间线】面板中按空格键，或者在影片视窗中单击 ▶ 按钮，都可以从编辑线位置处开始实时预演。

13.1.2 生成预演

与实时预演不同的是，生成预演不是使用显卡对画面进行实时预演，而是计算机的 CPU 的运算能力。当使用实时预演无法看到满意的效果时，就可以使用生成预演。生成预演要先生成相应的预演文件然后播放，在【时间线】面板中会将需要生成预演的区域用红色线段标明。这些需要生成预演文件的区域，一般是在影片中应用了运动、特效、转换和叠加等部分。预演文件不一定是一个，有几条红色线段就会生成几个预演文件。如图 13-1 所示，在【时间线】面板中红色线段标明了相应区域。

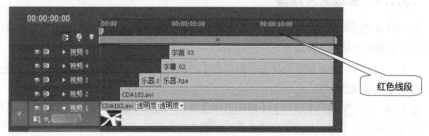

红色线段

图 13-1 指定预演区域

选择【序列】/【渲染工作区域内的效果】命令就可以生成预演文件，预演文件生成后相应的红色线段就会变成绿色，接着开始播放。如果对影片没有做进一步的调整，仅第一次预演需要生成时间，以后预演直接使用已有的预演文件立即播放。预演文件的存放位置可以在【项目】/【项目设置】/【暂存盘】命令打开的窗口中确定，每个项目的预演文件都放在各自的文件夹下，如果项目文件是 "t12.prproj"，那么相应的预演文件夹名称就是 "t12.PRV"。使用生成预演要注意以下几点。

- 如果生成预演文件后没有对项目文件进行再次存储，那么关闭这个项目文件后，所生成的预演文件会被删除。
- 删除预演文件应该使用【序列】/【删除渲染文件】命令，不要通过操作系统的资源管理器删除。否则打开项目文件时，会提示确认预演文件的位置。

- 如果影片要回录到 DV 录像带，预演文件更应该保留，这样回录时就可以避免再次生成，以节省时间。
- 预演文件夹不要随便移动，否则打开项目文件时，也会提示确定预演文件的位置。

13.1.3　设置预演范围

预演影片可以仅在设定的预演范围内进行，因为在编辑过程中，有时只需要查看影片的某个特定的部分，只需要局部预演。在【时间线】面板中，工作区域条决定预演范围，一般情况下工作区域条的长度与影片时间的长度对应，如图 13-2 所示。

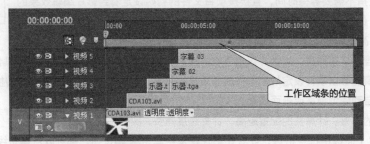

图 13-2　指定预演范围

可使用下列方法调整工作区域条。

- 单独拖动工作区域条的左端▌或右端▌，以指定工作区域的开始及结束位置。
- 拖动工作区域条的中间部分，使其整体移动覆盖需要预演的影片范围。
- 按 Alt + [组合键，当前编辑线位置被确定为工作区域的开始位置。按 Alt +]组合键，当前编辑线位置被确定为工作区域的结束位置。
- 在工作区域条内双击鼠标左键，工作区域条会完全覆盖整个影片以及影片前面的空白区域。

13.1.4　生成影片预演

生成预演的画面是平滑的，不会产生停顿或跳跃，所表现出来的画面效果和渲染导出的效果完全一致。生成影片预演的具体操作步骤如下。

STEP 1 影片编辑制作完成后，在【时间线】面板中拖曳工具区范围条的两端，以确定要生成影片预演的范围。

STEP 2 选择【序列】/【渲染工作区域内的效果】命令，或按 Enter 键，系统将开始进行渲染，并弹出【正在渲染】对话框显示渲染进度，如图 13-3 所示。

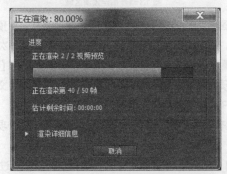

图 13-3　【正在渲染】对话框

STEP 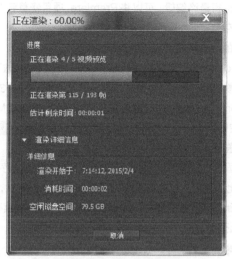 单击【正在渲染】对话框中的【渲染详细信息】选项前面的▶按钮，展开此选项区域，可以查看渲染的时间，磁盘剩余空间等信息，如图 13-4 所示。

图 13-4 【渲染详细信息】信息

STEP 渲染结束后，系统会自动播放该片段，预演文件生成后相应的红色线段就会变成绿色。

13.2 影片的导出

可以采用最适合进一步编辑或最适合观众查看的形式从序列中导出视频。Premiere Pro CS6 支持采用适合各种用途和目标设备的格式导出。

（1）导出文件以做进一步编辑。

影片的导出设置

* 可以导出可编辑的影片或音频文件，然后对已完全渲染效果与过渡的作品进行预览。还可以继续在 Premiere 以外的其他应用程序中编辑文件。同样，可以导出静止图像序列。也可以从视频的单个帧中导出静止图像，以用于标题或图形中。

* 在编辑 P2 MXF 资源之后，可以将序列重新导回 P2 MXF 格式，可以继续在其他可编辑 MXF 的编辑系统中编辑所生成的 MXF 文件。

* Premiere Pro CS6 支持直接导出和 Adobe Media Encoder 导出，直接导出会直接从 Premiere 生成新文件。Adobe Media Encoder 导出会将文件发送到 Adobe Media Encoder 进行渲染。可以从 Adobe Media Encoder 选择是立即渲染资源还是要将资源添加到渲染序列中。

（2）导出到磁带。操作步骤如下。

* 可以使用支持的摄像机或 VTR 将序列或素材导出到录像带。此类型的导出适用于存档母带，或提供粗剪以供从 VTR 中进行筛选。

* 发送到 Encore 以创建 DVD、蓝光光盘或 SWF 文件。

可以将任意序列中的视频发送到 Adobe Encore，以输出到 DVD、蓝光光盘（仅限 Windows）或 SWF 文件。在 Premiere Pro CS6 或 Encore 的时间轴中所做的更改将通过 Adobe Dynamic Link 反映在另一方中。可以将来自 Premiere 的内容发送到 Adobe Encore，以创建无菜单的"自动播放"光盘。可以使用 Adobe Encore 中的专业模板快速创建菜单式光盘。最后，可以使用 Adobe Encore、Adobe Photoshop 和其他应用程序的深入创作工具来创作专业品质的光盘。导出时也可以采用适于 CD–ROM 分发的格式。

（3）导出其他系统的项目文件，可以将项目文件（而不仅仅是素材）导出到标准 EDL 文件。可以将 EDL 文件导入各种第三方编辑系统进行最终编辑。可以将 Premiere 项目修剪到其最基本的环节，然后准备好项目（带或不带其源媒体）进行存档。

（4）适合各种设备和网站的导出格式。

- 使用 Adobe Media Encoder，可以采用适合各种设备（包括专业磁带机、DVD 播放器、视频共享网站、移动电话、便携式媒体播放器以及标准和高清电视机）的格式导出视频。
- Adobe Media Encoder，Premiere 和其他应用程序都采用 Adobe Media Encoder，它是一款独立的编码应用程序。当在【导出设置】对话框中指定导出设置并单击 导出 按钮时，Premiere Pro CS6 会将导出请求发送到 Adobe Media Encoder。
- 在【导出设置】对话框中单击 队列 按钮，即可将 Premiere 序列发送到独立的 Adobe Media Encoder 队列中。在此队列中，可以将序列编码为一种或多种格式，或者利用其他功能。

当独立的 Adobe Media Encoder 在后台执行渲染和导出时，可以继续在 Premiere Pro CS6 中工作。Adobe Media Encoder 会对队列中每个序列的最近保存的版本进行编码。

1. 导出视频和音频文件的工作流程

（1）执行以下操作之一。

- 在【时间线】面板或节目监视器中，选择序列。
- 在【项目】面板、源监视器或素材箱中，选择素材。

（2）执行以下操作之一。

- 选择【文件】/【导出】/【媒体】命令。打开【导出媒体】对话框。
- 选择【文件】/【导出】命令。然后从菜单中选择【媒体】以外的一个选项。

（3）在【导出设置】对话框中，指定要导出的序列或素材的"源范围"。拖动工作区域栏上的手柄。然后单击 ᵁ 按钮和 ᵁ 按钮。

（4）要裁切图像，请在【源】面板中指定裁切选项。

（5）选择所需的导出文件格式。

（6）选择最适合您的目标回放方式、分发和观众的预设。

（7）要自动从 Premiere Pro CS6 序列中导出设置与该序列设置完全匹配的文件，请在【导出设置】对话框中选择【匹配序列设置】选项。

（8）要自定义导出选项，请单击某一选项卡（例如，"视频""音频"）并指定相应的选项。

（9）执行以下操作之一。

- 单击 队列 按钮。Adobe Media Encoder 即会打开，且编码作业已添加到其队列中。
- 单击 导出 按钮。Adobe Media Encoder 会立即渲染和导出相应项目。

默认情况下，Adobe Media Encoder 将导出的文件保存在源文件所在的文件夹中。Adobe Media Encoder 会将指定格式的扩展名附加到文件名末尾。可以为各种类型的导出文件指定监视文件夹。

 提示

不能将影片文件导出到 HDV 格式文件。但是，可以将影片导出到高清 MPEG-2 格式文件。此外，还可以直接将 HDV 序列导出到 HDV 设备的磁带中（仅限 Windows）。

2. 导出所支持的文件格式

要使用 Adobe Media Encoder 导出文件，请在【导出设置】对话框中选择输出格式。所选格式确定可使用的"预设"选项。请选择最符合输出目标的格式。

Adobe Media Encoder 既用作单机版应用程序，又用作 Premiere Pro CS6、After Effects、Prelude 和 Flash Professional 的组件。Adobe Media Encoder 可以导出的格式取决于安装的是哪个应用程序。

某些文件扩展名（如 MOV、AVI 和 MXF）是指容器文件格式，而不是特定的音频、视频或图像数据格式。容器文件可以包含使用各种压缩和编码方案编码的数据。Adobe Media Encoder 可以为这些容器文件的视频和音频数据编码，具体取决于安装了哪些编解码器（明确讲是编码器）。许多编解码器必须安装在操作系统中，并作为 QuickTime 或 Video for Windows 格式中的一个组件来使用。

根据已安装的其他软件应用程序，可能会提供以下选项。

（1）视频和动画格式。

- 【AS-11】：AS-11 是 2014 年 6 月版 Adobe Media Encoder CC 中包含的新编码选项，AS-11 导出支持 16 个音频通道。AVCI 用于 HD 胶片，IMX 用于 SD 胶片，IMX 为 MPEG-2。

- 【动画 GIF】（仅限 Windows）：在一个 GIF 文件中可以存多幅彩色图像，如果把存于一个文件中的多幅图像数据逐幅读出并显示到屏幕上，就可构成一种最简单的动画。因其体积小而成像相对清晰，特别适合于初期慢速的互联网。它采用无损压缩技术，只要图像不多于 256 色，则可既减少文件的大小，又保持成像的质量。

- 【H.264】：是由一种高度压缩数字视频编解码器标准。视频选项为 3GP、MP4、M4V、MPA（音频）、AC3（音频）和 WAV（PCM 音频），音频选项为 AAC、杜比数字和 MPEG（SurCode）。MPEG 音频选项包括 MPEG-1、Layer I 和 MPEG-1、Layer II，杜比数字音频选项包括杜比数字、杜比数字+和 SurCode。

- 【H.264 蓝光】：H.264 是一种高性能的视频编解码技术，H.264 最大的优势是具有很高的数据压缩比率，在同等图像质量的条件下，H.264 的压缩比是 MPEG-2 的 2 倍以上，是 MPEG-4 的 1.5～2 倍。其视频选项为 M4V、WAV（PCM 音频），音频选项为杜比数字和 PCM。MPEG 音频选项包括 MPEG-1、Layer I 和 MPEG-1、Layer II。

- 【MPEG-2】：是一种视频和音频有损压缩标准，它的正式名称为"基于数字存储媒体运动图像和语音的压缩标准"。MPEG-2 标准具有更高的图像质量、更多的图像格式和传输码率的图像压缩标准。MPEG-2 标准是在传输和系统方面做了更加详细的规定和进一步的完善。它是针对标准数字电视和高清晰电视在各种应用下的压缩方案，编码率从 3 Mbit/s~100 Mbit/s。视频选项为 MPA、M2V、MPG、M2T 和 WAV（PCM 音频），音频选项为 AC3、MPEG 和 PCM。

- 【MPEG-2 DVD】：刻录 DVD 光盘选择的视频格式，其音频和视频是分开的两个文件，视频选项为 M2V、MPG，音频选项为 MPA、WAV 和 AC3。

- 【MPEG-2 蓝光】：是 DVD 之后下一时代的高画质影音储存光盘媒体（可支持 Full HD 影像与高音质规格），视频选项为 M2V、M2T、WAV 和 AC3。

- 【MPEG-4】：是针对一定比特率下的视频、音频编码，更加注重多媒体系统的交互性和灵活性。MPEG-4 标准主要应用于视像电话，视像电子邮件和电子新闻等，其传输速率要求较低，为 4800～64000bit/s，分辨率为 176 像素×144 像素。MPEG-4 利用很窄的带宽，通过帧重建技术，压缩和传输数据，以求以最少的数据获得最佳的图像质量。视频选项为 3GP、MP4 和 M4V，音频选项为 AAC。

- 【MXF】：MXF 是一种开放的文件格式，针对带相关数据和元数据的音视频素材的交换，在专业视频领域内得到广泛支持，为不同种类的元数据提供一种包装器，主要应用于影视行业媒体制作、编辑、发行和存储等环节。大部分这些设备被限制于 MXF 最简单的 OP-1A 层，此层产生工作流程内的优点 Adobe Media Encoder 可以使用 DVCPRO25、DVCPRO50 和 DVCPRO100 以及 AVC-Intra 编解码器编码和导出各种 Op-Atom 类型的 MXF 容器中的影片。Premiere Pro CS6 可以导出包含 MPEG-2 基本项目的 MXF 文件，这些项目符合诸如 Avid Unity 等系统使用的 XDCAM HD 格式，独立的 Adobe Media Encoder 也可以采用此格式导出文件。

- 【DNxHD MXF OP1a】：可以使用更大范围的分辨率，从轻便但精美细致的代理到母带制作品质的高清或 4K 媒体。可以创造母带品质的高清媒体，极大地降低文件大小，打破实时制作高清产品的障碍，而且您会得到它的速度优势，是否使用本地存储或从事实时协作工作流程。因为它提供了压缩媒体的效率和不妥协的未压缩的高清质量，是 Avid 公司在其专业采集设备上所用的视频格式，用 Avid 的 MC 或者 NEWS CUTTER 都可以编辑。

- 【MXF OP-1a】：MXF 采用素材包将文件包打包封装，在素材传送时通过文件包的映射形成素材包，素材包内含有描述编辑结果最后输出的数据。MXF 素材包由包和项组成，包分为单一包、联动包和交替包。包由多个轨道组成，每个轨道代表一种数据元素，如视频、音频、时间码和元数据等轨道。项分为单一项、列表项和编辑项。素材包的种包和 3 种项的 9 种二维组合决定了 MXF 的操作模式，因此除了最基本的 Op-Atom 之外，还有 OP-1a、OP-1b、OP-2a、OP-2b、OP-3a、OP-3b、OP-1c、OP-2c 和 OP-3c9 种操作模式，操作模式用来规定 MXF 的应用环境，可以把素材封装成十种不同结构的 MXF 文件。

- 【QuickTime 影片】：是苹果进军 PC 市场的旗舰媒体播放机，它的主要特点是质量高，兼容性好，由于拥有一个统一的工业标准。所有的电影介绍片，游戏简介都使用它独有的 MOV 模式，在 Windows 上需要 QuickTime 播放器）。

- 【Windows Media】：也是一种网络流媒体技术，本质上跟 Real Media 是相同的。还创造出一种名为 mms（Multi-Media Stream 多媒体流）的传输协议。其视频选项为 WMV（仅限 Windows）。

- 【AVI、AVI（未压缩）】：AVI 即音频视频交错格式，是将语音和影像同步组合在一起的文件格式。未压缩的就是直接将模拟信号，或由数字信号直接转换的模拟信号数字化，文件体积很大，通常几分钟就会几百兆。压缩的 AVI 有很多种，是利用多种的压缩编码器对文件进行压缩，体积会减小很多。通常都是压缩后的，基本上很少有人使用未压缩的 AVI，所以常常需要安装各种解码器对某些 AVI 文件解码后才可以观看。

- 【Wraptor DCP】（数字影院数据包）：Wraptor 的数字视频技术已经使 Qvis 掌握数字电影的先驱和公认的行业领先的图像质量，Wraptor 为建数字电影内容而不牺牲质量或专业的互操作性提供了一种低成本的解决方案。配送准备数字电影数据包（DCP），可以用于独立电影公司、电影院校项目，支持 Windows 和 Mac OSX 平台。

- 【P2 影片】：P2 代表的是"Professional Plug-in（专业的多媒体插件）"，即可插入 P2 设备的可移动闪存卡，作为结果的数据文件可以快速地卸载、共享、编辑并交叉分布于计算机网络，或者转化为其他格式，DVCPRO 和 AVC-Intra 采用的都是 I-Only 压缩技术。

（2）静止图像和静止图像序列格式。

- 【位图】（BMP 仅限 Windows）：亦称为点阵图像或绘制图像，是由称作像素（图片元素）的单个点组成的。这些点可以进行不同的排列和染色以构成图样。

- 【DPX】：是一种主要用于电影制作的格式，将胶片扫描成数码位图的时候设备可以直接生成这种对数空间的位图格式，用于保留阴影部分的动态范围，加入输入输出设备的属性提供给软件进行转换与处理。
- 【GIF】（仅限 Windows）：是一种图像文件格式，目前几乎所有相关软件都支持它，GIF 图像文件的数据是经过压缩的，而且是采用了可变长度等压缩算法。GIF 格式的另一个特点是其在一个 GIF 文件中可以存多幅彩色图像，如果把存于一个文件中的多幅图像数据逐幅读出并显示到屏幕上，就可构成一种最简单的动画。
- 【JPEG】：是第一个国际图像压缩标准，JPEG 图像压缩算法能够在提供良好的压缩性能的同时，具有比较好的重建质量，被广泛应用于图像、视频处理领域。
- 【PNG】：是一种图像文件存储格式，其目的是试图替代 GIF 和 TIFF 文件格式，是一种位图文件存储格式。灰度图像的深度可多到 16 位，存储彩色图像时，彩色图像的深度可多到 48 位，并且还可存储多到 16 位的 α 通道数据。PNG 使用从 LZ77 派生的无损数据压缩算法，一般应用于 JAVA 程序中，或网页或 S60 程序中是因为它压缩比高，生成文件容量小。
- 【Targa（TGA）】：图像文件，此文件格式的结构比较简单，属于一种图形，图像数据的通用格式，在多媒体领域有着很大影响，是计算机生成图像向电视转换的一种首选格式。
- 【TIFF（TIF）】：图像文件格式，此图像格式复杂，存储内容多，占用存储空间大，其大小是 GIF 图像的 3 倍，是相应的 JPEG 图像的 10 倍，最早流行于 Macintosh，现在 Windows 主流的图像应用程序都支持此格式。

（3）音频格式。

- 【音频交换文件格式（AIFF）】：是音频交换文件格式，是一种文件格式存储的数字音频（波形）的数据，AIFF 应用于个人电脑及其他电子音响设备以存储音乐数据。
- 【MP3】：是一种电子音乐格式，就是一种音频压缩技术。
- 【波形音频（WAV）】：作为最经典的 Windows 多媒体音频格式，应用非常广泛，它使用三个参数来表示声音：采样位数、采样频率和声道数。
- 【高级音频编码（AAC 音频）】：一种专为声音数据设计的文件压缩格式，与 MP3 不同，它采用了全新的算法进行编码，更加高效，具有更高的"性价比"。AAC 格式不仅更加小巧，而且可使人感觉声音质量没有明显降低。
- 【Adobe Premiere Pro、After Effects 和 Prelude】：所有编解码器。
- 【所有其他产品】：除 MPEG2、MPEG2 DVD、MPEG2 蓝光、MXF OP1a 和 AS–11 SD 之外的所有编解码器。

 提示

若要将影片导出为静止图像文件序列，请在选择静止图像格式时选择【视频】选项卡上的【导出为序列】。

13.2.1　影片导出的设置

影片导出的设置包括选择文件类型、相应的编码解码器、设置分辨率和帧率等，主要目的是压缩生成文件的容量，以满足发布媒介的要求，如图 13-5 所示。比如光盘中的视频，如果按倍速光驱的数据传输率限制，导出文件的数据传输率就不应该超过 200kbit/s。对于光盘中的视频，其数据传

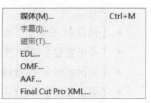

媒体(M)...	Ctrl+M
字幕(I)...	
磁带(T)...	
EDL...	
OMF...	
AAF...	
Final Cut Pro XML...	

图 13-5　影片导出类型

输率不超过 400kbit/s 即可。下面通过一个实例，对影片导出中需要设置的参数、选项进行介绍。

- 【媒体】：将编辑好的项目输出为指定格式的媒体文件，包括图像、音频和视频等。
- 【字幕】：在项目窗口中选择创建的字幕剪辑，将其输入为字幕文件（＊.prtl），可以在编辑其他项目时导入使用。
- 【磁带】：将项目文件直接渲染输出到磁带。需要先连接相应的 DV/HDV 等外部设备。
- 【EDL】：将项目文件中的视频、音频输出为编辑菜单。
- 【OMF】：输出带有音频的 OMF 格式文件。
- 【AAF】：输出 AAF 格式文件。AAF 比 EDL 包含更多的编辑数据，方便进行跨平台编辑。
- 【Final Cut Pro XML】：输出为 Apple Final Cut Pro（苹果电脑系统中的一款影视编辑软件）中可读取的 XML 格式。

下面的实例是导出整个影片的设置。

（1）打开"t12.prproj"项目文件。选择【文件】/【导出】/【媒体】命令，打开【导出设置】对话框，如图 13-6 所示。

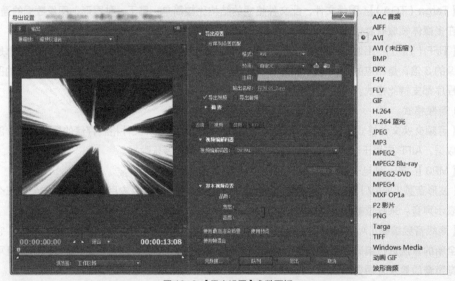

图 13-6 【导出设置】参数面板

 提示

> 只有在【时间线】面板或影片视窗呈选择状态时，【文件】/【导出】命令才有效。

【导出设置】对话框中各参数解释如下。

- 【格式】：在弹出的下拉菜单中选择需要的文件格式，以满足不同的媒体格式导出需要，如图 13-7 所示。
- 【预设】：在弹出下拉菜单中选择最适合您的输出的视频预设，如图 13-8 所示。
- 【导出名称】：输入文件名称，选择保存路径。
- 【导出视频】：勾选该项，导出视频轨道，否则不导出。
- 【导出音频】：勾选该项，导出音频轨道，否则不导出。

图 13-7 【格式】类型

图 13-8 【预设】类型

- 【使用最高渲染质量】：可使所渲染素材和序列中的运动质量达到最佳效果。
- 【使用预览】：预览文件包含 Premiere 在预览期间处理的任何效果的结果。完全处理完项目之后，请删除预览文件以节省磁盘空间。
- 【使用帧混合】：可以重复帧，还能根据需要在帧之间进行混合，帮助提高动作的流畅度。

【视频】参数面板，如图 13-9 所示。参数面板中常用选项及参数功能如下。

- 【视频编解码器】：从下拉选项中可以选择合适的编解码器，如图 13-10 所示。

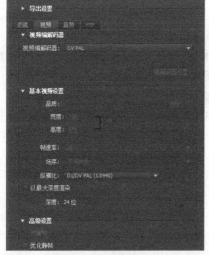

图 13-9 【视频】参数面板

图 13-10 【视频编解码器】类型

- 【品质】：设置画面的质量。质量越高，文件尺寸越大。
- 【宽度】/【高度】：指定导出视频文件的图像尺寸，也就是分辨率。
- 【帧速率】：也就是每秒钟播放的帧数。帧速率越大，视频中的动作越平滑，但需要的磁盘空间和渲染时间越长。
- 【场序】：为导出的视频选择场，选择【无场】，即逐行扫描，适用于计算机显示动画；当导出为 NTSC 制或者 PAL 制式时，应选择【上场优先】或者【下场优先】。

- 【纵横比】：设置像素长宽比，该值决定了像素的形状，需根据用途的不同来加以选择，如图 13-11 所示。

图 13-11 【纵横比】类型

- 【深度】：选择颜色深度。有些编码解码器可以选择生成文件的颜色深度，有些则不能。

- 【关键帧】：关键帧是插入视频素材的连续间隔中的完整视频帧（或图像）。关键帧之间的帧包含关键帧之间所发生变化的信息。

- 【优化静帧】：优化静止图像的显示，以减少文件容量。如把一个持续时间 1 秒的图像加入到每秒25 帧的影片中，那么将产生一个 1 秒的帧来替代过去的 25 帧。

（2）切换到【音频】分类，打开【音频】参数面板，如图 13-12 所示。

【音频】参数面板中选项及参数介绍如下。

- 【音频编解码器】：用于设置导出文件音频的编解码器，不同的导出格式对应不同的编码解码器，如图 13-13 所示。

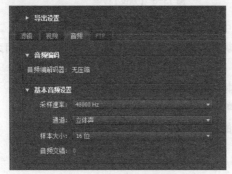

图 13-12 【音频】参数面板

图 13-13 【音频编解码器】类型

- 【采样速率】：设置音频使用的采样率，如图 13-14 所示。采样速率越高，影片文件的质量越好，需要的磁盘空间也越大，但超出原始采样率对提高质量没有什么意义。

- 【通道】：用于设置导出的文件中包含的声道类型，如图 13-15 所示。

- 【样本大小】：用于设置音频的位深度，如图 13-16 所示。高的位深度可以增加音频采样的属性，增加动态范围，减少声音失真。

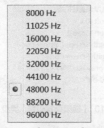

图 13-14 【采样速率】列表

图 13-15 【通道】类型

图 13-16 【样本大小】类型

- 【音频交错】：用于设置导出的文件中音频数据插入视频帧的频率。数值越高，播放时读取音频数据的频率就越高，占用的内存就越多。

【源范围】：用于设置导出范围。如果在【时间线】面板或者【影片监视器】视图中选中序列，可以选择导出整段序列、序列入点/序列出点，还是与工作区域相对应的序列或者自定；如果在【源】监视器视图中选中素材，可以选择导出整段素材、素材还是素材入点/素材出点之间的部分或自定。

（3）设置结束后，单击 ░░导出░░ 按钮，系统将弹出【编码】渲染进度条。如图 13-17 所示，进行渲染。在生成过程中单击 ░░取消░░ 按钮，会取消生成。

图 13-17　【编码】渲染进度条

如果只需要导出音频，在【导出设置】对话框的【导出设置】分类中取消【导出视频】的勾选。

【影片导出】对话框中的许多设置选项，与建立项目文件时进行的设置含义完全一样，不过前者决定影片的最终的生成，而后者决定影片的预演，也就是【时间线】面板的设置，这是两者的区别所在。

用于电视播放的视频，在生成影片文件时往往要涉及视频卡，由于视频卡的种类繁多情况各异，详情可以参看有关视频卡的说明书。

13.2.2　Web 和移动设备导出

利用 Premiere Pro CS6，可以轻松地创建能导出到 Web 或移动设备的视频。单击序列并选择【文件】/【导出】/【媒体】命令，在【导出设置】对话框中，可选择最适合的文件格式、帧大小、比特率或现成的边框预设，以便缩短上载时间并提升回放品质。

其他格式的影片
导出 1

1. 创建 Web 用视频的提示

遵循以下指导方针，为 Web 视频广播提供最佳品质的视频。

（1）了解目标受众的数据速率。

当通过 Internet 传送视频时，应以较低的数据速率生成文件。具有高速 Internet 连接的用户几乎不用等待载入即可查看该文件，但是拨号用户必须等待文件下载。缩短素材以使下载时间限制在拨号用户能够接受的范围内。

（2）选择适当的帧速率。

帧速率表示每秒的帧数（fps）。如果素材的数据速率较高，则较低的帧速率可以改善通过有限带宽进行回放的效果。例如，如果压缩几乎没有运动的素材，将帧速率降低一半可能只会节省 20% 的数据速率。但是，如果压缩高速运动的视频，降低帧速率会对数据速率产生显著的影响。

由于视频在以原有的帧速率观看时效果会好得多，因此，如果传送通道和回放平台允许的话，应保留较高的帧速率。对于 Web 传送，可以从宿主服务获取此详细信息。对于移动设备，使用设备特有的编码预设以及 Premiere Pro CS6 中的 Adobe Media Encoder 提供的设备模拟器。如果降低帧速率，则按整数倍降低帧速率可获得最佳结果。

（3）选择适合于数据速率和帧长宽比的帧大小。

对于给定的数据速率（连接速度），增大帧大小会降低视频品质。为编码设置选择帧大小时，应考虑帧速率、源资料和个人喜好。若要防止出现邮筒显示效果，应选择与源素材的长宽比相同的帧大小。例如，如果将 NTSC 素材编码为 PAL 帧大小，则会导致出现邮筒显示效果。

（4）覆盖渐进式下载时间。

了解通过流式传输 FLV 文件来下载足够的视频所需的时间，以便它能够播放完视频而不用暂停来完成下载。在下载视频素材的第 1 部分内容时，可以显示其他内容来掩饰下载过程。对于简短的素材，请使用以下公式：暂停时间=下载时间−播放时间+10%的播放时间。例如，如果素材的播放时间为 30 秒而下载时间为 1 分钟，则应为该素材提供 33 秒的缓冲时间。所使用的公式为：60 秒−30 秒+3 秒=33 秒。

（5）删除杂波和交错。

为了获得最佳编码，需要删除杂波和交错。原有视频的品质越高，最终的效果会越好。Internet 视频的帧速率和帧大小都小于电视视频的帧速率和帧大小。但通常计算机显示器具有至少与高清晰度电视一样的颜色保真度、饱和度、清晰度和分辨率。即使是显示在小窗口中，图像品质对于数字视频的重要性也比对于高清电视的重要性高。对于计算机屏幕而言，一些人为干扰和杂波至少会像在电视屏幕上一样很明显。

（6）对于音频遵循相同的准则。

视频制作的注意事项也同样适用于音频制作。若要获得良好的音频压缩效果，应使用清晰的原始音频。如果您的项目中包含 CD 音频，请将音频文件直接从 CD 传输到硬盘中。不要通过声卡模拟输入录制声音。声卡会引入不必要的数字到模拟和模拟到数字的转换，从而在源音频中产生杂波。Windows 和苹果平台都有相应的直接数字传输工具。要录制模拟源，请使用高品质的声卡。

2. 有关为移动设备创建视频的提示

可以导出序列以在 Apple iPod、3GPP 手机、Sony PSP 或其他移动设备上使用。在【导出设置】中，选择为目标设备创建的 H.264 格式预设。

为移动设备拍摄内容时，要注意以下几个方面。

（1）最好使用近景。尽可能使被摄物体与背景分离；背景和被摄物体之间的颜色和值不应太类似。

（2）注意光线。对于移动设备来说，光线不足是一个严重问题，它可能会降低小屏幕上的可视性。拍摄和调整时要记住此限制。

（3）避免过多地进行平移或滚动。

使用 Adobe Premiere Pro CS6 和 After Effects 编辑视频时，要注意以下几个方面。

（1）根据输出设备或输出类型来设置输出影片的帧速率。例如，将 After Effects 中的广告片分发到移动设备上时，其呈现速率可能为 15 帧/秒（fps）；而分发到美国广播电视时，其呈现速率则为 29.97 fps。通常，应使用较低的帧速率。使用帧速率 22 fps 时，可以很好地兼顾减小文件大小以及不降低品质这两个方面。

（2）尽可能减少影片大小并删除任何多余的内容，尤其是空帧。可通过预编码来完成很多动作以限制文件大小。其中的一些动作适用于拍摄技术；而其他动作（例如，使用 After Effects 中的运动稳定性工具，或者应用杂色减少或模糊效果）是后期制作任务，有助于完成编码器的压缩部分。

将调色板与正确的移动设备匹配。通常，移动设备具有有限的色彩范围。通过在 Device Central 中进行预览，可帮助您确定所使用的颜色对于单个设备或一组设备是否为最佳颜色。

（1）调整素材。灰度视图有助于比较数值。

（2）使用 Adobe Media Encoder 中提供的预设。Adobe Media Encoder 中设计有几种用于导出到 3GPP 移动设备的预设。3GPP 预设包含以下标准大小：176×144（QCIF）、320×240 和 352×288。

（3）合理地进行裁剪。通常的做法是在工作时采用标准 DV 项目设置，并输出到 DV、DVD、Flash、WMV 和移动 3GPP 组合。请使用通常的预设，但在编码时解决 4∶3 或 16∶9 视频与移动 3GPP 的 11∶9 长宽比之间存在差异的问题。AME 裁剪工具允许使用具有任意比例的约束（使用方式与 Photoshop 裁剪工具相同），并将 11∶9 约束预设添加到现有 4∶3 和 16∶9 中。

（4）工作时使用的长宽比应与移动输出保持一致。新的项目预设（只适用于 Windows）可使这一过程变得非常简单。帧尺寸比最终输出大小大（工作时很难使用 176×144，例如加标题），但它们与输出帧长宽比相匹配以便于轻松地进行编码。每个 Windows 项目预设都是为未压缩的视频提供的，但大多数计算机可以在这些减小的帧大小和减半的帧速率下控制数据速率（此过程适用于仅将输出用于移动设备的项目）以下两个帧长宽比为移动设备提供了大部分支持：4∶3（QVGA、VGA 等）和 11∶9（CIF、QCIF、Sub-QCIF）。

　　视频信号要在网络上播放，必须采用压缩技术，使视频信号的容量大幅减少。目前网络视频可分为 3 种：第 1 种是可下载的视频，第 2 种是流视频，第 3 种是渐进下载视频。

　　可下载的视频一般采用 MPEG 压缩，有较高的质量保证。可下载的视频，主要用于以光纤网络为主的宽带高速信息网络中，像电视台的视频制作网络等。目前，MPEG-2 压缩已成为今后的标准。不过，可下载的视频仅适合在内部视频网络 FC 或智能化小区与宾馆中使用，对于 Internet 并不适合。因为 Internet 的带宽有限，采用可下载的视频进行播放是不可想象的。从保证用户观看的实时性出发，流视频技术应运而生，并在 Internet 上大为流行，电视台均已采用了流视频在 Internet 上进行视频播放。可下载的视频必须将文件完全下载，然后才能进行播放。而流视频则不同，它可以像电视一样，一边下载一边播放。流视频播放器总是利用几秒或十几秒的时间先下载一部分内容存放到缓存中，并在继续下载的同时开始播放，这有效地保证了播放的实时性，而且不需要太大的缓存容量。就质量而言，流视频是无法和可下载的视频相比的，它只能有较小的帧尺寸和帧率。同时，流视频在一般情况下也不能下载保存。渐进下载视频也用于 Internet，它不需要文件完全下载后再开始播放，而是在播放时间与剩余下载时间相等的时候播放。比如下载的数据可以播放 20 分钟，而剩下的数据也需要 20 分钟才能下载完，这时渐进下载视频就开始播放。

　　Premiere Pro CS6 主要通过内置的 Adobe Media 插件来生成网络视频，有 MPEG、QuickTime、RealMedia 和 Windows Media 这 4 种格式。

　　（1）MPEG（Motion Pictures Experts Group）是专门用来处理运动图像的标准，其核心是处理帧间冗余以大幅度的压缩数据。MPEG 有不同的压缩编码标准，像 DVD 采用的是 MPEG-2，许多网上视频采用的是 MPEG-4。MPEG-4 采用基于内容的编码方式，具有极高的压缩效率和多媒体交互能力，目前已应用在数字电视、计算机图形和网络多媒体等方面。

　　（2）QuickTime 格式生成的是*.mov 的文件，可以用 QuickTime Player 播放。它的跨平台、存储空间要求小等技术特点，得到业界的广泛认可，目前已成为数字媒体软件技术领域的事实上的工业标准。

　　（3）RealMedia 格式生成的是*.rmvb 的文件，可以用 Real Player 来播放。提供了精确的导出控制，进而提供了更大的灵活性。Real Media 文件（包括 Real Video 和 Real Audio）可以包括一些相关的文字信息，比如关键字、版权、注释等。

　　（4）Windows Media 格式生成的是*.wma（音频）和*.wmv（视频）文件，产生用 Windows 媒体播放器和其他工具重现的高质量高带宽的视频，可以充分利用其范围比较广的格式化选项，为视频文件的生成提供精确的导出控制。

　　在 Premiere Pro CS6 中生成网络视频比较容易，虽然有许多参数需要设置调整，但因为它提供了大量的模板供用户选择，用户只要根据自己的需求进行选择即可。选择【文件】/【导出】/【媒体】命令，打开【导出设置】对话框，从【格式】下拉菜单中选择【Windows Media】选项。从【视频编解码器】下拉菜单中选择【Windows Media Video 9】选项，如图 13-18 所示。

　　这个窗口中的参数设置选项含义如下。

- 【源】面板：显示原视频画面，可以对其裁切。
- 【输出】面板：显示输出后的画面。
- 【图像区域】：用于显示原画面或者导出画面。
- 【视频】面板：用于选择导出格式、导出范围及与导出格式对应的预置参数等，如图 13-19 所示。

图 13-18 【导出设置】对话框设置

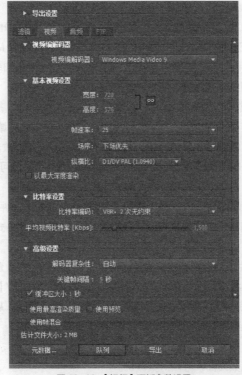

图 13-19 【视频】面板参数设置

所要生成的文件选择的格式不同、模板不同，【导出设置】对话框中出现参数设置选项会有所变化，但含义大同小异。许多模板的【Audiences】下会同时出现多个客户端网络带宽，这是由于采用了自适应流技术，以便将视、音频生成多种带宽的数据流，并放到相应的服务器上，下载时根据客户端不同的带宽，提供与之相匹配的数据流，实现流畅播出。还有一些模板支持 VBR（Variable Bit Rate）动态码率，可以动态地分配带宽以尽可能小的文件获得最好的播放效果，并能在解压缩时获得平滑流畅的画面。

13.2.3　导出到 DVD 或蓝光光盘

可将序列或序列的各个部分导出为便于创作和刻录至 DVD 和蓝光光盘的文件格式。

也可导出至 Encore 以通过菜单创作 DVD 或蓝光光盘，或者不使用菜单直接刻录至光盘。

要将序列导出供以后使用或者在另一台计算机的 Encore 中进行操作，可使用【文件】/【导出】/【媒体】并选择适用的导出设置。

1．选择适合各种光盘的文件格式

当从【导出设置】对话框导出用于创建 DVD 或蓝光光盘的文件时，应选择适合目标媒体的格式。对于单层或双层 DVD，选择 MPEG2–DVD。对于单层或双层蓝光光盘，选择 MPEG2 蓝光或 H.264 蓝光。根据目标媒体上的可用空间和目标观众的需求选择给定格式的预设。

2．将序列发送到 Encore 以创建 DVD、蓝光光盘

提示

开始之前，请确保 Adobe Encore CS6 与 Premiere Pro CS6 安装在同一台计算机上。如果需要，可添加 Encore 章节标记。如果要生成包含高清素材的标清输出序列，请先选择【最高渲染质量】选项，然后再使用"动态链接"将序列发送到 Encore 以创作 DVD。

STEP 1 在 "t12.prproj" 项目文件中，选择一个序列。

STEP 2 选择【文件】/【Adobe 动态链接】/【发送到 Encore】命令。

STEP 3 在【新建项目】对话框的【基本】选项卡上，将光盘的名称键入"完美风暴"字段，其余选项如图 13-20 所示设置。

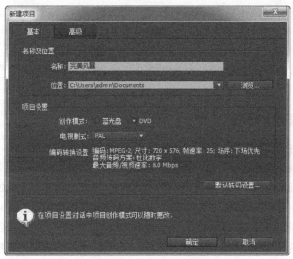

图 13-20　【新建项目】对话框

STEP 4 单击 浏览… 按钮，并浏览到 Encore 项目的位置，更改其默认位置。

STEP **5** 在【项目设置】窗口中，选择所需创作模式的名称。

【设置】区域和【高级】选项卡上提供的选项集取决于创作模式是"蓝光盘"还是"DVD"。可以随时在 Encore 的【项目设置】对话框中更改创作模式。

STEP **6** 单击【高级】选项并选择所需的转码设置。

STEP **7** 单击 确定 按钮，在 Encore 中完成创作和导出。

STEP **8** Encore 的【项目】面板中包含动态链接的 Premiere 项目和序列，如图 13-21 所示。

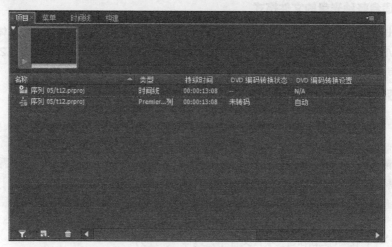

图 13-21 【项目】面板

13.3 常用的编码解码器

在生成影片时，都需要选择一种合适的视、音频编码解码器，以【AVI】格式为例，如图 13-22 所示。除了 Premiere 自带的编码解码器外，安装一些播放软件或者安装视频卡驱动程序后，也会在 Premiere Pro CS6 中出现相应的编码解码器。

13.3.1 视频编码解码器

生成影片时，在【格式】下拉菜单中选择【AVI】格式后，在【视频】设置的【视频编码解码器】下拉选项中有下列选项可供选择。

> DV (24p Advanced)
> DV NTSC
> ● DV PAL
> Intel IYUV 编码解码器
> Microsoft RLE
> Microsoft Video 1
> TechSmith Screen Capture Codec
> TechSmith Screen Codec 2
> Uncompressed UYVY 422 8bit
> V210 10-bit YUV
> None

图 13-22 视频编码解码器

- 【DV（24p Advanced）】：是电影模式的编码解码器，电影的帧速率就是 24 帧/秒。
- 【DV（NTSC）】：适用于北美、日本等其他一些国家和地区电视制式的编码解码器。
- 【DV（PAL）】：适用于中国、欧洲等其他一些国家和地区电视制式的编码器。
- 【Intel IYUV 编码解码器】：常见的视频编码器，使用该方法所得图像质量极好，因为此方式是将普通的 RGB 色彩模式变为更加紧凑的 YUV 色彩模式。如果想将 AVI 压缩成 MPEG-1 的话，用它得到的效果比较理想，只是它生成的文件太大了。

- 【Microsoft RLE】: 适于压缩颜色不多且比较均匀的视频, 如卡通动画。它使用 256 种颜色, 在 100% 的质量设置下, 几乎没有质量损失。

- 【Microsoft Video 1】: 适于压缩模拟视频。这是一种有损的、空间压缩的编码解码器, 支持对颜色深度 8 位或 16 位图像的处理。

- 【TechSmith Screen Capture Codec】: 用于压缩 Camtasia Recorder 中的视频文件, 最大的优点是可以保证图像的质量, 截取的屏幕经过多次压缩, 还能保证高质量。比传统的压缩方式相比, 优势十分明显。

- 【TechSmith Screen Codec 2】: TSCC 编解码器升级 TechSmith Screen Codec 2, 能够录制高质量的平滑视频, 重构的时间轴能够添加任意多的多媒体轨道, 帮助你更快地素材视频。

- 【Uncompressed UYVY 422 8bit】: 未压缩 Microsoft AVI 格式支持此编解码器, 以 YUV 4:2:2 进行高清编码。

- 【V210 10-bit YUV V210】: 未压缩 Microsoft AVI 格式支持此编解码器在分量 YCbCr 中以 10 位 4:2:2 进行高清编码。

- 【None】: 使用 None 选项时不进行压缩, 因此可以得到极好的图像质量, 数据可以在以后压缩, 其不利之处就是要占用大量磁盘空间, 并且视频不能被实时回放。

选择某些编码解码器后, 单击其右侧的 编解码器设置 按钮, 会打开相应的编码解码器设置窗口。在设置窗口中可以对编码解码器的压缩设置进行调整。

13.3.2 常用音频编码解码器

生成影片时, 在【格式】选项选择【波形音频】格式, 在【音频】设置的【音频编码解码器】的下拉选项中主要有下列常用的音频编码解码器可供选择, 如图 13-23 所示。

> ◉ 无压缩
> IMA ADPCM
> CCITT A-Law
> CCITT u-Law
> GSM 6.10
> Microsoft ADPCM

图 13-23 音频编码解码器

- 【无压缩】: 无压缩采用非压缩方式进行处理, 因此可以得到极好的声音质量, 其不利之处就是要占用大量磁盘空间。

- 【IMA ADPCM】: 是由 Interactive Multimedia Association (IMA) 开发的关于 ADPCM 的一种实现方案, 适于压缩交叉平台中使用的多媒体声音。

- 【CCITT A-law 和 CCITT u-law】: 适于压缩语音, 用于国际电话。

- 【GSM 6.10】: 适于压缩语音, 在欧洲用于电话通信。

- 【Microsoft ADPCM】: 是 Microsoft 关于自适应差分脉冲编码调制 (ADPCM) 的一种实现, 是能存储 CD 质量音频的常用数字化音频格式。

另外, Microsoft AVI 所用的音频编码解码器, 也都包括在上述音频编码解码器中。

13.3.3 QuickTime 视频编码解码器

生成影片时, 在【格式】选项选择【QuickTime】格式, 在【视频】设置选项的【视频编解码器】下拉选项中有下列视频编码解码器可供选择。

- 【Component video】: 适于采集、存档或者临时保存视频。它采用了相对较低的压缩比, 因此要求有较大的磁盘空间。

- 【图形】: 适于要求有好的 8 位图像质量的情形。这种编码解码器主要用于 8 位静止图像, 但有时也可用于视频压缩。由于这种编码解码器没有实现高压缩比, 因此比较适合于从硬盘播放的情形, 而不适合从 CD-ROM 播放。

- 【Video】：适于采集和压缩模拟视频。使用这种编码解码器，当从硬盘播放时，可获得高质量的播放效果，从 CD-ROM 播放时，也可获得中等质量的播放效果。它支持空间压缩和时间压缩。此后，重新压缩或生成，可获得较高的压缩比，而不会有多少质量损失。

- 【动画】：适于在图形图像和电话软件中制作的动画素材，可以设置不同的压缩质量。它使用了 Apple 公司基于运动长度编码的压缩算法，同时支持空间压缩和时间压缩。当设置为无损压缩时，可用于存储字幕序列和其他运动的图像。它还支持百万+颜色深度，也就是 32 位颜色深度。

- 【Motion JPEG A】和【Motion JPEG B】：适于将视频采集文件传送给配置有视频采集卡的计算机，特别是在交叉平台中。这些编码解码器是由许多视频采集卡实现的 JPEG 版本。一些视频采集卡包含有加速 Motion JPEG 的芯片，以便于编辑得更快一些。确定自己的视频采集卡对这些编码解码器支持的程度，可参考随卡附带的文档。

- 【Photo-JPEG】：适于包含渐变色变化的静止图像，可以保证很好的图像品质。这是一种有损压缩，但在高质量设置下，几乎分辨不出区别来。同时，这又是一种对称压缩，压缩与解压缩的时间几乎相同，不过，对于实时视频，压缩速度太慢。因为相对有损失，Photo-JPEG 不被推荐用于此后待编辑的图像。然而，较高的压缩比率和图像质量却使它适合于在不同的系统中传送文件，或者保存已完成的影片。

- 【H.263】和【H.261】：适于在较低数据传输率下的视频会议，不推荐用于通常的视频编辑。

- 【DV-PAL】：是 PAL 制数字视频设备采用的数字视频格式。这些编码解码器允许从连接的 DV 格式摄录像机直接将数字素材输入到 Premiere。适于在交叉平台和配置有数字视频采集卡的计算机间传送数字视频。

- 【Cinepak】：适于压缩用于 CD-ROM 光盘的 24 位视频或从 Web 网站下载的视频文件。同 Video 编码解码器相比，它具有较高的压缩比率和较快的播放速度。可设置播放数据传输率，但当数据传输率低于 30kB/s 时，图像质量明显下降。这是一种高度不对称的编码解码器，这意味着解压缩要比压缩快得多。要获得最好的结果，应该仅在导出最终版本的影片文件时使用这种编码解码器。

- 【Sorenson Video】和【Sorenson video 3】：同 Cinepak 类似，这种新的编码解码器为在低于 200kB/s 的数据传输率时获得高质量而设计，而且有能力比 Cinepak 获得更好的图像质量和更小的文件，不过却要求更多的压缩时间，因此适合于最终导出而非编辑。它还支持在低档计算机上导出可在高档计算机上平滑播放的影片。

- 【Planar RGB】：是一种有损编码解码器，对于压缩诸如动画之类包含大面积纯色的图像非常有效。它使用运动长度编码，是 Animation 编码解码器的变通算法。

- 【Intel Indeo Video 4.4】：适于在 Internet 上发布的视频文件。它包含较高的压缩比、较好的图像质量和较快的播放速度。对未使用有损压缩的原始源数据使用 Indeo Video 编码解码器可获得最好的效果。

13.3.4　QuickTime 音频编码解码器

选择【QuickTime】格式后，在【音频】设置的【音频编解码器】下拉选项中有下列常用音频编码解码器可供选择。

- 【ALaw 2:1】：适用于交换的音频，主要用于欧洲数字电话技术。

- 【16-bit Big Endian】和【16-bit Little Endian】：适于声音数据必须使用 Big Endian 或 Little Endian（字节顺序）编码存储的情形，如准备微处理器专用声音。这些编码解码器对于软硬件工程师而言是有用的，但通常不能用于视频编辑。

- 【IMA 4:1】: 适于交叉平台的多媒体声音, 它是由 IMA 利用 ADPCM 技术开发出来的。
- 【32-bit Floating Point】和【64-bit Floating Point】: 适于声音数据必须使用 32 位或 64 位浮点数编码存储的情形, 如准备微处理器专用声音。这些编码解码器对于软硬件工程师而言是有用的, 但通常不能用于视频编辑。
- 【Qualcomm PureVoice】: 适于语音处理, 在 8kHz 时工作得最好。它基于蜂窝电话的 CDMA 技术标准。
- 【MACE 3:1】和【MACE 6:1】: 适于一般用途的声音编码解码器, 内置于 Mac OS Sound Manager 中。在低压缩比时, MACE 3:1 能提供比 MACE 6:1 更高的质量。在安装 QuickTime 3.0 的 Windows 环境中, 可以使用这种编码解码器。

13.3.5 导出图像文件

在导出影片时会发现【格式】下拉选项中有 BMP、JPEG、Targa 和 TIFF 等图像文件格式可以选择。选择这些图像文件格式后, 会将影片以图像序列文件的形式生成, 以便与其他软件相互交流。比如生成 "*.tga" 序列文件, 然后在 3DS MAX 中作为动态贴图。

对于影片中的某一帧, 也可以通过单击【源】监视器或【节目】监视器视图下方的 ▣ 按钮, 单独生成一个图像文件。

 在 "t12.prproj" 项目文件中, 选择一个序列。在【时间线】面板中, 将时间指针调整到一个合适位置。

提示

导出单帧图像时, 最关键的是时间指针的定位, 它决定了单帧导出时的图像内容。

STEP ◻2 单击【节目】监视器视图下方的 ▣ 按钮, 打开【导出单帧】对话框, 如图 13-24 所示。

图 13-24 【导出单帧】对话框

STEP ◻3 在【格式】下拉菜单中选择所需要的静态图像格式, 单击 确定 按钮退出对话框, 就会生成一个图像文件。

 或者选择【文件】/【导出】/【媒体】命令, 打开【导出设置】对话框, 在【格式】选项的下拉菜单中选择【TIFF】文件格式, 在【导出名称】文本框中输入文件名并设置文件的保存路径, 勾选【导出视频】复选框, 取消【导出为序列】复选框, 其他参数保持不变, 如图 13-25 所示。

提示

【导出为序列】复选框为选择状态时, 可以将视频导出为静态图片序列, 也就是将视频画面每一帧都导出为一张静态图片, 这一系列图片中每张都具有一个自动编号。这些导出的序列图片可用于 3D 软件中的动态贴图, 并且可以移动和存储。

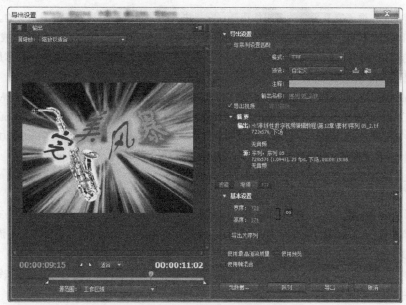

图 13-25 【导出设置】图像格式参数设置

STEP 5 单击 导出 按钮，也可以渲染导出视频静帧图像文件。

13.3.6 导出音频文件

Premiere Pro CS6 可以将影片中的一段声音或影片中的背景音乐制作成音乐文件。导出音频文件的具体操作步骤如下。

STEP 1 选择【文件】/【导出】/【媒体】命令，打开【导出设置】对话框，在【格式】选项的下拉菜单中选择【MP3】文件格式，确认【预设】选项的下拉列表为【MP3 128kbps】选项，在【输出名称】文本框中输入文件名并设置文件的保存路径，勾选【导出音频】复选框，其他参数保持不变，如图 13-26 所示。

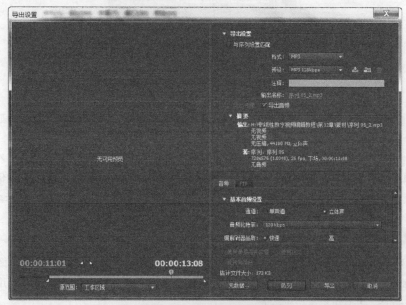

图 13-26 【导出设置】音频格式参数设置

STEP 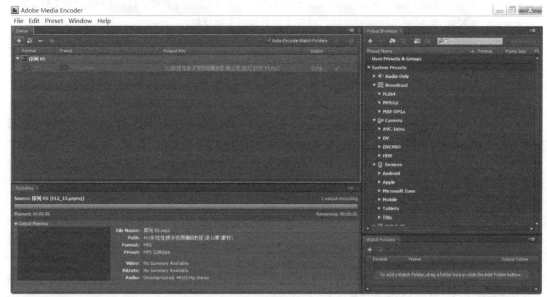单击 队列 按钮，打开【Adobe Media Encoder】对话框，单击右侧的【开始队列】
按钮渲染输出音频，如图 13-27 所示。

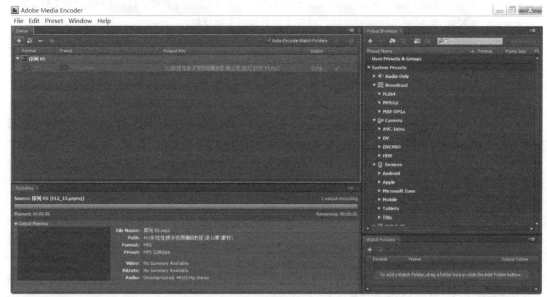

图 13-27 【Adobe Media Encoder】对话框

13.4 导出磁带

可以直接从计算机将所编辑的序列录制到录像带用于创建母带。开始新的序列时，在【新建序列】对
话框的【编辑模式】区域中指定录像带的格式和质量。根据指定的信息将序列直接录制到以下设备（磁带
盒或摄像机）上的录像带。

- 【DV 设备】：设备与计算机之间有 FireWire 连接。
- 【HDV 设备】：设备与计算机之间有 FireWire 连接（仅限 Windows）。
- 【HD 设备】：计算机配有支持的 HD 捕捉卡，以及 SDI 或 HD 组件连接，捕获并导出 HD 视频还需
  要串行设备控件。
- 【模拟设备】：计算机配有捕捉卡、转换器、摄像机或磁带盒，以便将序列转换为设备可读取的模拟
  格式。

大多数 DV、HDV 和 HD 摄像机，所有 DV、HDV 和 HD 磁带录像机以及某些捕捉卡和转换器，都能
够进行这种转换。一些数码摄像机要求，首先将序列录制到其数字磁带，然后在数码摄像机中回放磁带并
转录到模拟录像机。

对于导出到模拟设备时的设备控制，还必须安装一个设备控制器。许多视频捕捉卡都自带兼容的增效
工具软件，该软件提供了用于录制到录像带的菜单命令。

13.4.1 为导出到 DV 录像带做准备

开始之前，请确保录制设备（摄像机或磁带盒）已通过 FireWire 连接到计算机。要延长录制磁带盒中
视频序列开始之前和其结束之后的时间，请在【时间线】窗口中在序列之前和之后添加黑场。如果计划让

后期制作设备复制到录像带，请在程序开始部分添加至少 30 秒的彩条，以帮助校准视频和音频。

STEP 1 将设备连接到计算机，打开该设备，并将其设置为【VTR】、【VCR】或【播放】。

STEP 2 启动 Premiere 并打开项目。选择【序列】/【序列设置】命令，打开【序列设置】对话框。

STEP 3 单击 回放设置... 按钮，打开【回放设置】对话框。

STEP 4 在【导出】区域的【外部设备】选项中，指定适当的格式。选择以下设置之一，然后单击 确定 按钮关闭【首选项】对话框。

- 【DV 29.97i（720 x 480）】：指定 NTSC DV，其使用 29.97 fps 时基和隔行扫描场。

- 【DV 25i（720 x 576）】：指定 PAL DV，其使用 25 fps 时基和隔行扫描场。

- 【DV 23.976i】：指定 DV 24p（24 逐行）或 24pA（24 高级逐行），其使用 23.976 时基和隔行扫描场（使用下拉变换方案变成逐行扫描帧）。

STEP 5 选择 24p 转换方法。关闭正在计算机上运行的其他程序。计算机现在已经准备好将序列直接导出到磁带。

13.4.2 使用设备控制将序列导出到磁带

在使用设备控制导出到录像带之前，请确保计算机和摄像机或磁带盒的设置正确无误，就像在使用设备控制捕捉视频时那样。

如果所使用的设备自带适用于 Premiere 的软件增效工具，该设备所提供的设备控制选项可能与此处所述的选项有所不同，而且这些选项可能位于不同的位置。

在将序列导出到 HDV 设备之前，必须先将该序列转码为 HDV 格式。Premiere 会在将序列导出到 HDV 设备之前自动执行此转码操作。

 提示

只能在 Windows 中导出到 HDV 设备上的磁带，并且只能通过 FireWire 使用设备控制来实现。

STEP 1 确保录像设备处于打开状态且此设备中已装入了正确的磁带。如有必要，定位并记录要开始录制的位置的时间码。

STEP 2 激活要导出的序列，并将工作区域栏置于要导出的序列部分之上。

STEP 3 要将工作区域栏置于【时间线】面板中显示的整个序列部分，请双击时间标尺正下方的空间。要首先查看整个序列，请按键。

STEP 4 选择【文件】/【导出】/【磁带】命令，打开【输出到磁带】对话框，如图 13-28 所示。

STEP 5 要让 Premiere Pro CS6 控制磁带，请选择【启用录制设备】并执行以下任一操作。

- 要指定从磁带上的一个特定帧开始录制，请选择【在时间码上组合】并键入入点。如果未选择此选项，将从当前磁带位置开始录制。

- 要使设备的时间码与录制开始时间同步，请选择【延迟影片开

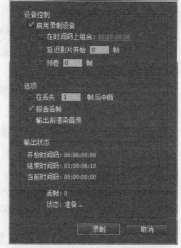

图 13-28 【输出到磁带】对话框

始】并键入要将影片延迟的帧数。一些设备需要其接收录制命令的时间与影片开始从计算机播放的时间之间有个延迟。

STEP 要让 Premiere Pro CS6 在指定开始时间之前滚动磁带以使磁带盒可以达到恒定的速度，请选择【预卷】并键入希望磁带在录制开始之前播放的帧数。对于许多磁带盒而言，150 帧就足够了。

在【选项】部分中，选择以下选项之一。

- 【丢帧之后中止】：如果未成功导出指定的帧数，则自动结束导出。在此框中指定数量。
- 【报告丢帧】：生成提醒您有丢帧的文本报告。
- 【导出前渲染音频】：防止包含复杂音频的序列在导出期间发生丢帧。

STEP 单击 录制 按钮进行录制。

如果要导出到 HDV 设备，将打开一个渲染对话框，其中的进度栏显示转码到 HDV 的进度。通常，当转码进行到 50%时，即会开始导出到磁带。

在【状态】选项中显示"录制成功"消息之后，如果不需要再执行其他任何录制，请单击 取消 按钮关闭【导出到磁带】对话框。

提示

如果要使用设备控制但它不可用，请单击 取消 按钮。选择【编辑】/【首选项】命令，单击【设备控制器】，确保设备在【设备】选项中正确设置，然后单击 确定 按钮退出对话框。然后再次尝试录制到磁带。

13.4.3 在没有设备控制的情况下将序列导出到磁带

可以不使用设备控制导出到磁带，方法是操作 Premiere Pro CS6 中的回放控件和设备本身的录制控件。

注意

只能在 Windows 中导出到 HDV 设备上的磁带，而且只能使用设备控制实现。

STEP 激活要导出的序列。确保序列能在磁带盒或摄像机上回放。如果不能，请检查导出到磁带的准备步骤，或查阅模拟设备的文档。

STEP 确保录像设备处于【录制−暂停】模式，并且磁带已定位到录制起始点。

STEP 将当前时间指示器定位到序列开头（如果需要，也可以定位到工作区域开始部分）。

STEP 根据需要按设备上的■或■按钮，以将设备置于■模式。

STEP 按节目监视器中的 ▶ 按钮。

STEP 程序完成时，按节目监视器中的■按钮，然后按设备上的■按钮。

在编辑影片的过程中，会使用一些特效、转换等处理，因此在编辑的过程中要经常使用预演观看效果。使用生成预演，会生成相关的预演文件，这些预演文件一般不要删除，因为最终的 DV 视频影片回录，还会利用这些预演文件播出经过处理的部分，否则要重新生成，费时费力。

13.5 导出/导入字幕

可以将字幕从 Premiere Pro CS6 中导出到文件，以在另一个 Premiere 项目中使用。也可以从一个 Premiere 项目导出的字幕导入到另一个项目中。

STEP 1 在【项目】面板中选择要导出为单独文件的字幕。

STEP 2 选择【文件】/【导出】/【字幕】命令，打开【存储字幕】对话框，如图 13-29 所示。

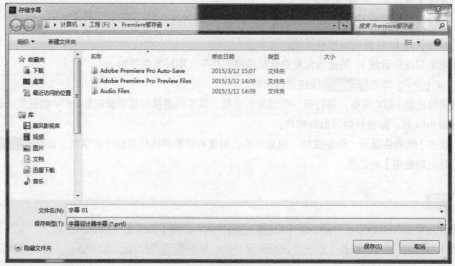

图 13-29 【存储字幕】对话框

STEP 3 将文件名设置为"*.prtl"，单击 保存(S) 按钮退出对话框。

STEP 4 选择【文件】/【导入】命令，打开【导入】对话框，如图 13-30 所示。

图 13-30 【导入】对话框

STEP 5 定位并选择所需字幕文件，然后单击 打开(O) 按钮。将需字幕文件
导入到【项目】面板中。

13.6 导出 EDL

其他格式的影片
导出 2

通过导出数据文件来描述项目并使用相关媒体或其他编辑系统重新创建该项目。

通过 Premiere 将项目导出为 CMX3600 格式的编辑决策列表 EDL。此格式是一种广为接受且功能强大的 EDL 格式。

　　设置要从中导出 EDL 的 Premiere 项目时，必须满足以下条件。

- EDL 最适用于视频轨道不超过 1 条、立体声音轨不超过 2 条且没有嵌套序列的项目。另外，EDL 适用于大部分标准过渡、帧保留和素材速度更改。
- 使用正确的时间码捕捉并记录所有源材料。
- 捕捉设备（如捕捉卡或 FireWire 端口）的设备控制必须采用时间码。
- 每个录像带必须具有唯一的卷号，并在拍摄视频之前将其设定为时间码格式。

STEP 1 打开或保存要导出为 EDL 的项目文件。

STEP 2 确保【时间线】面板处于活动状态，然后选择【文件】/【导出】/【EDL】命令，打开【EDL 输出设置】对话框，如图 13-31 所示。

图 13-31 【EDL 输出设置】对话框

STEP 3 指定要导出的视频轨道和音轨。可以导出 1 条视频轨道和最多 4 条音频声道，或导出 2 条立体声轨道。单击 确定 按钮退出对话框。

STEP 4 在打开【存储序列为 EDL】对话框中，将文件名设置为 "*.edl"，单击 保存(S) 按钮退出对话框，如图 13-32 所示。

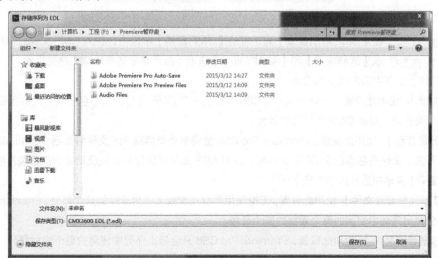

图 13-32 【存储序列为 EDL】对话框

提示

标准 EDL 中支持合并的素材，EDL 对合并素材序列轨道项目的解释方式与其当前对一起用于同一时间位置的序列的单独音频和音频素材的解释方式相同，目标应用程序不会将素材显示为合并素材。音频和视频将显示为单独的素材，源时间码同时用于视频和音频部分。

13.7 导出 OMF

可以将整个 Premiere Pro CS6 序列中的所有活动音轨导出到开放媒体格式 OMF 文件。可将 OMF 文件导入 DigiDesign Pro Tools 中使用，使 Premiere 的声道更具吸引力。

提示

除了 Pro Tools，其他平台还未正式支持由 Premiere 导出的 OMF 文件，Premiere Pro CS6 不导入 OMF 文件。

STEP 1 在【时间线】面板中，确定序列为选择状态。

STEP 2 选择【文件】/【导出】/【OMF】命令，打开【OMF 导出设置】对话框，如图 13-33 所示。

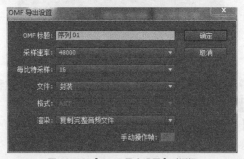

图 13-33 【OMF 导出设置】对话框

STEP 3 在【OMF 导出设置】对话框的【OMF 标题】字段中，键入 OMF 文件的标题。

STEP 4 从【采样速率】和【每比特采样】选项下拉菜单中选择所需的序列设置。

从【文件】菜单中选择以下选项之一。

- 【封装】：使用此设置，Premiere Pro CS6 会导出一个 OMF 文件，其中包含项目元数据和所选序列的所有音频，封装 OMF 文件通常很大。

- 【分离音频】：使用此设置，Premiere Pro CS6 会将单个单声道 AIF 文件导出到 "_omfiMediaFiles" 文件夹。文件夹名称包含 OMF 文件名。使用 AIFF 文件可确保最大程度地兼容旧音频系统。

从【渲染】菜单中选择以下选项之一。

- 【复制完整音频文件】：使用此设置，无论使用素材几次以及使用素材的几个部分，Premiere Pro CS6 都会导出序列中使用的每个素材的整个音频。

- 【修剪音频文件】：使用此设置，Premiere Pro CS6 只会导出序列中使用的每个素材部分：即素材实例。可以选择导出文件开头和结尾部分添加了超长过渡帧的所有素材实例。

在【手动操作帧】字段中，指定过渡帧的长度（以视频帧为单位）。选择【合并媒体】时，此时间量会添加到所导出文件的开头和结尾。默认设置为 1 秒（以帧为单位并以序列帧速率计）。如果所指定的过渡帧长度超出素材实例的长度，Premiere Pro CS6 会导出整个素材实例。

STEP 5 单击 确定 按钮退出对话框。

STEP 6 在打开【存储序列为 OMF】对话框中，将文件名设置为"*.omf"，如图 13-34 所示。单击 保存(S) 按钮退出对话框。

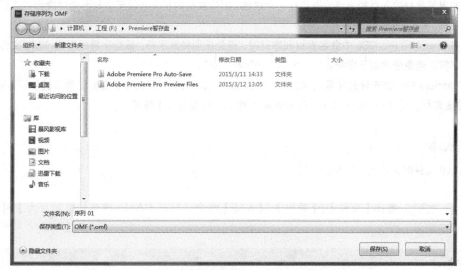

图 13-34 【存储序列为 OMF】对话框

STEP 7 打开【输出媒体文件到 OMF 文件夹】进度条，如图 13-35 所示。

STEP 8 输出完成后，打开【OMF 输出信息】对话框，如图 13-36 所示。单击 确定 按钮退出对话框。

图 13-35 【输出媒体文件到 OMF 文件夹】对话框

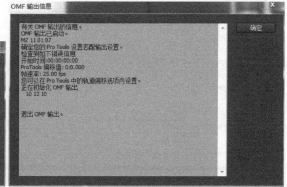

图 13-36 【OMF 输出信息】对话框

13.8 导出 AAF 项目文件

高级创作格式（AAF）是一种多媒体文件格式，可用来在各平台、系统和应用程序之间交换数据媒体和元数据。支持 AAF 的创作应用程序（如 Avid Media Composer）会根据其对该格式的支持范围读取并写入 AAF 文件中的数据。确保要导出的项目符合通用 AAF 规范，并与 Avid Media Composer 产品兼容。

- 由 Premiere Pro CS6 导出的 AAF 文件可与 Avid Media Composer 系列的编辑产品兼容。这些 AAF 文件尚未使用其他 AAF 导入器进行测试。
- 过渡只应出现在两个素材之间，而不应出现在素材开头或结尾的附近。每个素材的长度必须至少与过渡一样。
- 如果某素材的入点和出点分别存在一个过渡，则该素材的长度必须至少与两个过渡合并之后的长度一样。
- 在 Premiere Pro CS6 中命名素材和序列时，避免使用特殊字符、重音字符或影响 XML 文件解析的字符。避免使用以下字符："/、>、<、®"和"ü"。

从 Premiere Pro CS6 导出并导入 Avid Media Composer 的 AAF 文件不会自动重新链接到源素材。要重新链接该素材，请使用 Avid Media Composer 中的【批量导入】选项。

 提 示

导出 AAF 文件时，不支持合并的素材。

STEP 选择【文件】/【导出】/【AAF】命令，打开【AAF-存储转换项目为】对话框，如图 13-37 所示。

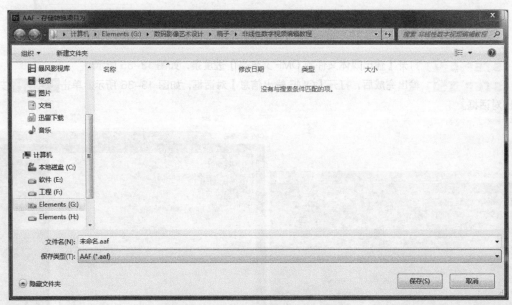

图 13-37 【AAF-储存转换项目为】对话框

STEP 在【AAF-存储转换项目为】对话框中，将文件名设置为"*.aaf"。单击 保存(S) 按钮退出对话框。

STEP 在打开的【AAF 导出设置】对话框中，选择【存储为传统 AAF】或【嵌入音频】，或都不选择。单击 确定 按钮退出对话框，如图 13-38 所示。Premiere Pro CS6 会将序列保存到指定位置的 AAF 文件中。

图 13-38 【AAF 导出设置】对话框

13.9　导出 Final Cut Pro XML

导出 Final Cut Pro XML 文件的操作步骤如下。

STEP 1 选择【文件】/【导出】/【Final Cut Pro XML】命令，打开【Final Cut Pro XML-储存转换项目为】对话框，如图 13-39 所示。

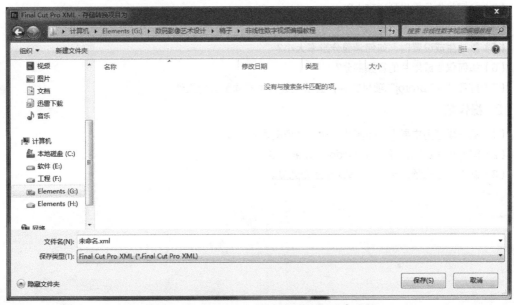

图 13-39 【Final Cut Pro XML-储存转换项目为】对话框

STEP 2 将文件名设置为 "*.xml"，单击 保存(S) 按钮退出对话框。Premiere Pro CS6 将序列保存到指定位置的 xml 文件中。此外，Premiere Pro CS6 会将包含所有转换问题的日志保存在位于此相同位置的一个文本文件中。日志文件名称包含 FCP Translation Results 词语。

STEP 3 从 Premiere Pro CS6 导出 Final Cut Pro XML 文件时，会将合并素材转化为 Final Cut Pro 中的嵌套序列。

 提示

Premiere Pro CS6 和 Final Cut Pro 7（及更低版本）可共享要进行数据交换的 Final Cut Pro XML 文件。要在 Final Cut Pro X 和 Premiere Pro CS6 之间交换信息，可使用第三方工具 "Xto7"。

13.10　小结

Premiere Pro CS6 可以根据作品的用途和发布媒介，将序列导出各种需要的格式。本章主要介绍了如何直接导出到磁带、如何导出各类影片文件、如何导出单帧和音频等。本章最后简单介绍了 Adobe Media Encoder 的使用，利用 Adobe Media Encoder，可以根据不同的导出终端导出不同格式的视频。

13.11　习题

1. 简答题

（1）【导出到影片】和【导出到 Adobe Media Encoder】的主要区别是什么？

（2）导出纯音频有哪两种方式？

（3）如何将作品导出到磁带上？

（4）如何调整影片预演范围？

（5）影片生成设置时，如何调整分辨率大小？

（6）如何仅生成影片的音频部分？

（7）打开"t12.prproj"项目文件，尝试生成各种不同类型的文件。

2. 操作题

（1）从一段序列中导出静帧图片、动态序列图片。

（2）制作一段视频，导出为 Windows Media 文件。

（3）制作一段视频，导出到 DVD 或蓝光光盘。